土木工程新材料及新技术应用

主　编　钱　巍
副主编　陈金良　吕连盛

黄河水利出版社
·郑州·

内 容 提 要

本书是为了适应土木建筑行业新材料、新技术应用发展较快的特点而编写的，以当前土建行业广泛应用的新材料、新技术作为研究对象。全书包括新材料与新技术两篇，分为土工合成材料及应用、建筑新型防水材料及应用、振冲法基础加固加密技术、深基坑支护技术、高效钢筋和预应力混凝土技术、盾构工程施工技术、碾压混凝土技术、土坝坝体黏土浆灌注加固技术，共计八章。

本书适合高等职业技术院校、普通高等专科院校等的土木建筑类专业的学生以及工程施工和管理人员使用。

图书在版编目(CIP)数据

土木工程新材料及新技术应用/钱巍主编. —郑州：黄河水利出版社，2009.7

ISBN 978-7-80734-677-7

Ⅰ.土…　Ⅱ.钱…　Ⅲ.①土木工程-建筑材料②土木工程-工程施工-施工技术　Ⅳ.TU5　TU74

中国版本图书馆CIP数据核字(2009)第108548号

出 版 社：黄河水利出版社

地址：河南省郑州市顺河路黄委会综合楼14层　　邮政编码：450003

发行单位：黄河水利出版社

发行部电话：0371-66026940、66020550、66028024、66022620(传真)

E-mail：hhslcbs@126.com

承印单位：黄河水利委员会印刷厂

开本：787 mm×1 092 mm　1/16

印张：12

字数：292千字　　印数：1—3 000

版次：2009年7月第1版　　印次：2009年7月第1次印刷

定价：25.00元

前 言

20 世纪中后期之后,科学进入飞速发展的新时期。土木建筑行业的新材料、新技术也进入了日新月异的发展阶段。作为应用型技术人才,对高职院校的专业毕业生以及一线施工、管理技术人员来说,与时俱进是基本要求。本教材以当前土木工程最流行、应用最广泛的新材料及新技术为主要内容,不追求每部分内容的完整性及各部分内容之间的逻辑性,但求内容的实用性及高效性,使学生能学以致用、学有所用;突出高职教育的特点,强调理论联系实际,强调以能力培养为核心。

本书是根据我国土木工程最新设计标准与施工规范、规程、标准等编写而成的,体现了当前我国与国际上的土工工程技术水平。

土木工程新材料篇包括土工合成材料及应用和建筑新型防水材料及应用两章。土工合成材料是以高分子聚合物为原料制成的新型建筑材料,其发生、发展及应用首先是从国外开始的,我国的土工合成材料事业起步较晚,但却在较短时间内得到了快速发展。目前,作为一项新材料,经过大量的生产实践和科学试验,已经积累了丰富的实践经验和大量的科研成果,在土木工程特别是水利工程中得到了广泛使用。该部分主要介绍土工合成材料在工程应用中的基础理论知识,使学生能把握住其在当前工程实践中的应用水平,比较系统地掌握工程设计、施工和管理中的具体技术问题,为学生今后的实践性工作打下良好的基础。建筑新型防水材料部分,主要介绍新规范推荐的当前普遍流行使用的新材料的品种、性能和选用方面的基本知识以及屋面防水工程设计、施工及质量检验的基本应用性知识。

土木工程新技术篇的编写原则是:跟踪土木工程新技术的迅速发展,适应建筑、交通、地下、水工等工程技术的相互交叉,使学生在掌握传统设计、施工技术的同时,也能掌握各种施工新技术。

本书由沈阳农业大学高等职业技术学院钱巍任主编,沈阳农业大学高等职业技术学院陈金良、黄河建工集团有限公司吕连盛任副主编,山东水利职业技术学院陈克森主审。本书第一章第三节、第三章及第八章由钱巍编写;第四章、第五章、第六章由陈金良编写;第二章、第七章由吕连盛编写;第一章第一节、第二节、第四节、第五节、第六节由河南黄河工程有限公司胡春环编写。

本书在编写过程中,引用了大量的规范、专业书刊及文献,未在书中一一注明出处,在此向有关作者表示感谢;校内外不少同志曾提出许多宝贵意见并给予很多帮助,在此表示衷心的感谢。对书中存在的缺点与疏漏,恳请读者批评指正。

编 者

2009 年 3 月

目　录

前　言

第一篇　土木工程新材料

第一章　土工合成材料及应用 ……………………………………………… (3)
　第一节　土工合成材料综述 ……………………………………………… (3)
　第二节　土工合成材料的性能指标及防护保养 ………………………… (11)
　第三节　土工织物的反滤、排水与隔离功能 …………………………… (15)
　第四节　土工膜的防渗功能 ……………………………………………… (23)
　第五节　土工合成材料的加筋功能 ……………………………………… (37)
　第六节　土工合成材料的防护功能 ……………………………………… (41)
第二章　建筑新型防水材料及应用 ……………………………………… (52)
　第一节　改性沥青防水卷材 ……………………………………………… (52)
　第二节　合成高分子防水卷材 …………………………………………… (58)
　第三节　新型防水涂料 …………………………………………………… (63)
　第四节　建筑密封胶 ……………………………………………………… (67)
　第五节　新型防水材料应用的工程设计 ………………………………… (72)
　第六节　新型防水材料应用的工程施工 ………………………………… (77)

第二篇　土木工程新技术

第三章　振冲法基础加固加密技术 ……………………………………… (87)
　第一节　概　述 …………………………………………………………… (87)
　第二节　振冲法加固坝体及坝基的作用机理 …………………………… (91)
　第三节　振冲加固法的适用范围 ………………………………………… (95)
　第四节　施工技术管理 …………………………………………………… (97)
　第五节　施工质量的检验与验收 ………………………………………… (103)
第四章　深基坑支护技术 ………………………………………………… (106)
　第一节　概　述 …………………………………………………………… (106)
　第二节　基坑支护体系的类型及特点 …………………………………… (106)
　第三节　基坑支护体系施工 ……………………………………………… (115)
第五章　高效钢筋和预应力混凝土技术 ………………………………… (123)
　第一节　高效钢筋 ………………………………………………………… (123)
　第二节　高效预应力混凝土技术 ………………………………………… (127)
　第三节　预应力框架结构施工 …………………………………………… (135)

第六章　盾构工程施工技术 ……………………………………………………（140）
第一节　概　述 ………………………………………………………………（140）
第二节　盾构的构造及分类 ……………………………………………………（142）
第三节　盾构工程施工 …………………………………………………………（146）
第七章　碾压混凝土技术 ……………………………………………………（152）
第一节　概　述 ………………………………………………………………（152）
第二节　原材料选择及配合比 …………………………………………………（154）
第三节　施工准备 ……………………………………………………………（156）
第四节　浇　筑 ………………………………………………………………（160）
第五节　工程实例 ……………………………………………………………（165）
第八章　土坝坝体黏土浆灌注加固技术 ……………………………………（167）
第一节　概　述 ………………………………………………………………（167）
第二节　土石坝坝体的灌浆 ……………………………………………………（167）
第三节　灌浆的使用范围 ………………………………………………………（170）
第四节　灌浆工艺 ……………………………………………………………（173）
第五节　灌浆期的观测 …………………………………………………………（177）
第六节　灌浆效果检查与验收 …………………………………………………（181）
第七节　工程实例 ……………………………………………………………（182）
参考文献 ……………………………………………………………………（186）

第一篇　土木工程新材料

第一章　土工合成材料及应用

第一节　土工合成材料综述

一、概述

土工合成材料是指以人工合成的聚合物为原料制成的各种类型产品，是岩土工程中应用的合成材料的总称。目前主要包括土工织物、土工膜、土工复合材料和土工特种材料等。

千百年来，在土木工程中，人们广泛采用的材料主要是木、竹、土、石等天然材料以及一些金属材料，但它们都有一些固有的缺陷，例如性能单一，质量重，寿命不长，价格昂贵等，故不能全面满足工程的特定需要。同时天然材料毕竟数量有限，而且不少天然植物材料如过分利用还会影响自然界的生态平衡，破坏人们赖以生存的环境。随着近代化学工业的迅速发展，品种繁多的人工合成材料陆续问世。它们具有多种能满足工程需要的性能，可制成各种符合实用目的的产品，而且由于其质量轻、施工简易、运输方便、价格低廉、料源丰富等优点，为土木工程提供了一种崭新的较为理想的材料，并由此带来一种实施简便而经济有效的技术途径。

鉴于这种人工合成材料的强大生命力，因此近三四十年来在全世界范围内得到迅速发展和广泛使用。据不完全统计，它们已在数十万项工程中得到成功的应用，取得了良好的经济效益、社会效益和环境效益；在一些抗御自然灾害的斗争中，更显出其快捷、有效、简便的特点。因此，这项新材料和新技术被人们誉为20世纪土木工程中的一项技术革命。当前，国际上已习惯将木材、水泥、钢材和土工合成材料并列称为"四种工程材料"。

土工合成材料因其主要用于岩土工程，故冠以"土工"两字，称为"土工合成材料"，以区别于天然材料。

土工合成材料的原材料是高分子聚合物，它们是从煤、石油、天然气或石灰石中提炼出来的化学物质制成的，再进一步加工成纤维或合成材料，最后制成各种产品。制造土工合成材料的聚合物主要有聚乙烯（PE）、聚酯（PER）、聚酰胺（PA）、聚丙烯（PP）和聚氯乙烯（PVC）等。

聚乙烯是在1931年前后，首先由英国ICI公司研制成功的，1939年被当做商品在市场上出售，它是聚合物中分子结构最简单的一种，可分为低分子量和高分子量两类。聚乙烯的相比密度为0.92，耐酸碱，抗化学腐蚀能力强，吸湿性低，低湿时仍具柔性，电绝缘性极好。在1950年前后，又开发出了高密度聚乙烯（HDPE）材料，其相比密度、机械强度、熔点和硬度等都比低密度的聚乙烯为优。

聚酯于1941年前后问世，它包括聚酯树脂、聚酯纤维和聚酯橡胶等。

聚酰胺约在1935年研制成功，俗名为尼龙，其吸湿性较高，干燥时有一定绝缘性，机械性能好。

聚丙烯于1954年研制出来,1957年被当做商品出售。它的相比密度为0.90～0.91,耐温范围在30～140 ℃,耐化学腐蚀性能较好,惰性强,价格低廉,是目前应用最多的原材料之一。

此外,常用的原材料还有聚氯乙烯,它的相比密度为1.4,具有极好的化学稳定性,不燃烧,可用于制造透明薄膜、管道、板材等。

二、土工合成材料发展史

土工合成材料的最早应用可追溯到20世纪20～30年代。1926年美国公路部门曾采用过在棉布上撒沥青而制成的材料,其形式类似于土工膜。其后,人们曾采用聚氯乙烯土工膜作为游泳池的防渗材料。50年代初,美国垦务局采用PVC土工膜作防渗衬砌。苏联以聚乙烯膜进行渠道防渗也有较长历史。

以近代人工聚合物为原料的土工织物最早应用实例是20世纪50年代初的荷兰三角洲工程。据估计,其用量超过了1 000万 m^2,大大促进了土工合成材料的工程应用。

20世纪60年代,美国逐渐扩展到采用土工织物修建护坡下的垫层和反滤层以及护岸等,并将土工织物铺在沥青路面中,以防止路面出现反射裂缝。土工网于1968年在日本开始应用,主要用于填土坡,帮助坡缘填土压实,以增大其强度和稳定性。与此同时,土工网也被用于软基上筑堤,以后又发展为在堤底全面铺设。

非织造土工合成材料技术于1967年在美国、法国、英国开始应用,它是一种较厚的聚酯非织造型土工织物,作为大坝上游抛石护坡下的反滤层,或作为基土与其上覆盖的粗粒料之间的隔离层。非织造织物的出现为土工织物的应用开辟了较为广阔的天地。

20世纪80年代后出现了排水带,路堤下用非织造织物作加筋,以及土工织物加筋挡墙等应用实例。我国应用土工合成材料开始较晚,但发展速度快。目前几乎在各种类型的岩土工程和大量的水利及堤防工程中都得到应用。1974年江苏省江都嘶马用织造型土工织物制成的软体排,结合混凝土块压重,进行长江护岸。稍后江都西闸和湖北省长江堤防也都采用了软体排。非织造型土工织物用做反滤料的工程实例更多,云南麦子河水库用得最早。20世纪80年代中期,非织造型土工织物在尾矿坝和灰堤等工程中得到应用。塑料排水带早在20世纪80年代初即在天津新港用于加固软基,目前排水带在高速公路和机场工程中已应用得十分广泛。加筋土挡墙已修建不少,辽宁省石佛寺水库工程就采用了这一技术。近年来我国已能生产土工格栅,其工程需求量很大,预计会大大促进该项技术的快速发展。聚苯乙烯板块在我国寒冷地区早已用于工程防冻。近年来土工格室、植被土工网垫等新技术也已开始应用。

20世纪90年代以来,在我国各领域大量使用了土工合成材料。据粗略统计,应用土工织物滤层技术的工程超过近10 000个;应用加筋垫层技术的超过1 000个,使用加筋技术修建的高大挡土墙和码头岸壁超过100个,仅重庆市的加筋岸壁的长度已超过20 km;土工织物软体排已应用于众多的航道整治工程;模袋混凝土技术仅在苏南运河已有30年的应用历程,近几年也在海湾工程中得到大规模的使用;长江堤防工程和许多堆石坝已大量使用土工膜防渗墙;高速公路广泛采用土工织物综合治理路基和路面病害,均取得了显著的技术经济效益。

三、土工合成材料种类

我国的《土工合成材料应用技术规范》(GB 50290—98)将土工合成材料分为以下四大类:土工织物、土工膜、土工复合材料和土工特种材料,它们又各分为数种。

(一)土工织物(geotextile)

土工织物是一种透水性材料,按制造方法不同,可进一步划分为两类。

1. 织造(机织)型土工织物(woven geotextile)

这类产品又称有纺土工织物,是最早的土工织物产品。机织是一种传统的制造工艺,它是利用梭织机或无梭织机将两组平行的纱线交叉而制成的土工织物。它的制造分两道工序:先将聚合物原料加工成丝或纱或带,再借织机制成平面结构的布状产品。织造时常包括相互垂直的两组平行丝,如图 1-1 所示。这种织物看来简单,却有着不同的丝种和不同的织法。

丝种包括单丝、多丝及二者的混合。单丝是单根丝,典型直径约为 0.5 mm,它是将聚合物热熔后从模具中挤压出来的连续长丝。在挤出同时或刚挤出后将丝拉伸,使其中的分子定向,以提高丝的强度。多丝是由若干根单丝组成的,在制造高强土工织物时常采用多丝。多丝也有用切割成的短丝(一般长 100 mm)搓拧而成的。

早期的土工织物由单丝织成,后来发展为采用扁丝。扁丝是由聚合物薄片经利刀切成的薄条,其厚度比单丝薄得多,且在切片前后都要牵引拉伸以提高其强度。扁丝宽度约为 3 mm,是其厚度的 1 ~20 倍。目前的大多数纺织土工织物是由扁丝织成,而圆丝和扁丝结合织成的织物有较高的渗透性,如图 1-2 所示。

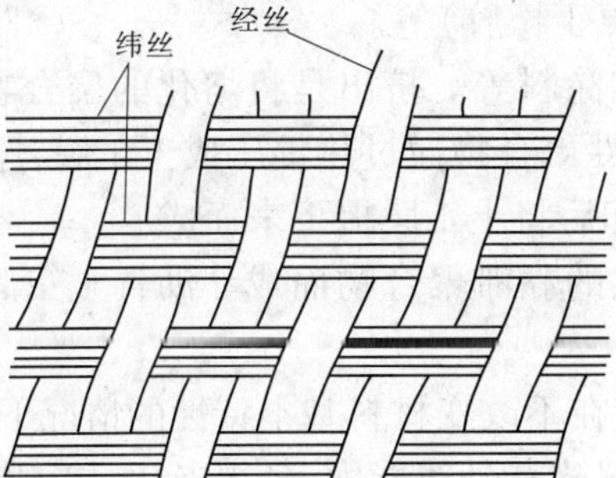

图 1-1 土工织物的经纬丝

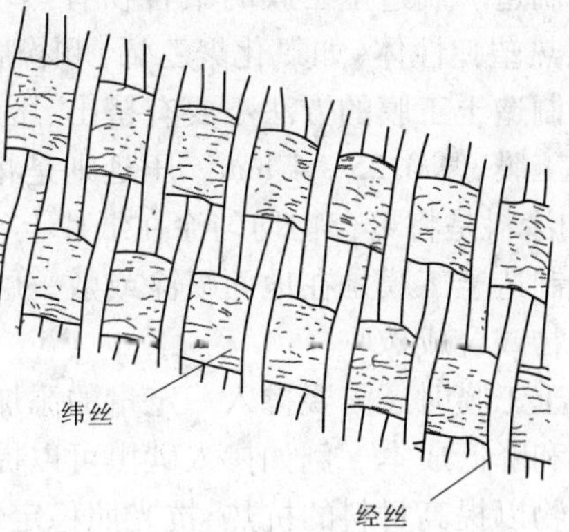

图 1-2 圆丝和扁丝织成的织物

另一种特殊的扁丝叫裂膜丝,它是将一根扁丝剖成许多根细丝,但仍连在一起。由裂膜丝织成的织物较为密实,柔软而渗透性小。多丝和裂膜丝结合织成的编织物厚度可达 1 ~2 mm,比扁丝织成的要厚。

织造型土工织物有三种基本织造形式:平纹、斜纹和缎纹。平纹是一种最简单、应用最多的织法。其形式是经丝、纬丝一上一下。斜纹则是经丝跳越几根纬丝,最简单的形式是经丝二上一下。缎纹织法是经丝和纬丝长距离跳越,例如经丝五上一下,这种织法适用于衣料类产品。

2. 非织造型土工织物(non-woven geotextile)

这类产品又称无纺土工织物。根据黏合方式的不同,非织造型土工织物分为热黏合、化学黏合、机械黏合等三种。

热黏合非织造型土工织物的制造,是将纤维在传送带上成网,让其通过两个反向转动的热辊之间热压,纤维网达到一定温度后,部分纤维软化熔融,互相粘连,冷却后得到固化。该法主要用于生产薄型土工织物,厚度一般为 0.5 ~ 1.0 mm,由于纤维是随机分布的,织物中形成无数大小不一的开孔,再因为无经纬丝之分,故其强度的各向异性不明显。

化学黏合非织造型土工织物,是通过不同工艺,将黏合剂均匀地施加到纤维网中,待黏合剂固化,纤维之间便互相粘连,使网得以加固,厚度可达 3 mm。常用的黏合剂有聚烯酯、聚酯乙烯等。也可以在施加黏合剂前加以滚压,得到较薄的和孔径较小的产品。这类产品在工程中的应用较少。

机械黏合非织造型土工织物是以不同的机械工具将纤维网加固,应用最广的是针刺法,还有用水刺法的。针刺法利用装在针刺机底板上的许多截面为三角形或菱形且侧面有钩刺的针,由机器带动,作上下往复运动,让网内的纤维互相缠结,从而织网得以加固。产品厚度一般在 1 mm 以上,孔隙率高,渗透性大,反滤、排水性能均佳,在水利工程中应用很广。水刺法是利用高压水喷射入纤维网,使纤维互相缠结加固。其产品较为柔软,主要用做卫生用品,工程中尚未应用。

(二)土工膜(geomembrane)

土工膜是一种基本不透水的材料。根据原材料不同,可分为聚合物膜和沥青膜两大类。为满足不同强度和变形需要,又有不加筋和加筋的区分。聚合物膜在工厂制造,沥青膜则大多在现场制造。制造土工膜的聚合物有热塑塑料(如聚氯乙烯)、结晶热塑塑料(如高密度聚乙烯)、热塑弹性体(如氯化聚乙烯)和橡胶(如氯丁橡胶)等。

工厂制造土工膜的方法主要有挤出、压延或加涂料等。挤出是将熔化的聚合物通过模具制成土工膜,厚 0.25 ~ 4 mm。压延则是将热塑性聚合物通过热辊压成土工膜,厚 0.25 ~ 2 mm。加涂料是将聚合物均匀涂在纸片上,待冷却后将土工膜揭下来而成。

现场制造土工膜是在地面喷涂或敷一层冷、热的黏滞聚合物而成。沥青土工膜用的是沥青聚合物或合成橡胶。

制造土工膜时还需要掺入一定量的添加剂,使在不改变材料基本特性的情况下,改善其某些性能和降低成本。例如掺入碳黑可以提高抗日光紫外线能力,延缓老化;掺入铅盐、钡、钙等衍生物以提高材料的抗热、抗光照稳定性;掺入滑石等润滑剂以改善材料可操作性;掺入杀菌剂可防止细菌破坏等。对于沥青类土工膜,其主要的掺入材料是一些填料或纤维。填料多为细矿粉,它能增加膜的强度且降低其成本;加入纤维,也是为提高膜的强度。

(三)土工复合材料(geocomposite)

土工复合材料是两种或两种以上的土工合成材料组合在一起的制品。这类制品将各种材料的特性相结合,以满足工程的特定需要,不同的工程有不同的综合功能要求,故土工复合材料的品种繁多,可以说土工复合材料是当前和今后一段时期发展的大方向。

1. 复合土工膜(composite geomembrane)

复合土工膜是将土工膜和土工织物(包括织造型和非织造型)复合在一起的产品。应用较多的是非织造型针刺土工织物,其单位面积质量一般为 200 ~ 600 g/m^2。复合土工膜在工厂制造时可以有两种方法：一是将织物和膜共同压成；二是在织物上涂抹聚合物以形成二层（一布一膜）、三层（二布一膜）、五层（三布二膜）的复合土工膜。

复合土工膜有许多优点，例如：以织造型土工织物复合，可以对土工膜加筋，保护膜不受运输或施工期间的外力损坏；以非织造型织物复合，不仅对膜提供加筋和保护，还可起到排水排气的作用，同时提高膜面的摩擦系数，在水利工程和交通隧洞工程中有广泛的应用。

2. 塑料排水带（prefabricated strip drain）

塑料排水带是由不同截面形状的连续塑料芯板外面包裹非织造型土工织物（滤膜）而成。芯板截面有多种型式，常见的有城垛式、口琴式和乳头式等，如图 1-3 所示。芯板起骨架作用，截面形成的纵向沟槽供通水之用，而滤膜多为涤纶无纺织物，作用是滤土、透水。塑料排水带的宽度一般为 100 mm，厚度 3. 5 ~ 4 mm，每米重约 0. 125 kg。我国目前排水带的宽度最大达 230 mm，国外已有 2 m 以上的宽带产品。

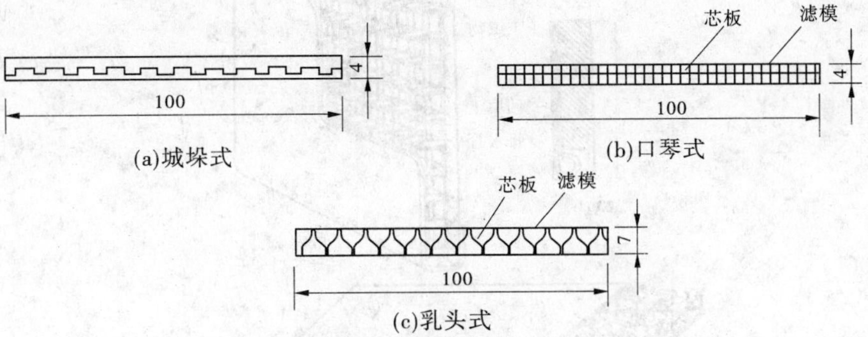

图 1-3　塑料排水带断面图　（单位：mm）

塑料排水带的施工是利用插带机将其埋设在土层中的预定位置。塑料带前端与锚靴相连，用插带机导杆顶住锚靴，插入土层中，达到预定深度后拔出导杆，但排水带仍留在预定位置，在高出地面一定高度（0. 5 mm 左右）处剪断排水带。施工时可用静荷或动荷送杆，静荷送杆对土层扰动小，较为常用。我国插带机的插入深度可达 25 m，入土速率可达 6 m/min。排水带的平面分布间距可借理论计算确定，一般为 1 ~ 2 m。排水带插入软基后，为排除土中的多余水量提供了捷径，多余水可水平向通过带的滤膜进入芯板沟槽，再向上由地表的透水料垫层排走。排水带在公路、码头、水闸等软基加固工程中应用广泛，以加速软土固结。

3. 软式排水管

软式排水管又称渗水软管，是由高强钢丝圈作为支撑体和具有反滤、透水及保护作用的管壁包裹材料两部分构成的，见图 1-4。高强钢丝由钢线经磷酸防锈处理，外包一层 PVC 材料，使其与空气及水隔绝，避免氧化生锈。包裹材料有三层，内层为透水层，由高强尼龙纱或尼龙纱作为经纱，特殊材料为纬纱制成；中层为非织造型土工织物过滤层；外层为与内层材料相同的覆盖层。为确保软式排水管的复合整体性，支撑体和管壁外裹材料间，以及外裹各层之间都采用了强力黏结剂黏合牢固。目前市场出售的管径分别为 50. 1 mm、80. 4 mm 和 98. 3 mm，相应的通水量（坡降 $i = 1/250$）为 45. 7 cm^3/s、162. 7 cm^3/s 、311. 4 cm^3/s。

软式排水管兼有硬水管的耐压与耐久性能，又有软水管的柔性和轻便特点，过滤性强，排水性好，可用于各种排水工程中。

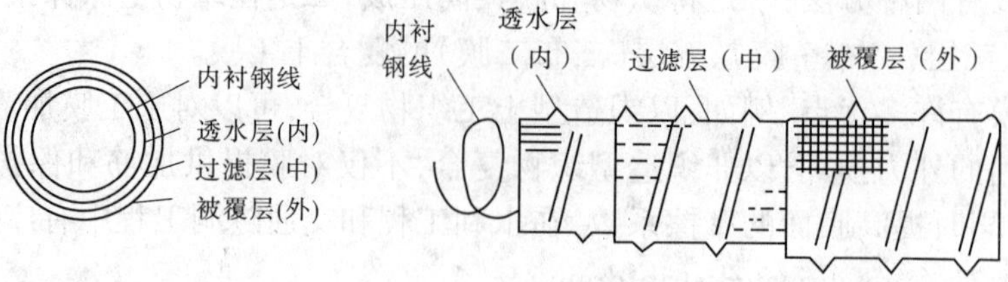

图 1-4　软式排水管构造示意图

4. 其他复合排水材料

现在已生产出各种型式芯材和外包滤膜的复合排水材料。芯材有平板上设立管柱的，有做成各种奶头形的，有土工网的，还有用塑料丝缠成的网状体的等（如图 1-5 所示），它们均具有较大的排水能力，可按工程需要选用。

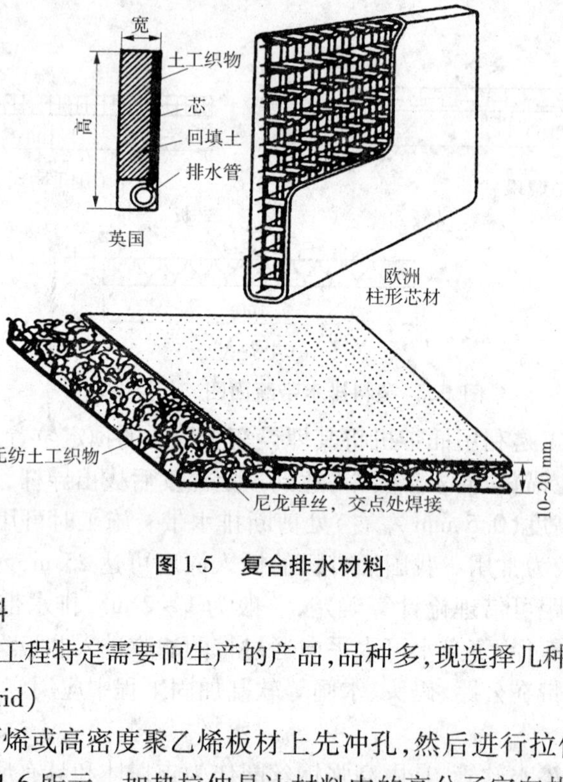

图 1-5　复合排水材料

（四）土工特种材料

土工特种材料是为工程特定需要而生产的产品，品种多，现选择几种主要产品说明如下。

1. 土工格栅（geogrid）

土工格栅是在聚丙烯或高密度聚乙烯板材上先冲孔，然后进行拉伸而成的带长方形或正方形孔的板材，如图 1-6 所示。加热拉伸是让材料中的高分子定向排列，以获得较高的抗拉强度和较低的延伸率。按拉伸方向不同，格栅分为单向拉伸（孔近矩形）和双向拉伸（孔近方形）两种。前者在拉伸方向上有较高强度。

土工格栅因其高强度和低延伸率而成为加筋的好材料，例如英国奈特龙公司生产的产品纵、横向抗拉强度分别为 80 kN/m 和 13 kN/m，延伸率分别为 9% 和 15%（常温下）。土工格栅埋在土内，与周围土之间不仅有摩擦作用，而且由于土石料嵌入其开孔中，还有较高的咬合力，它与土的摩擦系数可以高达 0.8 ~1.0。

土工格栅的品种和规格很多，目前开发的新品种有用加筋带纵横相连而成的（见图 1-7）也有用高强合成材料丝纵横连接而成的，等等。

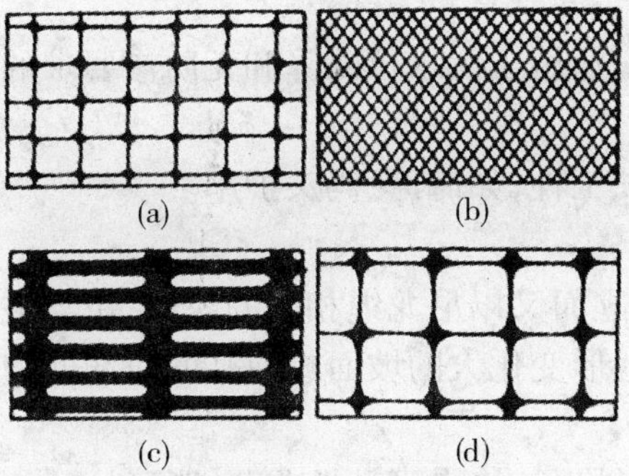

图 1-6　土工格栅

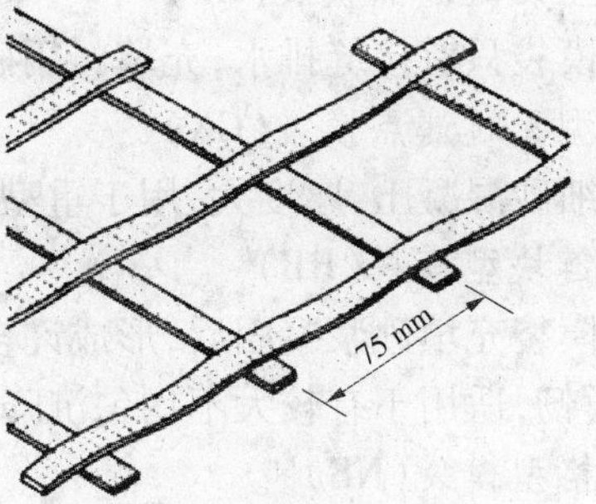

图 1-7　加筋带焊成的土工格栅

2. 土工网(geonet)

土工网是以聚丙烯或聚乙烯为原料,应用热塑挤出法生产的具有较大孔径和较大刚度的平面结构材料(见图 1-8)。可因网孔尺寸、形状、厚度和制造方法的不同而使性能有很大差异。一般而言,土工网的抗拉强度仅为 2 ~ 8 kN/m,延伸率一般达到 2% 以上。

这类产品常用于坡面防护、植草、软基加固,或用于制造复合排水材料。一般来说,它只有在受力水平不高的场合,才能用于加筋。

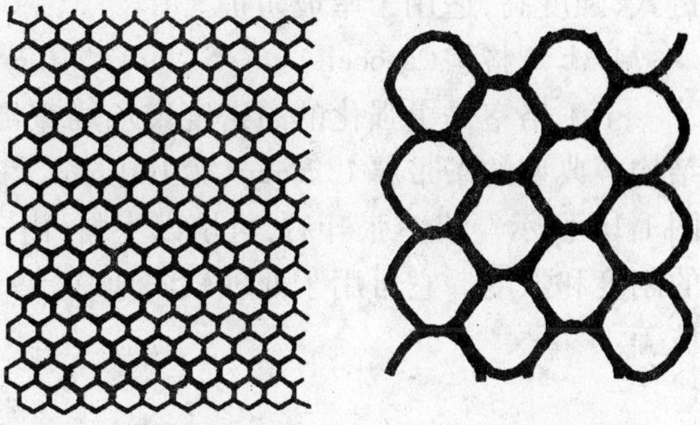
(a)CE121　(b)CE131

图 1-8　土工网

3. 土工模袋(fabreform)

土工模袋是由上下两层土工织物制成的大面积连续袋状材料，袋内充填混凝土或水泥砂浆,凝固后形成整体混凝土板,可用做护坡。这种袋体代替了混凝土的浇筑模板过程而得名。模袋上下两层之间用一定长度的尼龙绳来保持其间隔,可以控制填充时的厚度。浇筑在现场用高压泵进行。混凝土或砂浆注入模袋后,多余水量可从织物孔隙中排走,故而降低了水分含量,加快了凝固速度,使强度增高。

按加工工艺的不同,可将模袋分为两类,即机织模袋和简易模袋。前者是由工厂生产的定型产品,而后者是用手工缝制而成。机织模袋按其有无排水点和充填后成型的形状分成许多种,我国现行的机织模袋有下列 5 种(见图 1-9)。

(a)有反滤排水点(FP 型)　(b)无反滤排水点(NF 型)　(c)无排水点混凝土模袋(CX 型)　(d)铰链块型(RB 型)　(e)框格型(NB 型)

图 1-9　土工模袋

1)有过滤点模袋(FP)

过滤点将上下两片织物连在一起,滤点处不让浆液进入,它所形成的透水通道用以排除土坡渗水,消除孔隙水压力。

2)薄型无过滤点模袋(NF)

这类模袋只有接缝排水,充填料用砂浆,适用于无水位骤降和无防渗要求的护坡。

3)厚型无过滤点模袋(CX)

充填细砂混凝土,厚度大,用于重型防护工种,如海湾、码头护岸。

4)铰链块型模袋(RB)

这类模袋充填砂浆凝固后,形成许多独立而又以尼龙绳相联的块体,块与块间能自由转动,排水通畅,适用于有较大不均匀沉降和地形变化大的坡面或地基的防冲处理。

5)框格型模袋(NB)

这类模袋充填砂浆后形成方形或长方形格子,格中可种植花草,既可护坡,又美化环境。

此外,近年来美国 HYDROTES 公司还生产一种称为 AB 型的模袋,其中插有钢筋,为铰链式,强度高,适用于岸坡防护。

4. 土工格室(geocell)

土工格室是由强化的高密度聚乙烯宽带,每隔一定间距以强力焊接而形成的网状格室结构。典型的条带厚 1. 2 mm、宽 100 mm,每隔 300 mm 进行焊接。闭合和张开时的形状,如图 1-10 所示。格室张开后,可填以土料,由于格室对土的侧向位移的限制,可大大提高土体的刚度和强度。它可用于处理软弱地基,增大其承载力,沙漠地带可用于固沙,还可用于护坡等。

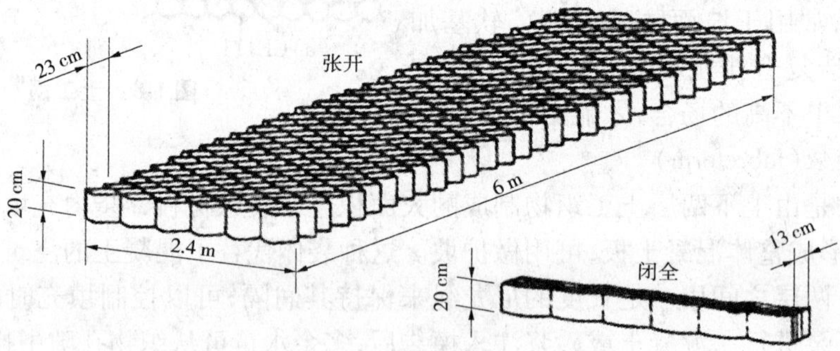

图 1-10 土工格室

5. 土工管(geotex tube)、土工包(geocontainer)

土工管、土工包是用经防老化处理的高强土工织物制成的大型管袋及包裹体,可有效地护岸和用于崩岸抢险,或利用其堆筑堤防,解决疏浚弃土的放置难题。

土工包是将大面积高强度的土工织物摊铺在可开底的空驳船内,充填 200 ~ 800 m^3 料物,将织物包裹闭合,运到一定部位,沉至预定位置。在国外,该技术大量用于环保工程。

6. 聚苯乙烯板块(EPS)

聚苯乙烯板块称泡沫塑料,是以聚苯乙烯聚合物为原料,加入发泡剂制成的。它的主要特点是质量极轻、导热系数低、吸水率小,且有一定抗压强度。其单位体积质量仅 20. 4 ~ 40. 8 kg/m^3,为砂和混凝土的 1/50 ~ 1/100 ,属超轻型材料,吸水率仅为 0. 15 ~ 0. 2 g/100 cm^3。由于其质轻,可用它代替土料,填筑桥端的引堤,解决桥头跳车问题。其导热系数低,故在寒冷地带,可用该材料板块防止结构物冻害,例如在挡墙背面或闸底板下,放置泡沫塑料以防止冻胀等。

7. 土工合成材料黏土垫层(Geosynthetic Clay Liner 简称 GCL)

土工合成材料黏土垫层是由两层或多层土工织物(或土工膜)中间夹一层膨润土粉末(或其他低渗透性材料)以针刺(缝合或黏结)而成的一种复合材料。它与压实黏土垫层相比,具有体积小,质量轻,柔性、密封性良好,抗剪强度较高,施工简便,适应不均匀沉降等优点,可以代替一般的黏土密封层,用于水利或土木工程中的防渗或密封设计。国外大量用于废料坑的底部防渗衬砌和顶部封盖。

第二节 土工合成材料的性能指标及防护保养

一、土工合成材料性能指标的分类

土工合成材料被广泛应用于水利和岩土工程的各个领域。不同的工程对材料有不同的功能要求,因此需选择不同类型和不同品种的土工合成材料。为使土工合成材料在施工期和运用期能正常工作,必须有合理的设计方法和使用规范,统一的设计指标,并通过实验验证。土工合成材料的指标一般分为物理性能指标、力学性能指标、水力性能指标、土工织物与土相互作用性能指标及耐久性能指标等。下面作以简单介绍。

(一)物理性能指标

1. 单位面积质量

单位面积质量,是 1 m^2 土工织物的质量,称为土工织物的基本质量,单位为 g/m^2。它是土工织物的一个重要指标。对于任何一种系列产品来说,土工织物的单价与单位面积质量大致成正比,其力学强度随质量增加而提高。因此,在选用产品时单位面积质量是必须考虑的技术和经济指标。

2. 厚度

厚度指土工织物在 2 kPa 法向压力下,其顶面与底面之间的距离,单位为 mm。土工织物厚度随所作用的法向压力而变,不同类型土工织物的压缩量差别很大,其中针刺非织造型土工织物的压缩量最大。

3. 孔隙率

孔隙率可定义为非织造型土工织物所含孔隙体积与总体积之比,以百分数(%)表示。该指标不直接测定,由单位面积质量、密度和厚度计算得到。可按式(1-1)计算:

$$n_p = (1 - \frac{M}{\rho\delta}) \times 100\% \tag{1-1}$$

式中 n_p——孔隙率(%);

M——单位面积质量,g/m^2;

ρ——原材料密度,g/m^3;

δ——厚度,m。

土工织物常用原材料的密度为:聚丙烯 0.91 g/m^3,聚乙烯 0.94 ~ 0.96 g/m^3,聚酯 1.22 ~ 1.38 g/m^3,聚酰胺 1.05 ~ 1.14 g/m^3,聚乙烯醇 1.26 ~ 1.32 g/m^3,聚氯乙烯 1.39 g/m^3。

孔隙率与厚度有关,所以孔隙率也随压力增大而变小。有时织造型和非织造型土工织物的孔径和渗透系数很接近,但不能认为两者水力性能相似。非织造型土工织物的孔隙率远大于织造型土工织物,因此其具有更好的反滤和排水性能。

(二)力学性能指标

针对土工织物在设计和施工中所受荷载性质不同,其力学强度指标分为下列几种:抗拉强度、握持强度、撕裂强度、胀破强度、顶破强度、圆球顶破强度、刺破强度等。在前 3 项试验中,试样为单向受力,其纵向和横向强度需分别测定;而后 4 项试验中,试样为圆形,承受轴对称荷载,纵横双向同时受力。在上述众多力学指标中最基本的是抗拉强度。

1. 抗拉强度和延伸率

抗拉强度也称为条带法抗拉强度,为单向拉伸。纵向和横向抗拉强度表示土工织物中纵向和横向单位宽度范围能承受的外部拉力,单位为 kN/m。对应抗拉强度的应变为土工织物的延伸率,用百分数(%)表示。抗拉强度是力学性能中的重要指标。在各种功能的应用中对抗拉强度都有一定的要求。当用于加筋和隔离功能时,抗拉强度虽不是主要指标,但由于铺设过程中会受到扯拉、顶压、撕破等各种施工荷载作用,运用过程中也可能因建筑物变形而受拉,所以对强度也有一定要求。

2. 握持强度

握持强度是表征土工织物分散集中荷载能力的一种力学特征。因为土工织物在铺设过程中可能承受抓拉荷载,当织物铺放在软土地基中,织物上部相邻块石的压入,也会引起类似于握持拉伸的过程。握持强度的测试与抗拉强度基本相同,只是试样的部分宽度被夹具夹持,故该指标除反映抗拉强度的影响外,还与握持点相邻纤维提供的附加强度有关。握持强度试验的试样尺寸和夹持方法参见图 1-11,实验拉伸速率取 100 mm/min。

3. 撕裂强度

撕裂强度反映了试样中已有裂口继续扩大所需要的力,用以估计撕裂土工织物的相对难易程度。

梯形撕裂强度的测试方法是将梯形轮廓画在试样上,见图 1-12(a),并预先剪出 15 mm 长的裂口,然后沿梯形的两个腰夹在拉力机的夹具中,如图 1-12(b)所示,以 100 mm/min 的速度位伸,使裂口扩展到整个试样宽度。

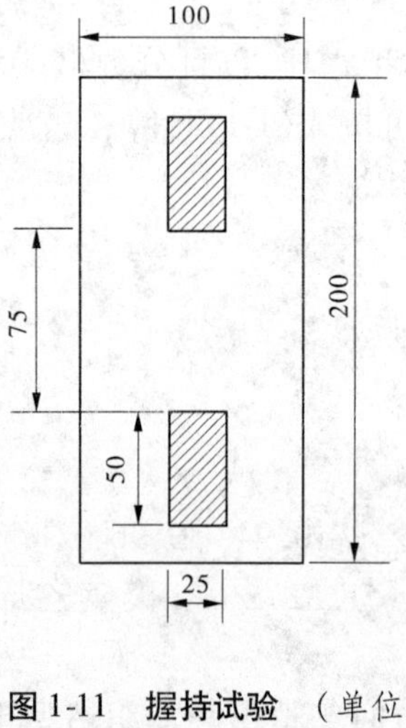

图 1-11 握持试验 (单位:mm)

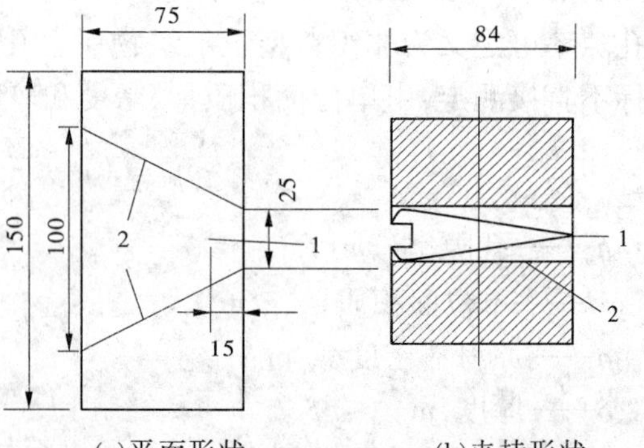

(a)平面形状 (b)夹持形状

1—切缝; 2—夹持线

图 1-12 梯形撕裂试验 (单位:mm)

4. 胀破强度、顶破强度、圆球顶破强度、刺破强度

这四个强度的试验都表示土工织物抵抗外部冲击荷载的能力，其共同特点是试样为圆形，用环形夹具将试样夹住；其差别是试样尺寸、加荷方式不同(如图1-13所示)。

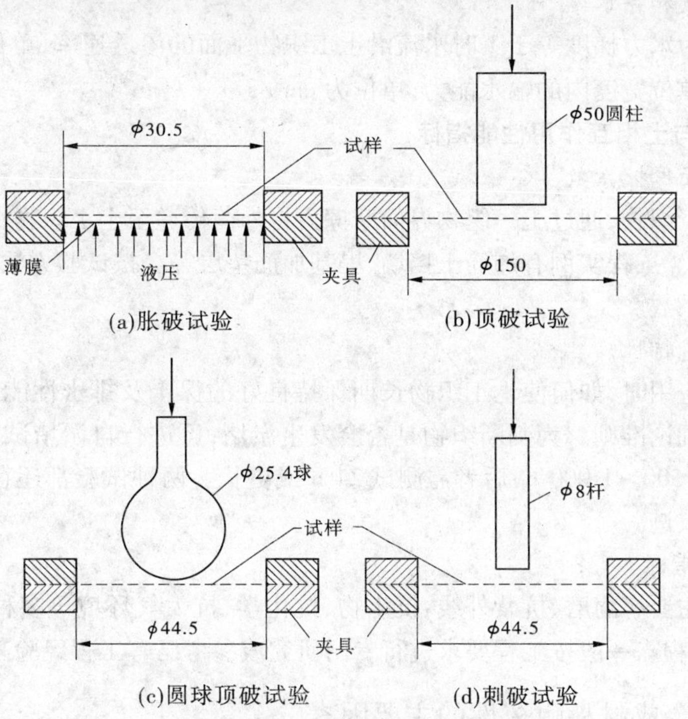

图1-13　顶破类试验　(单位:mm)

除抗拉强度外，其他各力学强度指标直接用于设计的情况还不多见，它们主要是作为参考指标，根据工程实际情况，便于对产品进行比较和选择。

(三)水力性能指标

水力性能指标主要为等效孔径和渗透系数，是土工织物两个很重要的特性指标。由于土工织物是与土共同工作的，对织物的基本要求是既能保土又能排水，这就要求土工织物的孔径很小(能挡住土)，而且排水又很通畅，两者看来是有矛盾的，而土的多变性更增加了问题的复杂性。可能会出现某一土工织物对这种土是合适的，而对另一种土却不合适的情况。

目前常用保土准则和透水准则来选择土工织物的等效孔径和渗透系数，即将土工织物的等效孔径和土的特征粒径建立关系式，同时将织物的渗透系数与土的渗透系数建立关系式，以求达到既保土又排水的目的。保土准则和透水准则由实验得到。由于实验时控制的条件不同，得到的准则也有差异。可按具体情况选择准则，有条件进行模拟实验则更好。鉴于目前仍以保土和透水作用作为选择土工织物反滤层的准则，因此等效孔径和渗透系数两个水力特性指标是反滤和排水功能中的重要指标。

1. 等效孔径(表观孔径)

以土工织物为筛布，用某一平均粒径的玻璃珠或石英砂进行振筛，取通过土工织物的过筛率(通过织物的颗粒质量与颗粒总投放量之比)为5%(留筛率为95%)所对应的粒径为织物的等效孔径，表示该土工织物的最大有效孔径，单位为mm。

2. 垂直渗透系数和透水率

垂直渗透系数为水力梯度等于1时,水流垂直通过土工织物的渗透速率,单位为cm/s。透水率为水位差等于1时的渗透速率,单位为L/s。

3. 水平渗透系数和导水率

水平渗透系数为水力梯度等于1时水流沿土工织物平面的渗透速率,单位为cm/s。导水率为沿土工织物单位宽度内的输水能力,单位为cm^2/s。

(四)土工织物与土相互作用性能指标

1. 土—织物界面摩擦系数

埋在土中的土工织物,通过土—织物界面摩擦力将外荷传递至土工织物,使土工织物承受拉力,形成加筋土。工程实例有加筋土挡墙、堤基加筋垫层等。按试验方法可分为直剪摩擦系数和拉拔摩擦系数。

2. 土—织物渗透特性

土—织物联合应用时,如何使土工织物长期保持良好的保土及排水性能,不发生淤堵,目前还没有满意的理论准则。为判断织物是否会发生淤堵,可进行自淤堵试验或梯度比试验,前者试验历时达500~1 000 h,后者需测试24 h或更长。两种试验都还存在一些问题,有待积累经验逐步改进。

(五)耐久性能指标

耐久性能指标主要有耐磨、抗紫外线、抗生物、抗化学、抗大气环境等多种指标,大多没有可遵循的规范、规程。一般按工程要求进行专门研究或参考已有工程经验来选取。

二、影响土工合成材料耐久性的主要因素

土工合成材料的原材料是高分子聚合物。这种物质是链节结构,它对氧化十分敏感,容易发生降解反应和交换反应,导致材料破坏。为此,土工合成材料的使用寿命自然引起工程人员的高度关注。

氧化包括热和温度引起的热氧化,以及阳光紫外线产生的光氧化。其中光氧化的破坏作用很强,因为紫外线具有很大能量,能切断聚合物的分子链,或引发光氧化反应。此外,影响材料耐久性的还有化学与生物侵蚀、干湿作用、冻融变化和机械磨损等,但以日照紫外线的影响最重要。

各种原材料抗紫外线的能力以聚丙烯和聚酰胺最差,聚酯最佳,聚乙烯、聚氯乙烯介于其间,颜色浅的比颜色深的差。

三、延缓老化的措施

老化是高分子材料的固有特性之一,不能完全消除,但如果采取有效措施,可以大大延缓。延缓老化的措施可以从两方面着手:一方面是在原材料中加入防老化剂,抑制光、氧、热等外界因素对材料的作用,如掺适量的抗氧化剂、光稳定剂和深色碳黑等。有的单位在聚丙烯中加入防老化剂,经4年日光直接暴晒,强度仅损失25%,如果不加防老化剂,直接在日光下照射2~3月,强度即损失殆尽。另一方面是在工程中采取防护措施,如尽量缩短材料在日光中的暴露时间,用岩土(要求在30 cm厚以上)或深水覆盖等。

四、部分现场观测成果

以下是一些实际工程中土工合成材料经长期工作后的检测结果。

(1)1958 年,美国佛罗里达州海岸护坡首先用 PVC 织造型土工织物作垫层,27 年后取样试验,其性能仍十分良好。

(2)1965 年,中国水利水电科学研究院在北京东北旺农场用 PVC 土工膜(厚 0.12 ~ 0.15 mm)铺在渠道上作防渗试验,埋在土下 30 ~ 40 cm,运行 20 年后仍保持良好的防渗性。

(3)1970 年,法国法拉克罗斯土坝用涤纶非织造型土工织物作护坡垫层,运行 6 年后取样测定,抗拉强度仅减小 8%。法国许多工程采用这种织物,运行 12 年后,绝大部分强度损失不到 30%。

(4)1981 年,葛洲坝水力发电工程二江泄水闸基础按长江水利委员会长江科学院的研究成果采用改性聚丙烯塑料管、聚氨酯泡沫塑料、涤纶织造型土工织物的组合体作为基岩排水孔的过滤体。运行 15 年后抽样检测,发现织物在 pH 值为 9.02 ~ 10.58 的水下工作,其经向强度仅下降 4% ~ 8.5%,纬向强度下降 7.5% ~ 22.5%。

鉴于土工合成材料在工程应用中具有一定的抗老化能力,故有些国家的某些文件中对其使用年限作了较为宽限的规定,如苏联《土石坝应用聚乙烯防渗结构须知》(BCH 07—74)中规定,聚乙烯土工膜可用于使用年限不超过 50 年的建筑物。奥地利林茨公司发表的《聚乙烯土工合成材料的长期性状》一文中的结论写道:“对聚乙烯的 15 年以上的现场应用经验表明,它们的化学和生物稳定性高;织物的最大损坏是在施工中;铺设以后没有大变化……可预期超过 100 年的稳定性。”

综上所述,根据经验和合理推论,一般认为土工合成材料的使用寿命至少在 30 年以上。事实上,英国 NETLON 公司对其产品的设计年限是 120 年。

第三节　土工织物的反滤、排水与隔离功能

一、反滤功能

在有渗流的情况下,利用一定规格的土工合成材料铺设在被保护的土上,可起到与一般砂砾反滤层同样的作用,既允许水流畅通,同时又能阻止土粒移动,从而防止发生流土、管涌和堵塞。用做反滤的土工织物一般是非织造型(无纺)土工织物,有时也可以使用织造型土工织物。

(一)反滤机理

以往的直观概念都认为土工织物起反滤作用等同于过筛作用,后来的研究却证明土工织物之所以发挥反滤功能,主要是由于它具有促进天然滤层形成的“催化”作用。

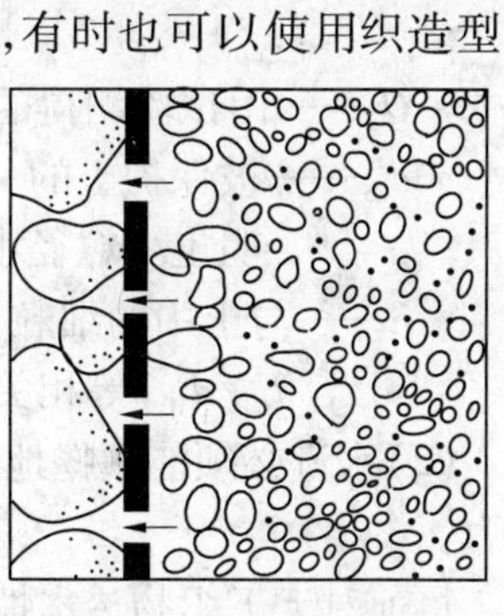

图 1-14　反滤机理示意图

土工织物的反滤作用可以用图 1-14 来说明。图中左侧为大孔隙堆石体,右侧为被保护土,二者之间夹有起反滤作用的土工织物。当水流从被保护土自右向左流入堆石体时,部分细土粒将被水流挟带进入堆石体中被保护土一侧的土工织

物表面附近，较粗土粒首先被截留，使透水性增大。同时，这部分较粗粒层将阻止其后面的细土粒继续被水流带走，而且越往后细土粒被冲失的可能性越小，于是就在土工织物的右侧形成一个从左往右颗粒逐渐变细的天然反滤层。该层发挥着保护土体的作用。可见土工织物的存在只是起了促成天然反滤层形成的“催化”作用。

（二）淤堵现象

当土工织物作为滤层而长期作用时，常有淤堵现象发生，而使其反滤作用减弱甚至消失。

土工织物中的孔道被堵塞，过水面积减小，渗透性下降的现象称为淤堵。形成淤堵的原因可分为机械淤堵、化学淤堵和生物淤堵。一般情况下，机械淤堵为主要形式。

机械淤堵是土体中的细颗粒随水流进入土工织物孔隙中，并停留其中，随时间增长，停留的细粒愈来愈多，织物的透水性愈来愈小。

化学淤堵是由于渗流水中的各种离子，受化学作用形成不溶于水的化合物，如碳酸钙、二氧化铁等，停留于织物孔隙中，减少水流通道从而降低织物的渗透性。

生物淤堵是土体或土中水内的藻类、菌头微生物和有机质在织物孔隙中滋长繁殖，堵塞孔隙所造成。

淤堵对织造型和非织造型土工织物有着不同影响。织造型土工织物孔口通道单一，管状通道间不连通，故孔口或通道内任一处被堵塞，整个通道即不通。针刺非织造型土工织物则兼有垂直和水平结构，而且它们之间是相通的，织物孔隙呈迂回树枝状的立体结构，水分进入后即可相互串通，所以即使大部分孔隙被堵塞，仍可保持相对的透水性。

（三）反滤设计准则

为了让所选用的土工织物能长期发挥反滤作用，对织物应该提出一定的要求。正像以往采用粒状土料（砂砾料）作反滤层时那样，应使土料粒径符合一定的准则。对用做反滤的土工织物基本要求如下：

（1）被保护的土料在水流作用下，土粒不得被水流带走，即需要有“保土性”以便防止管涌破坏。

既然要求织物保土，则织物的孔径与土的粒径之间就必须符合一定的关系。孔径过大，土粒会穿过孔洞而流失；过小又妨碍透水并容易被堵塞。

借鉴传统的粒状土反滤层的保土要求，并依据众多的试验研究表明，为了保土，织物的等效孔径 O_e 和被保护土的特征粒径 d_{85} 之间应该符合以下关系：

$$O_e \leqslant nd_{85} \tag{1-2}$$

式中 O_e——由试验测得的等效孔径值。目前国内外采用最多的是 $O_e = O_{95}$；

d_{85}——被保护土的一个特征粒径，可从被保护土的颗粒分析试验曲线上查得，它表明土中粒径小于该值的颗粒的质量占全土质量的85%；

n——与土中的细粒（土粒粒径 $d \leqslant 0.75$ mm 的部分）含量和不均匀系数 C（$C = d_{60}/d_{10}$）等相关的经验系数。

（2）水流必须能顺畅地通过织物平面，即需要有“透水性”，以防止积水产生过高的渗透压力。

目前对土工织物透水性的要求，是以织物和被保护土的渗透系数的相对关系来表示的。规范对此作了如下规定：

①被保护土级配良好,水力梯度低和预计不致发生淤堵时,应满足:

$$K_g \geqslant K_s \tag{1-3}$$

②若排水失效会导致土体结构破坏,且修理费用高,或水力梯度高,流态复杂等情况,应满足:

$$K_g \geqslant 10K_s \tag{1-4}$$

以上两式中的 K_g 和 K_s 分别为土工织物和被保护土的渗透系数。

有的标准要求采用比式(1-4)中10更大的系数,是考虑土工织物在实际工作中,其渗透系数可能会由于织物被阻塞或受压变薄而降低的情况发生。

(3)织物孔径不能被水流挟带的土粒所阻塞,即要有"防堵性",以避免反滤作用失效。

为防止土工织物在长期工作中被淤堵,应该用选定的织物和被保护的现场土料作较长期试验来检验。这样做费时费事,因此《水利水电工程土工合成材料应用技术规范》(SL/T 225—98)对于土工织物防堵性提出了以下要求。

①当被保护土级配良好,水力梯度低,流态稳定,修理费用小时,应满足:

$$O_{95} \geqslant 3d_{15} \tag{1-5}$$

式中 d_{15}——被保护土的特征粒径,即土中小于该粒径的土质量占总土质量的15%,mm。

②被保护土易管涌,具有分散性、水力梯度高、流态复杂、修理费用大的特征。

a. 被保护土的渗透系数 $K_s \geqslant 10^{-5}$ cm/s 时

$$GR \leqslant 3 \tag{1-6}$$

式中 GR——梯度比;

K_s——土的渗透系数。

b. 被保护土的渗透系数 $K_s \leqslant 10^{-5}$ cm/s 时,应以现场土料进行长期淤堵试验,观察其淤堵情况。

(四)典型应用

土工合成材料中的非织造型土工织物是一种很好的反滤材料,既可挡土又能排水。它可布置在堤防中所有需要设置过滤层的部位,亦即渗流逸出部位和相邻土层土粒级配大小相差较大的界面。总的来说,土工织物作为反滤层有三个基本要求,即保土性、透水性、防堵性。以下应用情况见图1-15。

(1)堤坝黏土斜墙和黏土心墙的反滤层:替代反滤层中最细粒层起到排水反滤作用。

(2)堤坝内部和下游排水体滤层。

(3)渠道、堤防、海岸等乱石、砌石或混凝土板护面下的滤层。

(4)水闸分缝处、下游护坦、海漫下的滤层。

(5)挡土墙、岸墙等背面排水系统中的滤层。

(6)排水暗管或排水暗沟外面的包裹体。

二、排水功能

(一)排水作用

必须指出的是,传统的排水材料多采用强透水粒状材料,而土工织物用做排水时兼起反滤作用。因此说,土工织物的反滤与排水功能往往是同时存在的。作为反滤与排水材料,与传统材料比较,它具有施工简便、缩短工期、节约工程费用等优点。对于用做排水的土工合

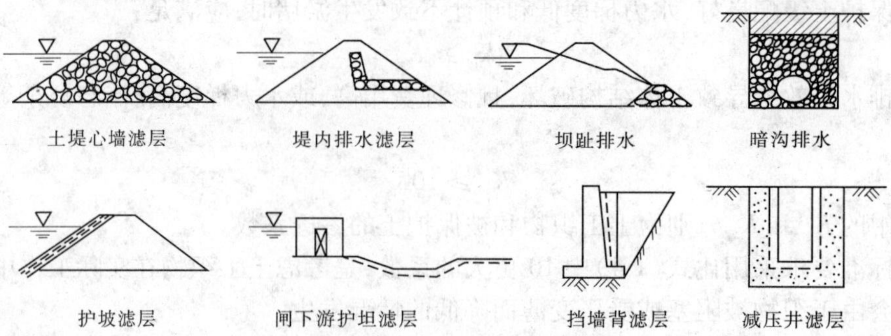

图 1-15　反滤功能应用

成材料的基本要求是:①满足反滤要求;②在设计荷载长期作用下,保持土工织物有足够的透水性。

(二)典型应用

土工合成材料排水的型式很多,在水利工程及一般土建工程中常见的有以下几种。

1. 堤坝体内烟囱式排水及下游排水层

上游来水流到竖向排水体土工织物,将沿织物往下流,通过下游底部排水层导向堤外。如图 1-16 所示。

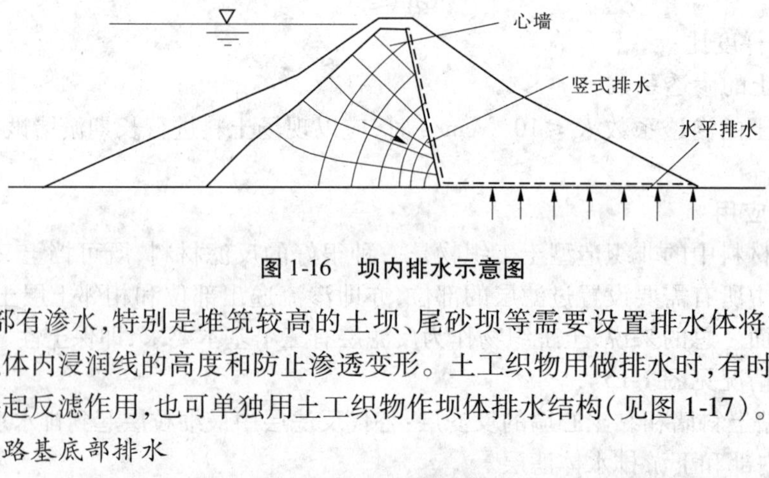

图 1-16　坝内排水示意图

堤坝内部有渗水,特别是堆筑较高的土坝、尾砂坝等需要设置排水体将渗透水排出坝外,以降低坝体内浸润线的高度和防止渗透变形。土工织物用做排水时,有时与砂石排水体联合使用,并起反滤作用,也可单独用土工织物作坝体排水结构(见图 1-17)。

2. 堤坝、路基底部排水

在饱和软土地基或超软地基上修筑堤坝或修建道路时,为了加速土体排水固结,可将土工织物铺在建筑物底部,以排出地基渗水,如图 1-18 所示。为了有效地排除地基渗水,减小渗透水压力,加速地基固结,还可采取外包土工织物的塑料排水板垂向插入地基或采取垂直砂井,与水平铺放的土工织物联合排水的结构。

3. 盲沟排除浅层水和雨水

利用盲沟排出地表浅层水或雨雪渗入地下的渗水,对降低路基下的浅层水位,或排除农田的积水都是有效的方法。如图 1-19 所示。

4. 挡土墙后排水

在挡土墙建成后,墙后常有地下水作用,若不及时排出,则将对挡土墙稳定产生极大的影响,因此在挡土墙后铺设砂砾料排水体,通过墙身或墙底所设排水管将渗水排出墙外。

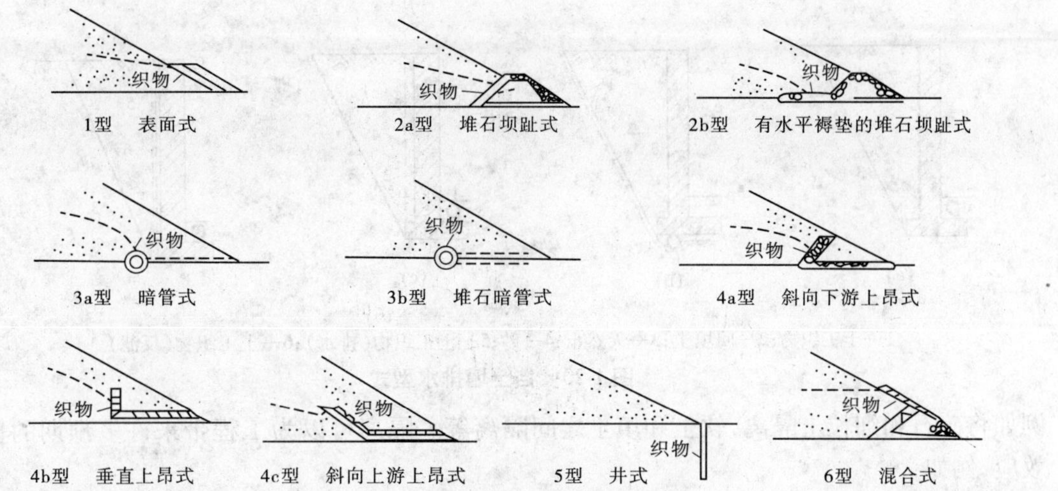

图 1-17 堤坝坡脚处排水应用

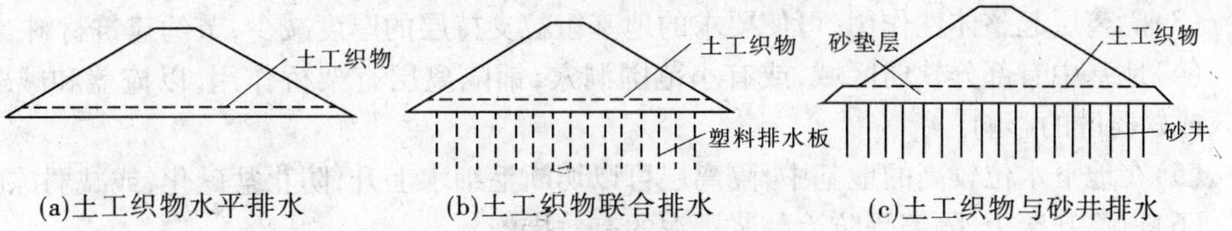

图 1-18 堤坝底部排水

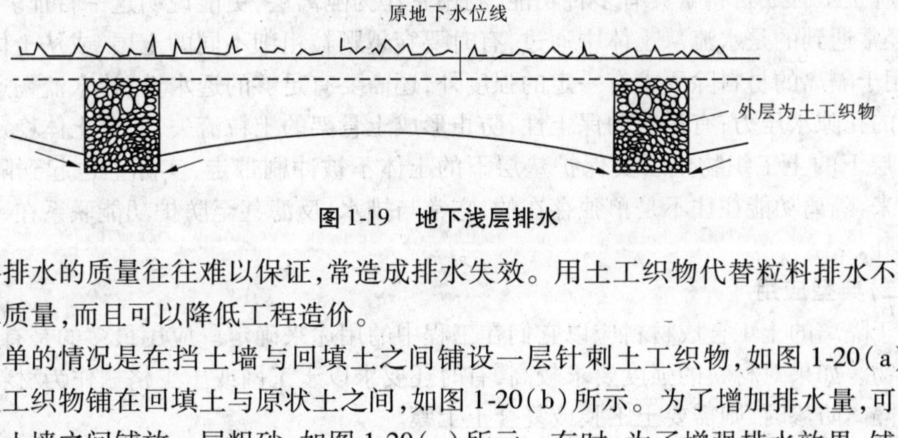

图 1-19 地下浅层排水

由于粒料排水的质量往往难以保证,常造成排水失效。用土工织物代替粒料排水不仅可以保证排水质量,而且可以降低工程造价。

最简单的情况是在挡土墙与回填土之间铺设一层针刺土工织物,如图 1-20(a)所示。或者将土工织物铺在回填土与原状土之间,如图 1-20(b)所示。为了增加排水量,可在土工织物与挡土墙之间铺放一层粗砂,如图 1-20(c)所示。有时,为了增强排水效果,铺设两层土工织物,一层主要作反滤,另一层主要作排水,如图 1-20(d)所示。若土工织物本身就制造成表面紧密中间疏松的复合结构,就可用一层土工织物代替两层,既方便又经济;复合型排水反滤材料中间空隙较大时,其排水反滤效果更好。

三、隔离功能

(一)隔离作用

隔离是指在两种物理力学性质不同的材料之间铺设土工合成材料,使它们不互相混杂。

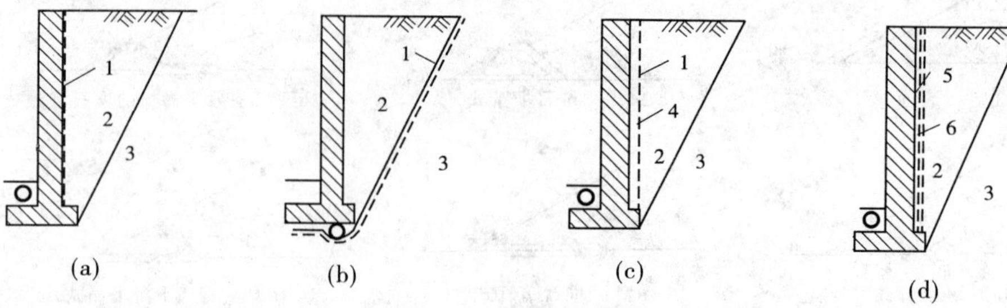

1—土工织物；2—回填土；3—天然土；4—砂；5—土工织物（排水）；6—土工织物（反滤）

图 1-20　挡土墙排水型式

例如将碎石和细粒土隔离，软土和填土之间隔离等。隔离可以为工程带来许多预期的良好效应，例如：

(1)通过隔离层，引起应力扩散作用，使地基土的沉降量得到一定程度的均化。

(2)隔离层提供排水面，加速地基土固结，使承载力提高。

(3)隔离层起整体性作用，可使要求的地基粗粒支持层的厚度减少，节约建筑材料。

(4)地基中有部分软弱区域，或有小范围洞穴，铺隔离层有架桥作用，以掩盖和减弱洞穴区或软弱区的影响。

(5)在地下水位较高的地基中，隔离层可以切断毛细水上升，防止盐碱化，或减弱冻胀。

(6)道路基床中，隔离是防治翻浆冒泥的有效措施。

(7)隔离层还起一定的保温作用。

一种土工合成材料常具有多种功能，利用它作为隔离层，更能说明这一特征。在水利工程中，经常遇到的是水流从土体中通过，有时要穿越颗粒粗细不同的土层，或从土体中流出。因此，用于隔离的材料除要求有一定的强度外，还需要有足够的透水性，让水流畅通，避免引起过高的孔隙水压力；有足够的保土性，防止形成土骨架的土粒流失，保证土体稳定性；堤坝坡防护层下的土工织物垫层要保护垫层下的土体不被冲刷带走，实际上也起到隔离作用。由此看来，隔离功能往往不是单独存在的，它常与排水、反滤甚至防护功能联系在一起，难以截然分开。

(二)典型应用

用于隔离的土工合成材料应以它们在工程中的用途来确定。应用最多的是有纺和无纺土工织物。如果对材料的强度要求较高，有时还要求以土工网或土工格栅作为材料的垫层。当要求隔离防渗时，则需要土工膜或复合土工膜。

水利工程中要求隔离的实例很多，典型实例如下：

(1)堤坝黏土心墙和斜墙上下游的过滤层。

(2)堤坝排水体与坝体的隔离层。

(3)岸坡防护层下的垫层以及地基上填筑粗粒料时的界面隔离层等。

如图 1-21 所示可解释隔离层的受力状态。图 1-21(a)为在粗粒土上覆盖细粒土，并有荷载作用；图 1-21(b)与图 1-21(a)相反，为在细粒土上填筑粗粒土；图 1-21(c)则既有粗、细粒土的相邻，又有渗流运动；图 1-21(d)则是在两种不同界面处有孔穴存在。在这几种情况中，明显看出在标有号码“1”处，隔离材料在粗粒土的孔隙或两种材料界面的孔穴部位将受到来自受压软土的挤顶作用，为此，要求隔离材料必须有足够的抗顶破能力；在标有号码“2”处，隔离材料则将受到由粗土粒棱角施加的穿刺力，故隔离材料还应有抵抗刺破的能力。

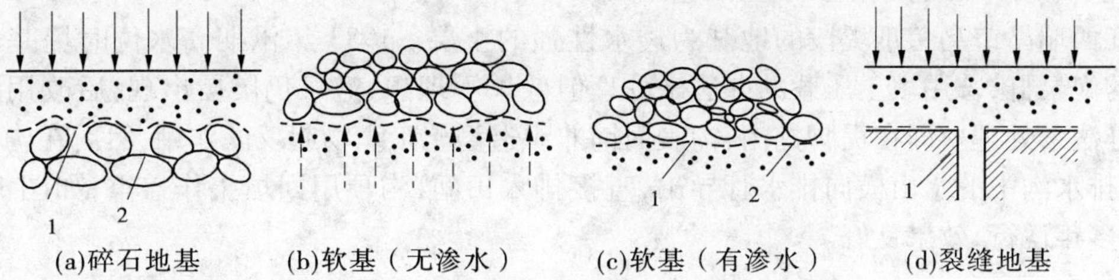

1—顶破；2—刺破

图 1-21　土工合成材料的隔离作用

四、工程实例

【实例 1-1】吉林杨大城水库。

杨大城水库大坝为均质土坝。水库蓄水后由于坝后排渗沟施工质量差，没有发挥正常功用，导致坝体浸润线抬高，坝后地下水位上升，20 余公顷农田沼泽化，人畜行动时下陷。经多种方案比较，确定用暗管排水方案，如图 1-22 所示，采用了内径为 60 cm 的钢筋混凝土花管。对管周围不同过滤材料（砂砾料和土工织物）的效果进行了比较，因砂砾料需要进行人工配料和长距离的运输，故运用土工织物。所采用的无纺土工织物的单位面积质量为 400 g/m^2，平均厚度为 40. 34 mm，拉伸强度为 9. 2 kN/m。

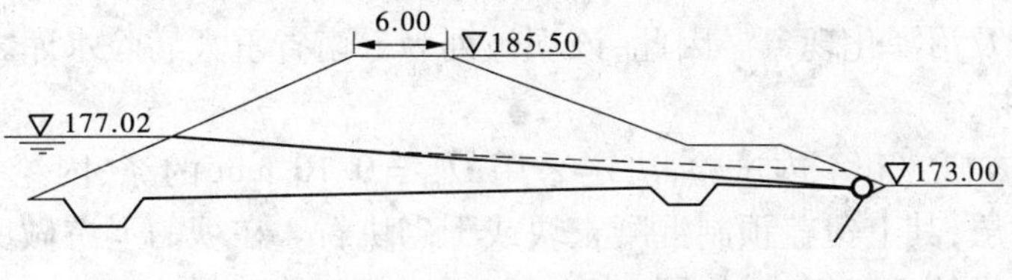

图 1-22　杨大城水库土坝断面图（单位：m）

测定的各方面参数表明：织物的渗透系数随着压力增加而减小，其厚度随压力的增加而明显地减少，所以沿着土工织物平面的渗透系数降低得更多一些。对织物和被保护土料一起进行了 8 组淤堵试验，每次试验持续 20 多天。试验结果表明织物的渗透系数是随时间而减少的，但有一个稳定的趋势。试验结束后测定了织物试样的质量和垂直织物平面的渗透系数，从数据可以看出大多数土工织物没有或仅截留很少量的土粒，故织物的渗透系数变化不大。只有截留土粒较多的土工织物的渗透系数才有明显的减少，但仍保持 70% 的数值。同时利用一些著名的保土准则对土 $d = 0.08$ mm 和织物 $O = 0.062$ mm 的情况进行了检验。结果为所采用的土工织物均能满足要求，而且试验结果表明能保持渗流畅通，故拟用的土工织物是合格可用的。

施工时，土工织物外包于排水管，仅在管顶与织物之间有一层卵石以增加渗透效果，织物滤层的造价仅为砂砾滤层的 13. 7%，用工也仅为后者的 9%。竣工时测压管水位比开工前的平均水位下降了 0. 4 m 左右，3 个月后平均降低了近 1 m。整个坝体浸润线大幅度地下降，暗管出水清澈透明，坝后大片沼泽地已能行人通车，运行 4 年以来（到 1990 年）情况良好。

【实例 1-2】江西瑞昌市乌鱼爪堤段。

江西瑞昌市乌鱼爪堤段的地基为透水性强的土层。1983 年汛期高水位时堤基出现了大量的泡泉群，曾用填土压载的办法来处理但效果不理想，泡泉仍屡屡出现，后改用纵横排水的办法来处理。即在堤脚挖沟，沟表面铺非织造型土工织物起反滤作用，然后在沟中填碎石料，排水沟中的水由横向排水管导出，直接排入田间，沟顶用回填土作盖重，如图 1-23 所示，经多年运行，效果良好。

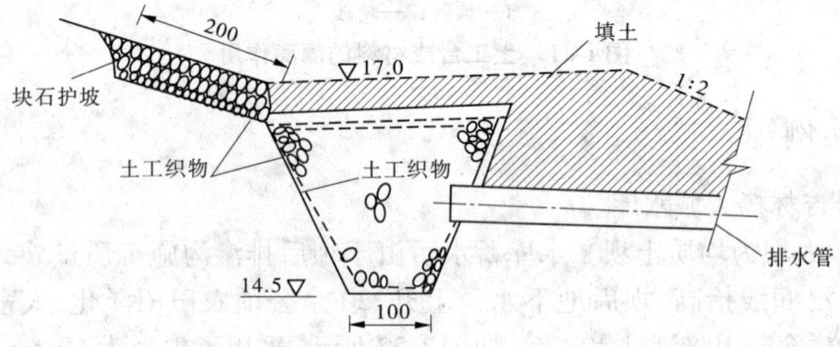

图 1-23　土工织物过滤排水结构型式（尺寸单位：cm；高程单位：m）

【实例 1-3】云南省麦子河水库土坝工程。

麦子河水库位于云南省陆良县城西南 8 km 的麦子河上。主坝为一拱形均质土坝，长 660 m，最大坝高 21. 15 m，库容 1 350 万 m^3。由于主坝坐落在透水性较强的第三纪砂土及沙壤土基础上，因此从建成后的第三年开始，库区内多次发现溶洞漏水，坝后多次发现涌砂漏水和坝坡塌陷以及沼泽化现象。因此，该坝被列为云南省重大病险水库之一，虽经三次处理，但未能根除病害。

1984 年，经调查研究和室内试验，决定采用 O_{90} = 0. 10 mm 的涤、丙纶针刺土工织物作上游坝面护坡反滤层，其上覆盖预制混凝土块或干砌块石。在坝的下游做反滤排水沟，起反滤作用的是同一型号的土工织物，如图 1-24 所示。

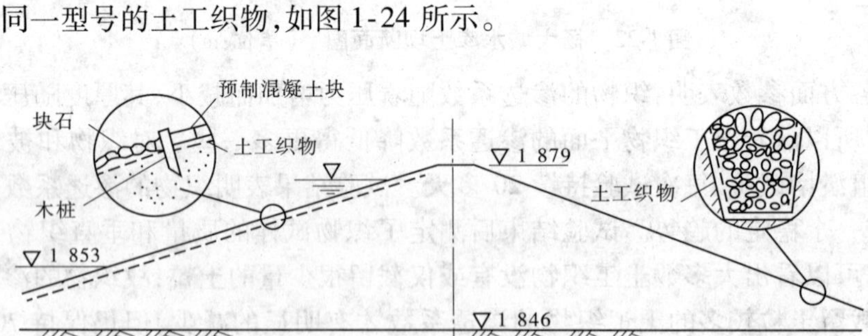

图 1-24　麦子河水库土坝断面图

经过对土工织物与被保护土（包括土坝和地基土）进行系统的反滤试验，结果表明，在试验 7 ~ 8 天后，渗透系数和渗透流量均保持不变，这说明既不发生淤堵，也不产生管涌，完全满足反滤排水要求。土工织物在该工程上应用后，经 7 年运行，效果良好。

第四节　土工膜的防渗功能

采用以高分子聚合物为原料制成的土工膜防渗结构,是近代水利工程及其他土建工程的一项先进技术,它具有不透水性强、抗冻性好、厚度薄、重量轻、体积小、便于施工和造价低等特点。

工程中土工膜常用的材料有聚氯乙烯(PVC)、氯磺化聚乙烯(CSPE)、氯化聚乙烯(CPE)、低密度聚乙烯(LDPE)、高密度聚乙烯(HDPE)和弹性聚烯烃(ELPO)等。

为了提高土工膜的力学性能,可用土工织物作加筋,常用的品种为一布一膜和二布一膜,特殊需要时亦可做三布二膜。

土工膜在土建工程中的应用,自1937年美国一处游泳池用PVC作防渗层算起,迄今已有70多年的历史,20世纪50年代以后又被大量用于渠道防渗工程,而较多用于大型工程还是近30年来的事情。

我国在土建工程中使用土工膜的时间并不很晚,20世纪60年代土工膜首先用于渠道防渗,1967年用于坝高为79 m的辽宁桓仁混凝土大头坝坝面裂缝修补,效果良好,这是我国采用土工膜作为坝面防渗的首例。

一、土工膜的防渗作用及特点

以往的防渗材料大多为透水性弱的黏土、沥青油毛毡和各种涂料,它们的用量大,施工复杂,还往往出现干裂等质量事故。土工合成材料为防渗材料增加了一种极有前途的品种,国内外的使用经验证明,土工膜应用防渗效果很好,质量轻,运输方便,施工简单,造价不高,只要使用得当,在大多数情况下,完全可以替代传统的防渗材料。土工膜防渗技术在水利及其他土建工程中的应用,已进入了一个广泛采用的新时期,但目前仍存在一些值得注意的问题:第一,各类土工膜的力学强度不高,易破损,在施工中因受损或产品质量问题而产生渗漏;第二,因土工膜结构下的气体或液体压力的顶托作用而易产生滑坡;第三,寒冷地区如使用低温下易脆裂的土工膜,将会失去其防渗功能;第四,一般土工膜抗紫外线能力较差,长期在日光照射下易老化等。为取得预期效果,还要在品种选择、合理设计及精心施工等方面多下工夫。

因此,在采用土工膜防渗时,对土工膜品质及性能应提出以下基本要求:

(1)具备足够的抗拉强度,能承受施工铺设时的拉应力和使用期在水压力作用下不损坏,特别是当地基产生较大变形时,不因变形过大而发生剪切和拉伸破坏。

(2)在设计应用条件下,有足够的使用寿命,至少应与建筑物的设计寿命相匹配,即在此期限内不致因老化而使其强度降低到设计允许值以下。

(3)在有侵蚀性液体环境中应用时,应有足够的抗化学侵蚀能力。

对设计和施工的基本要求是:

(1)根据工程环境条件和作用荷载,按上述要求选择合适的土工膜品种并进行强度校核。

(2)保证不发生膜体下滑或保护层失稳,应进行防渗体的稳定性计算。

(3)保证焊接质量或满足搭接要求,土工膜周边与建筑物或基岩的连接要牢靠密实,使防渗体具有良好的整体性。

(4)采取措施尽量消除土工膜下的静水压力和气体压力,保证土工膜不因扬压力、气体压力而涨破。

(5)施工期注意土工膜不因过大的拉力或上下表面存在尖刺物而破损,同时不因暴露时间过长而造成强度过大降低。

二、土工膜在土石坝中的应用

土石坝的土工膜防渗结构,按其设置分为土工膜斜墙和土工膜心墙两大类型。

土工膜斜墙一般设置于土石坝上游,与上游坡面近乎平行,铺设方式一般有以下几种:

(1)薄保护层平直铺设,如图1-25(a)、(b)所示。

(2)厚保护层平直铺设,如图1-25(c)所示。

(3)锯齿形铺设,如图1-25(d)所示。

土工膜防渗心墙一般设置于土石坝的坝体中部,或土石混合坝下游堆石体的上游一侧,如图1-25(e)、(f)所示。

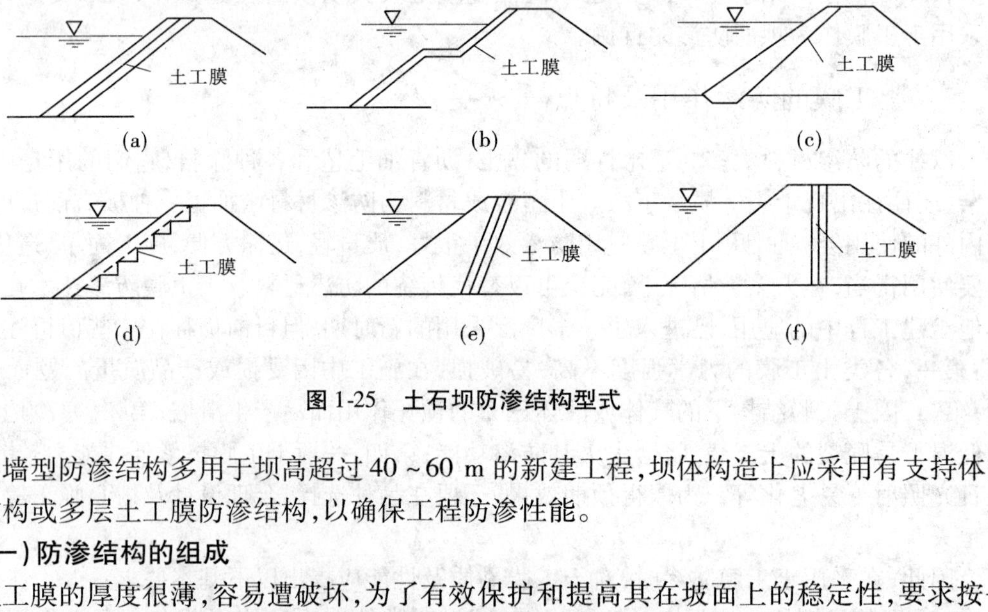

图1-25 土石坝防渗结构型式

心墙型防渗结构多用于坝高超过40~60 m的新建工程,坝体构造上应采用有支持体的防渗结构或多层土工膜防渗结构,以确保工程防渗性能。

(一)防渗结构的组成

土工膜的厚度很薄,容易遭破坏,为了有效保护和提高其在坡面上的稳定性,要求按一定的结构型式铺设。原则上防渗结构由防护层、上垫层、土工膜、下垫层和支持层组成。如图1-26所示。当然,如果采用复合土工膜,膜后支持层、垫层和膜上保护层在结构上可以简化,有时甚至可以取消。

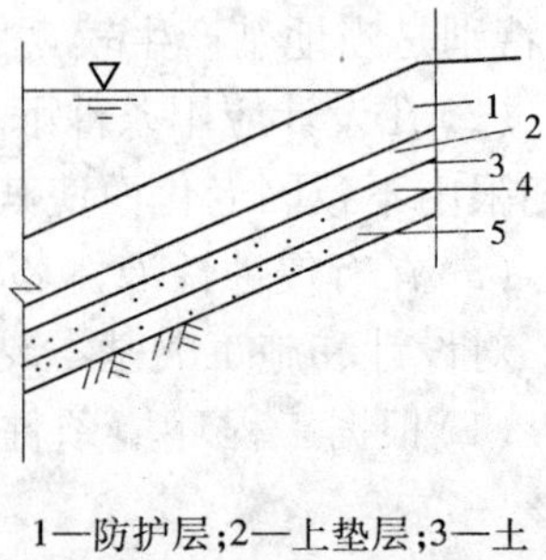

1—防护层;2—上垫层;3—土工膜;4—下垫层;5—支持层

图1-26 土工膜防渗结构

1. 防护层

防护层是与外界接触的最外层,是为了防御外界水流或波浪冲击、风化侵蚀、冰冻破坏和遮蔽日光紫外线而设置的。该层由透水的堆石、砌石或预制混凝土板构成,要求有一定厚度。

2. 上垫层

上垫层是防护层和下卧土工膜之间的过渡层，由于防护层多是大块粗糙材料，如果直接置于土工膜上，很容易破坏土工膜，如果防护层的块体有移动，更会伤害膜材，因此上垫层必须做好。上垫层可以采用透水性良好的砂砾料，厚度应不小于 10 cm，根据具体情况，有时也可采用无砂混凝土或沥青砂浆等；如果防渗材料采用的是复合土工膜，则膜两侧的非织造型土工织物可以起保护膜的作用，不必另设垫层。

3. 土工膜

土工膜是防渗主体，除要求有可靠的防渗性外，还应该能承受一定的施工应力和使用期间结构物沉降等引起的应力，故也有强度要求。土工膜的强度与其厚度直接相关，可通过理论计算或工程经验来确定。

单一土工膜表面光滑，摩擦系数小，铺在坡面上要考虑下滑的可能性。为此，在可能条件下一般要求采用复合土工膜，其表面的非织造型土工织物与土的摩擦系数要比单膜的大得多；另外，也有地方将单膜加上纹路以增加糙度；再有则是从铺设方式上着眼，例如按锯齿形、台阶形铺设，或在坡面上设戗台等。如图 1-25(b)、(d)所示。

4. 下垫层

下垫层铺在土工膜的下面，有双重功能：一是排除膜下的积水、积气，确保膜的稳定；二是保护土工膜，使其不受支持层的破坏。

对于粗粒的堆石坝，下垫层也可起堆石与土工膜之间过渡层的作用，这时的下垫层由砾石、细砾和砂构成，三者之间的粒径应符合一定的层间关系。如果采用的是非织造型土工织物复合膜，而且是用于碾压式土坝，则下垫层一般可以省去，因为非织造型土工织物已经可以起到保护和排水排气作用，而且又增加了与土工膜的摩擦力。

下垫层对土工膜起支持层的重要作用。如果土工膜直接放在粗粒料上，在水压力作用下，它会被压进粗粒的大孔隙中，而被拉破。相反，如果膜下为平整硬层或细粒土料，情况就会不同了。前人的试验研究证明，0.25 mm 的聚乙烯土工膜铺在级配良好的砂卵石层上，作用水头甚至达到 200 m，土工膜也没有破坏，这表明下垫层的状态对膜的安全至关重要。

5. 支持层

土工膜是柔性材料，必须铺设在可靠的支持层上，它可以让土工膜受力均匀，除上述的下垫层外，支持层还可采用级配良好的压实土层，粒径应根据膜厚来选择。有学者建议，对于 0.2 mm 厚的土工膜，支持层的最大粒径不大于 6 mm，不均匀系数应不小于 20。

如果是碾压式土石坝，由于其坝面平整，又有较大密实度，可以不专门设置支持层。

(二)设计要点

1. 堤坝的竖向防渗设施

土工膜是土石坝的一个组成部分，其总体布置、设置范围与高程等应遵循《碾压土石坝设计规范》(SDJ 218—84)的规定。采用土工膜防渗的土石坝的边坡稳定分析，与一般土石坝相同。当土工膜心墙位于坝体中部时，对坝坡稳定没有影响。但由于土工膜斜墙靠近上游坝坡，土工膜或复合土工膜与坝体之间的摩擦系数一般小于坝体内的摩擦系数，因此需要计算校核土工膜与保护层、土工膜与支持层或坝体之间的抗滑稳定性。

针对土工膜的核算有两方面。

1）稳定性验算

心墙土工膜不存在滑动失稳问题，对于斜墙稳定目前主要验算两种失稳情况。

（1）土工膜以上的防护层、上垫层连同膜本身沿下垫层或支持层面的滑动。这种情况一般不致发生，因为膜上端要求固定于坝顶，加之膜下下垫层要求透水，不致产生过高的孔隙水压力使接触面强度降低。这种形式的破坏可不考虑。

（2）土工膜以上防护层和上垫层沿土工膜表面的滑动。这种情况的抗滑稳定验算一般采用土力学中的极限平衡法。由于土坡有不同工况，验算需要按正常情况（即水位保持不变，堤坝内有稳定渗流）和非常情况（通常指外水位由某水位快速下降到某一低水位）进行。对于非常情况，还有上垫层材料是透水和不透水之分，后一情况是当该层与膜的交界面处存在过高的孔隙水压力，使强度显著下降造成的，这是验算当中一种最危险的控制工况。

2）土工膜下的排水能力和验算

前面已经提及，堤坝坡面铺土工膜后，其下仍将会有一定的渗流量，应该及时充分排除，以避免孔隙水压力的产生。但是，对此迄今还没有较好的估算方法，最好是采取预防措施较为稳妥。例如采用非织造型土工织物复合土工膜，通过织物排水，就是一种方便途径。若预计来水量较大，则不妨用较厚的织物复合，甚至在膜下再铺薄砂层。

以上两种验算的具体方法可以参考有关规范。

2.堤坝前的水平防渗铺盖

土石堤坝建在透水地基上，当地基厚度过大，采用其他方式防止地基渗流不经济或不可能时，可采用铺盖防渗。它是将透水性小的材料水平铺设在堤坝上游的一段长度内，并与堤身或坝身的防渗体系相连接，以增加渗流路径，减小渗透坡降，防止地基渗透变形并减少渗流量。一般用于铺盖材料的渗透系数至少应比地基的透水系数小100倍，故以往常用的材料为黏性土。土工膜比黏土的透水性还要小，具有极大的柔性，能和地面密切贴合，而且施工相当方便，只要正确应用，就能收到良好的效果。

土工膜铺盖设计与黏土铺盖设计基本相同，主要是根据透水地基的厚度、地层土渗透、坝前水深和地层土容许的渗透坡降等指标，通过水力学计算来确定垂直于堤坝轴线的合理长度。

根据规范，土工膜所需厚度应按作用水头、地层中可能存在裂隙的形状与大小，以及膜材的抗拉强度和破坏应变等，以薄膜理论来估算，根据经验，对于中水头堤坝，要求厚度一般为0.5～0.6 mm。土工膜铺盖长度也应按计算确定，不过，大量的工程经验表明，长度取为坝前水深的5倍左右即可，太长了效果不好。

应当指出：①土工膜下应该设反滤层，以防止铺盖万一穿透时造成地层土流失，采用非织造型土工织物的复合土工膜可以同时满足运行需要。②大面积铺盖下很可能会积水、积气，应根据具体情况设排放措施，将它们排除，例如在膜下建纵、横排放沟或采用专门的排放设备（如逆止阀）。③注意铺盖和堤坝防渗体、与其连接的结构物以及岸的有效连接，以形成完整的封闭防渗系统。与土建铺盖类似，土工膜也可用于库区防渗。使用时，将其妥善地铺在需要堵漏的部位。

3.地基垂直防渗墙

垂直防渗墙是在透水地基内造孔或挖槽，以透水性极低的材料填入建成的连续墙。我国堤坝中以往常用的混凝土防渗墙厚度为0.6～1.3 m，目前在堤防工程中的墙厚已减至

0.3 m，甚至更薄。建造这样的防渗墙，除需要造孔设备外，还要有浇筑混凝土的专用机具，施工比较复杂。我国现在已经用土工膜完成多处垂直防渗墙工程。

修建防渗墙的土工合成材料可以采用土工膜、复合土工膜或防水塑料板。国外采用打钢板桩的技术和设备来插入高密度聚乙烯板，板的两侧附有锁口，用以将两块板连接在一起。锁口中的间隙则放入密封条，遇水后密封条膨胀，充满间隙，可以做到基本不漏水。安装时可达 40 m。若采用插入土工膜，则膜厚度应不小于 0.5 mm。在目前技术条件下，插入深度可以达到约 15 m，要求地基土中大于 5 cm 的粗颗粒不多于 10%，最大颗粒粒径不大于 15 cm，否则将超出开槽宽度。

造墙的基本步骤是：首先用高压水冲，或链斗式或液压式链槽机开槽，以泥浆护槽壁，将与槽深相当的整卷土工膜铺入槽内，倒转轴卷，使土工膜展开，相邻两幅之间用搭接的方式连接；及时进行膜两侧的填土，并在槽底回填黏土，厚度不少于 1 m，目的是密封，以防止水从下部绕渗；接着填普通土，待其下沉稳定后，往槽内继续填土压实；最后待土工膜出槽后，立即将其与建筑物连接，不得外露。应当注意在与建筑物连接处土工膜应留有足够的富余，以防建筑物变形时拉断土工膜。

（三）土工膜锚固槽的细部构造

锚固槽是土工膜土石坝防渗结构中最重要的细部构造之一，是保证土工膜发挥防渗作用、安全工作的关键部位。土石坝防渗膜的顶部应埋入坝顶锚固槽内，或与坝顶防浪墙紧密连接。膜的底部必须嵌入坝底，如为透水地基，土工膜应与上游防渗铺盖或截水墙紧密连接。土工膜还应与岸坡和其他防渗体紧密连接，构成完整的防渗体系。

土工膜防渗结构的连接细部构造应根据地基土质条件和结构的类型分别采用以下型式：

(1)对于土质地基，可将土工膜直接埋入锚固槽内，然后填土夯实，槽深 1 ~ 2 m，宽 3 ~ 4 m，见图 1-27(a)。

(2)对于砂卵石地基，应清除砂卵石，直达不透水层，然后浇混凝土底座埋入土工膜。混凝土底座的宽度，对于新鲜和微风化基岩可取为水头的 1/10 ~ 1/20，对于半风化和全风化基岩可取为水头的 1/5 ~ 1/10，并应填塞裂隙进行固结灌浆，见图 1-27(b)。

当砂卵石层厚度较大，不能开挖至不透水层时，可将土工膜向上游适当延伸，形成水平铺盖，延伸长度一般可按透水地基上不透水铺盖的计算方法确定，膜下应设置排水、排气设施，防止水库低水位时地下水顶托而使土工膜鼓起。

(3)土工膜与岩石地基或混凝土结构的连接，可做成图 1-27(c)所示的形式。土工膜与廊道、输水管等结构物的连接形式，可参照图 1-27(d)。

可以看出，设计连接锚固细部构造的总原则是相邻材料的弹性模量不能相差过大，连接要尽量平顺，并要考虑结构可能产生的位移。

土工膜嵌入混凝土锚固槽的长度与混凝土的允许接触比降有关。由于聚氯乙烯、聚异丁烯橡胶可用胶粘剂或溶化剂良好地黏着于混凝土面，故嵌入长度可以稍短。聚乙烯不能黏着于混凝土面，其允许接触渗透比降应通过试验确定，嵌入混凝土的长度一般不少于 0.8 m。应该指出，以上介绍的连接锚固构造，只反映了前一时期土工膜防渗工程的部分经验，更好、更完善的连接锚固形式还有待于工程实践中继续创造。

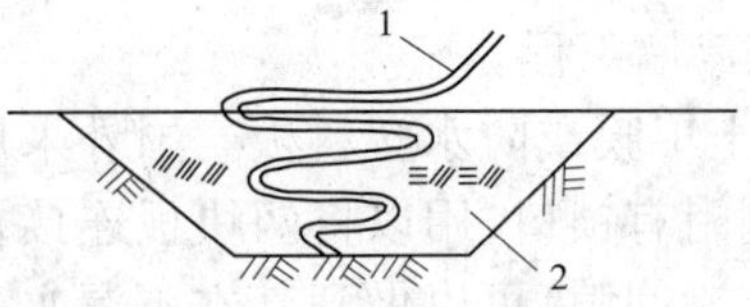

1—薄膜；2—回填夯实黏土

(a)低坝薄膜与黏土地基锚固形式

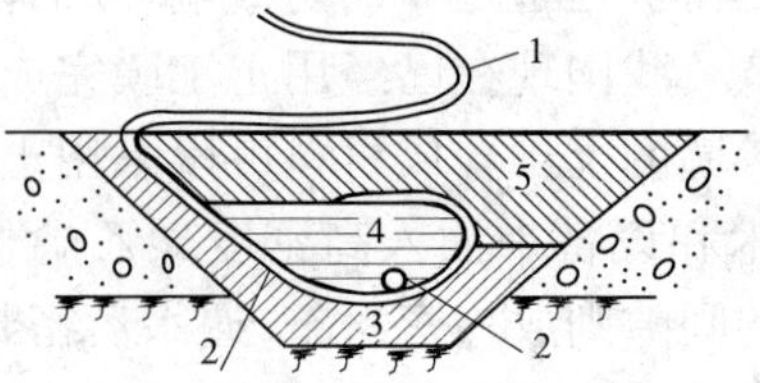

1—薄膜；2—钢筋；3—一期混凝土；
4—二期混凝土；5—三期混凝土

(b)不厚砂卵石地基下有基岩的锚固形式

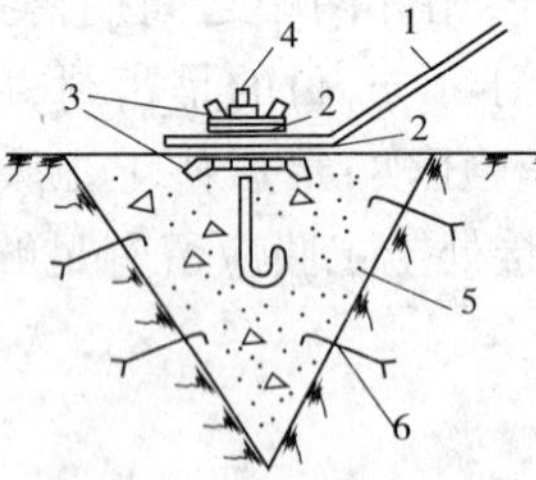

1—薄膜；2—氯丁橡胶垫片；3—槽钢；
4—锚栓；5—混凝土；6—钢筋

(c)岩石地基或混凝土建筑物的锚固形式

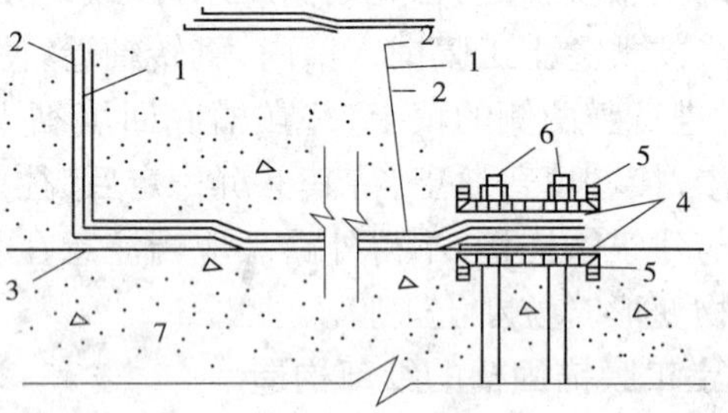

1—工作薄膜；2—保护薄膜；3—有涂料的滑动垫片；
4—氯丁橡胶垫片；5—槽钢；6—锚栓；7—混凝土

(d)阿特巴申坝薄膜与廊道顶的锚固形式

图1-27　土工膜锚固细部构造示意图

(四)工程实例

【实例1-4】苏联阿特巴申坝坝体土工膜防渗。

苏联阿特巴申坝于1970年建成蓄水,坝高79 m。此坝有两大特色:一是在两截流戗堤之间深水筑坝;二是用土工膜作中央防渗层。施工方法是:首先用定向爆破法筑下游戗堤截流,然后在水中抛石筑上游堤,在两戗堤之间35 m深水中抛填卵砾料,填筑到水面,在其上浇筑混凝土垫座及廊道。水中抛填的卵砾石,用水泥黏土灌浆帷幕防渗,6排灌浆孔,幕厚24 m。廊道以上,用土工膜作中央防渗层,高40 m。土工膜为三层掺碳黑的聚乙烯薄膜,每层厚0.6 mm。薄膜两面为中粗砂过渡层,过渡层和土工膜随着坝体卵砾石分层碾压逐层上升,土工膜铺设成折皱状。防渗膜与廊道顶的连接锚固构造见图1-27(d)。该坝自1970年蓄水运行以来情况良好,仅心墙与坝两头岸边联结处做得不好,有少量漏水。

【实例1-5】鹊山引黄平原水库围坝土工膜防渗。

(1)基本情况。鹊山水库位于山东省济南市北部黄河北展区末端,是济南市主要供水水源之一,水库设计总库容4 600万 m^3,年入库水量1.7亿 m^3;蓄水面积6.07 km^2,围坝总长11.64 km,围坝坝高8~9 m。鉴于水库北坝为黄河堤防,南临津蒲铁路,工程十分重要,故把围坝设计标准提高为二级建筑物。其中北围坝还应同时满足黄河一级堤防的有关要求,围坝典型剖面见图1-28。

鹊山水库于1998年11月开工,1999年12月完成主体工程,2000年4月正式向济南市供水,工程总投资5.8亿元。目前运行情况良好。

(2)围坝坝基及坝身土工膜防渗结构。根据地质勘探资料,工程位于黄河冲积平原,在

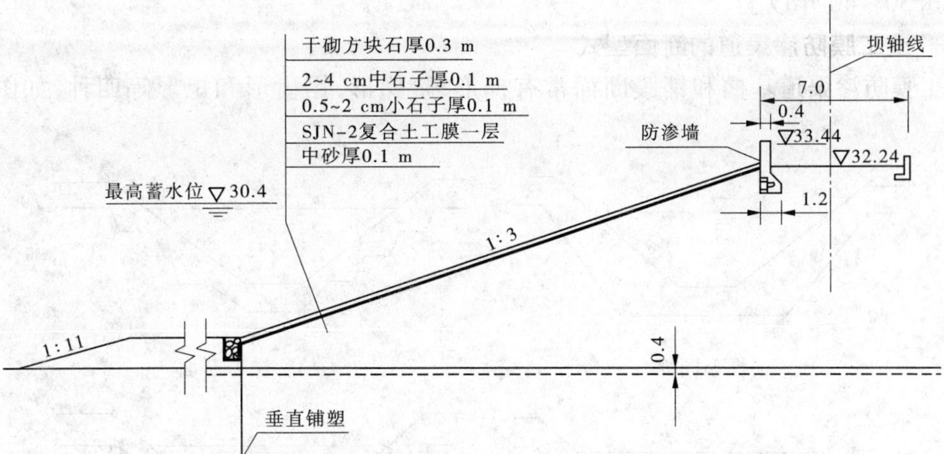

图 1-28　围坝横剖面图　（单位:m）

勘探深度范围内,库区及坝基岩性以沙壤土、壤土为主,在浅部土层中没有发现大面积的强透水层,但部分坝段分布有较厚的粉细砂层,局部坝段渗漏问题严重,坝基各层渗透系数一般为 $10^{-4}\sim10^{-5}$ cm/s,粉细砂层为 1.8×10^{-3} cm/s。为了防止水库水量损失,保证大坝安全,防止水库蓄水后库外周围地下水位抬高,引起土地沼泽化和次生盐渍化,破坏生态环境等问题,决定对坝身和坝基采取防渗措施,并在坝后设置排渗系统,解决水库外渗问题。

坝体防渗比较过黏土和复合土工膜两个方案,黏土库区储量少,用量大,需远距离运输,工期长,投资多。复合土工膜防渗效果好,有良好的隔水和适应变形的性能,造价低,经比较采用济南市塑料三厂生产的 SJN－2 复合土工膜。

围坝坝基采用聚乙烯垂直铺塑截渗,位于围坝上游坡脚,聚乙烯膜厚 0.4 mm,幅宽 8 m,垂直铺塑深度据坝基水文地质情况而定,以截渗墙底部插入透水性较小的黏土层或壤土层为准,最小深度 6 m,最大深度 19 m,根据南京水利科学研究院水工研究所编制的《鹊山水库围坝渗流数学模拟和渗流分析》报告,当防渗结构无破损时,水库年渗漏水量为 168 m^3,如果防渗膜有破损(假定 28 m 长有 0.1 m 缝隙),年渗漏总量则为 309 万 m^3,可见,保证防渗膜在运用中的完整性意义重大。

三、土工膜在渠道及蓄水池中的应用

早在 1954 年,美国即进行了塑料薄膜衬砌渠道的多种试验,认为塑料薄膜防渗能减少渗漏损失 90% 以上,苏联于 1958 年在灌溉渠道上也进行了铺塑防渗试验,并得出厚度为 0.2 mm、有保护层的聚乙烯薄膜,使用寿命达 20 年以上的结论。

20 世纪 60 年代中期,我国山东打渔张引黄灌区四干、河南省人民胜利渠东一灌区和北京市东北旺农场南干渠及山西消河南干渠等,采用塑料薄膜进行过渠道防渗试点;70 年代中期,新疆生产建设兵团将土工膜大量用于渠道防渗工程;80 年代末期,渠道土工膜防渗技术推广发展很快,几乎遍及全国,效果显著。根据一些工程及科研部门对土工膜的老化问题所作的长期观测研究,按实测老化速率估计,认为在有保护层覆盖的情况下,土工膜的使用寿命可达 30 ~ 40 年以上。

(一)土工膜防渗渠道的断面型式

土工膜防渗渠道基槽和铺膜断面常有梯形、阶梯形、锯齿形和矩形等四种,如图 1-29 所示。

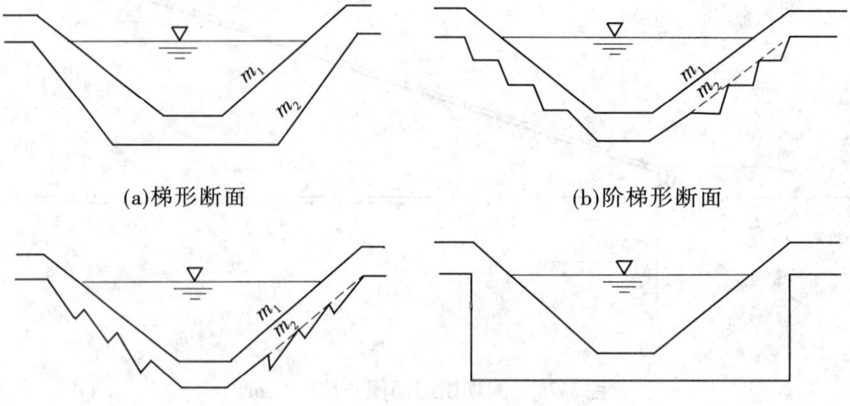

(a)梯形断面　(b)阶梯形断面

(c)锯齿形断面　(d)矩形断面

图 1-29　渠道土工膜防渗断面构造示意图

常用的断面以梯形居多,其优点是断面小,省工省料,操作方便;缺点是边坡稳定性较低。阶梯形和锯齿形断面的边坡系数 $m_1 = m_2$,优点是抗滑稳定性好;缺点是土方量大,用工多,薄膜材料消耗多。矩形断面的优点是防止芦苇穿透效果好,稳定性好;缺点是土方量大,用料多,这种形式比较适用于有芦苇穿透问题和较小的渠道。

土工膜防渗渠道应采用埋藏式铺膜,其结构可分为有过渡层和无过渡层两种,在岩石、砾石渠道上铺膜时应设过渡层,如图 1-30 所示。在土渠上铺膜时一般不设过渡层,如图 1-31 所示,但当堤内地下水位高而且有内水压力作用时,应设置排水层,降低地下水位,以免顶起薄膜,破坏渠坡。

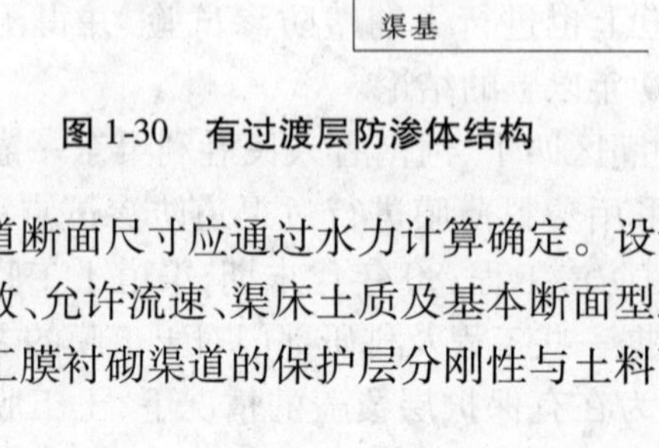

图 1-30　有过渡层防渗体结构

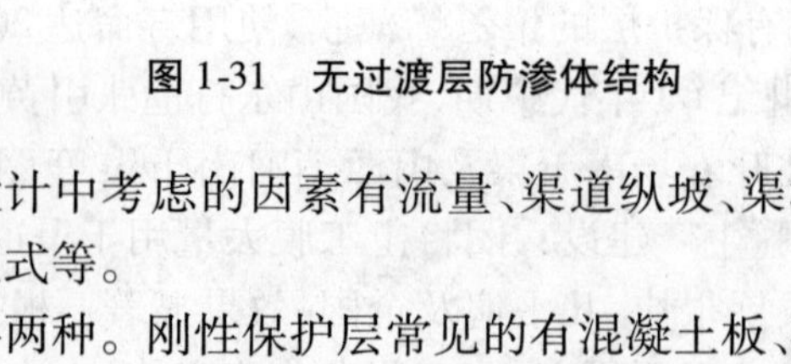

图 1-31　无过渡层防渗体结构

渠道断面尺寸应通过水力计算确定。设计中考虑的因素有流量、渠道纵坡、渠堤高度、边坡系数、允许流速、渠床土质及基本断面型式等。

土工膜衬砌渠道的保护层分刚性与土料两种。刚性保护层常见的有混凝土板、砌石,土料保护层多用黏性土。

薄膜防渗渠道保护层的破坏原因之一是渠道冲刷。保护层破坏后，薄膜暴露，易受到损坏和失去应有的防渗能力。为避免出现这种情况，渠道流速应限制在允许范围之内。

(二)土工膜防渗结构

1. 土工膜

目前，渠道防渗中常用的膜料为低密度聚乙烯、聚氯乙烯薄膜及沥青玻璃布油毡。此外，有的地方采用线性低密度聚乙烯、高密度聚乙烯和复合土工膜。

聚乙烯膜的优点是质地柔软，密度小，耐低温；缺点是抵抗杂草、芦苇的穿透能力较差。聚氯乙烯膜的优点是强度高，抗杂草和芦苇穿透能力比较强；缺点是耐低温性较差、易老化，所以在寒冷地区以选择聚乙烯膜为宜。在杂草、芦苇生长的地方，以结合使用灭草剂选择聚氯乙烯膜为宜。颜色以透光性差的深色为好，有利于抑制薄膜下的植物生长，减少薄膜被植物穿透破坏。薄膜的厚度一般选择为0.12～0.2 mm。

复合土工膜的厚度一般在0.2～0.5 mm。复合土工膜既有防渗功能，又具有较高的强度。当采用非织造型土工织物与土工膜复合时，还具有排水功能，其与土的摩擦系数大，可提高保护层的稳定性。

2. 膜下过渡层

对于岩石或砂砾石渠基，过渡层一般可用灰土、塑性水泥土、砂浆、素土和砂等，厚度5 cm左右。

3. 护面层

1)土料保护层厚度

确定保护层厚度时要考虑边坡稳定、渠道水深、牲畜践踏、冰冻破坏、节省土方等因素。温和地区可按式(1-7)计算：

$$\delta_b = \frac{h}{12} + 25.4 \tag{1-7}$$

寒冷地区可按式(1-8)计算：

$$\delta_b = \frac{h}{12} + 35 \tag{1-8}$$

式中 δ_b——土料保护层厚度，cm；

h——渠道水深，cm。

土料保护层以壤土为好，不宜用砂土。沙壤土和壤土的压实干密度不小于1.5 g/cm^3。

2)刚性材料保护层厚度

刚性材料保护层的厚度与工程地质、水文地质、气温、渠道流量及流速大小有关。气温较高的地方厚度一般比较大。保护层的厚度可按表1-1选用，也可在渠底、渠坡或不同渠段采用具有不同抗冲能力、不同材料的组合式保护层。在一般情况下，混凝土板保护层的厚度，小渠道采用4～5 cm，中型渠道采用5～8 cm，大型渠道采用8～12 cm，寒冷地区可加厚2～4 cm。整体浇筑的混凝土板要设横向伸缩缝，伸缩缝间距2～5 m。填缝止水材料常用水泥砂浆，不少地方采用了聚氯乙烯胶泥或焦油塑料胶泥，效果较好，但造价较高。

表 1-1　刚性材料保护层厚度　　（单位：cm）

保护层材料	块石、卵石	砂砾石	石板	混凝土	
				现浇	预制
保护层厚度	20 ~ 30	30 ~ 40	>3	4 ~ 10	4 ~ 8

3）保护层的稳定分析

铺塑衬砌渠道保护层的抗滑稳定分析，与斜墙薄膜层抗滑稳定计算方法相同。当不满足抗滑稳定要求时，则应放缓边坡或改换材料品种及铺塑构造，直到满足为止。

（三）蓄水池土工膜防渗

蓄水池土工膜防渗处理要解决的问题和前述土石坝、渠道土工膜防渗大体相同。主要是结构型式、土工膜材料选择、膜下支持层、膜上保护层和锚固、排水、排气等细部构造，以及渗漏计算、边坡稳定计算和施工技术等问题。

1. 衬砌型式

蓄水池土工膜防渗衬砌根据使用要求可以有单层衬砌、双层衬砌和三层（多层）衬砌等三种类型。

单层衬砌是最常见的衬砌型式，一般由土工膜、膜下支持层和膜上保护层三部分组成，也包括将土工膜贴在已经开裂的混凝土或沥青混凝土衬砌上作为防漏处理的情况。

双层衬砌的防渗层是两层土工膜之间夹着一层中间排水层，如果上层膜发生渗漏，渗水可以通过自流或水泵排走。

三层衬砌多用于防渗要求很高的污水处理池、工业废液池、垃圾处理场和固体废物处理设施等工程。此外，有时也用于一些特别节省水量的工程，如抽水蓄能库盆、缺水地区的人工湖等。

2. 土工膜材料选择

在蓄水池防渗中，塑料（热塑聚合物）类、橡胶（热凝聚合物）类和复合土工膜均有应用。但目前国内应用较广的仍然是聚乙烯和聚氯乙烯材料。对这些材料的基本要求与前面所述相同。厚度亦可按前述方法计算，实际应用中一般取 0.12 ~ 0.2 mm，重要的蓄水池膜厚应加大到 0.3 mm 以上。对于污水池等含化学侵蚀物质的工程，选择材料应考虑其化学稳定性。低密度聚乙烯（PE）抵抗汽油、甲苯的能力较差，而高密度聚乙烯（HDPE）对上述物质就有较好的抵抗能力。聚氯乙烯（PVC）抵抗有机质的能力较差，与有机液体长期接触时会变硬发脆，而当采用高分子聚合物类塑化剂（聚丙烯酯酸或泌酯酸盐）时可避免或减弱这种现象。

3. 蓄水池膜下支持层

蓄水池一般为地下或半地下工程，也有地上蓄水池。要根据天然地基或填筑土质和地下水条件来设计支持层。对于级配较好的透水地基，只要做好排水措施，整平压实天然基面，即可铺设土工膜防渗层（即不另设支持层）。土基一般需设支持层，支持层的材料宜是透水料，以排除透过土工膜的水和地基内部的渗流水，避免膜下水压力过大而使土工膜浮起。地下水影响不大的，土工膜可直接铺设在天然土基上，但要清除树根、芦苇等杂物，以免刺破土工膜。

土工织物是很好的透水层,所以采用复合土工膜或在膜下铺土工织物不仅可保护土工膜免受下层具有尖角物体的刺破,还可使膜下水顺畅排除。

4. 保护层

为了防止日光直射加速土工膜材料老化和被地下水顶托浮起,水面较大的蓄水池还可能产生小的风浪,因此土工膜上应设置保护层,当有顶托力时,保护层的厚度要通过计算确定。但就构造要求而论,壤土及砂砾土保护层的厚度一般不小于 0.3 m。如果采用浆砌石和混凝土等刚性护面,护面与膜之间要设置细土砂砾或土工织物过渡层(或垫层),如果采用复合土工膜,过渡层就不再需要。

对于地质情况复杂,边墙高度较大的蓄水池,亦需对蓄水池的渗漏和边坡进行计算分析,方法与土石坝相同。

严寒地区的蓄水池,应考虑衬砌的冻胀破坏问题。

(四)土工膜的锚固与周边连接构造

渠坡和蓄水池边坡铺薄膜时,坡顶处要挖沟槽将薄膜端头锚固在沟槽内,用黏土分层夯实或用混凝土浇筑锚固。薄膜与周边建筑物连接时,用胶或沥青砂胶将薄膜黏结在混凝土或金属构件表面上,然后在薄膜与建筑物连接处抹一层混凝土砂浆。将连接处薄膜覆盖。

土工膜在土坡上的锚固可挖锚固沟槽,将土工膜埋在沟内,如图 1-32 所示。当蓄水池为钢筋混凝土挡水结构时,可将土工膜粘贴在墙面上,抹混凝土或水泥砂浆棱体,将土工膜埋在混凝土内,也可用图 1-33 的锚固方式。

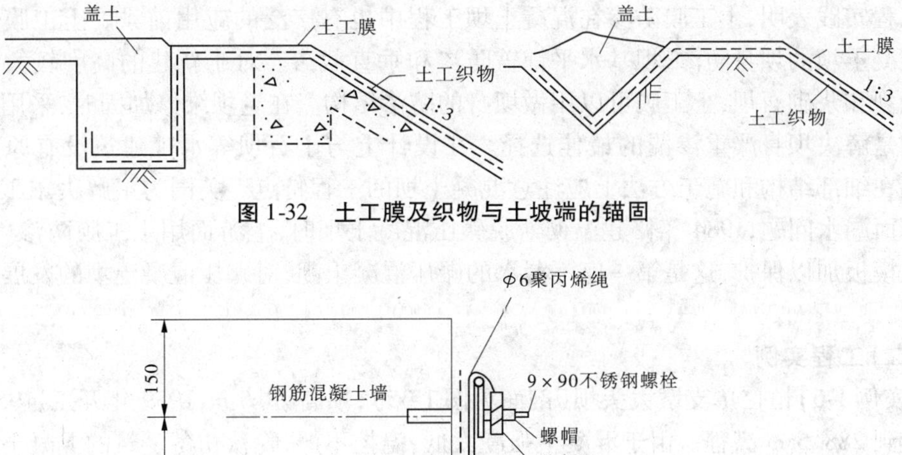

图 1-32　土工膜及织物与土坡端的锚固

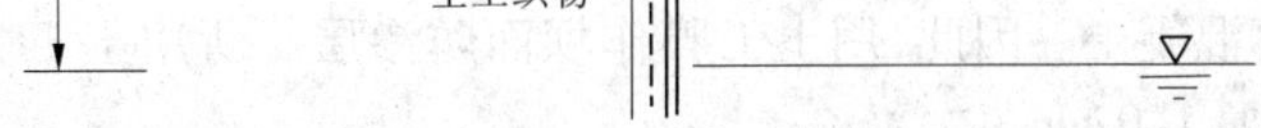

图 1-33　土工膜及织物与混凝土建筑物的锚固　(单位:mm)

(五)渗漏、膜下排水及排气

薄膜渗漏估算和排水设计按前述方法进行。当薄膜下面出现静水压力或气体压力时,薄膜有可能被抬起,乃至被鼓破。静水压力可能是由于池渗漏和供水期地下水位抬高而产生的,气体压力是由于薄膜下有机物的分解和地下水位升高使土中气体向上挤压造成的。

因此,水汽排输,特别是对大面积的水池进行保护,使防渗薄膜层不受损坏是很有必要的。为使水汽排出,薄膜下必须有透水、透气层,而且要有足够的排水和排气能力。当膜下产气量不大时,在满足前述排水计算的条件下即可满足排气要求。但当地下水位抬高或产气量很大时,单纯依靠土工织物或粒料垫层排除水汽是困难的,此时应有专门的排渗沟或其他设施。图 1-34 是一种排气装置。

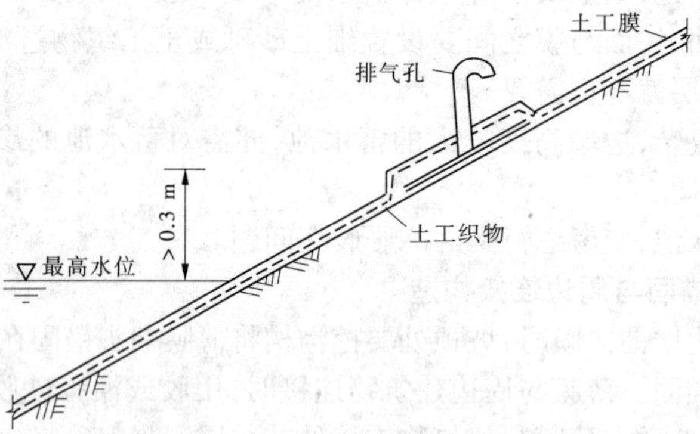

图 1-34　土工膜下的排气示意图

四、土工膜在混凝土坝工程中的应用

(一)概述

工程实践表明,土工膜防渗在混凝土坝工程中也有广泛的应用前景。土工膜可用做低水头混凝土坝的坝身防渗、坝基水平铺盖防渗和垂直截渗。对于新建的高度较大的碾压式混凝土坝和浆砌石坝,土工膜可以用做坝身的防渗结构。在老坝维修加固时,采用土工膜防渗经常是解决坝身严重渗漏的最佳选择。在设计上与土石坝等水工建筑没有原则上的差别。但在细部结构和施工方法上应注意混凝土坝的工程特点。美国为了解决碾压混凝土坝碾压层面漏水问题,1984 年修建温彻斯脱碾压混凝土坝时,上游面用土工膜防渗,并用预制混凝土模板加以保护,这是第一座不漏水的碾压混凝土坝,对碾压混凝土坝的发展起了重要作用。

(二)工程实例

【实例 1-6】桓仁单支墩大头坝(剖面见图 1-35),坝高 78. 5 m,1959 年开工,1959 年混凝土浇筑到 288. 5 m 高程。由于混凝土强度太低,温控不严,晚秋初冬浇筑的混凝土没有采取保温措施,受寒潮袭击,产生很多裂缝。水库蓄水位 262 m 时,坝体漏水射流 6 处,渗水 147 处,湿润 44 处,蓄水到正常高水位 300 m 时,漏水还会增加。高压水渗入裂缝,恶化坝的应力状态及溶蚀破坏混凝土。因此,用土工膜作坝面防渗层。所用土工膜为沥青—聚合物薄膜(无胎油毡),膜厚 1. 0 mm。

防渗层的构造见图 1-35。施工方法是:在混凝土坝面埋设直径为 16 mm 的锚筋,间距 3 m×3 m,使与后浇的厚60 cm 的混凝土保护层牢固结合。在坝面涂刷冷底子油,然后用沥青玛琋酯作胶结料涂贴二层土工薄膜,外面再涂一沥青玛琋酯,最后浇筑混凝土保护层。土工薄膜防渗层做到 288. 5 m 高程,考虑到继续向上浇筑的混凝土质量较高,不致再发生裂缝,故土工薄膜防渗层没有向上部铺设。防渗层于 1965 年完成,1967 年水库蓄水,运行 17

年,情况良好。当库水位为 294 m 时,渗漏只有 20 处,已无射流现象。288. 5 m 以上未做土工薄膜防渗层,混凝土仍有裂缝,库水位 300 m 时,渗漏有 87 处。在 288. 5 m 高程以上原有裂缝处做了钻孔检查,大多钻孔干燥无水。有的钻孔虽有滴水,但无水压力,说明这是由 288. 5 m 以上混凝土裂缝漏水渗入下部裂缝造成的。因此,拟再向上部涂贴土工膜到 300 m 高程,以解决渗漏问题。

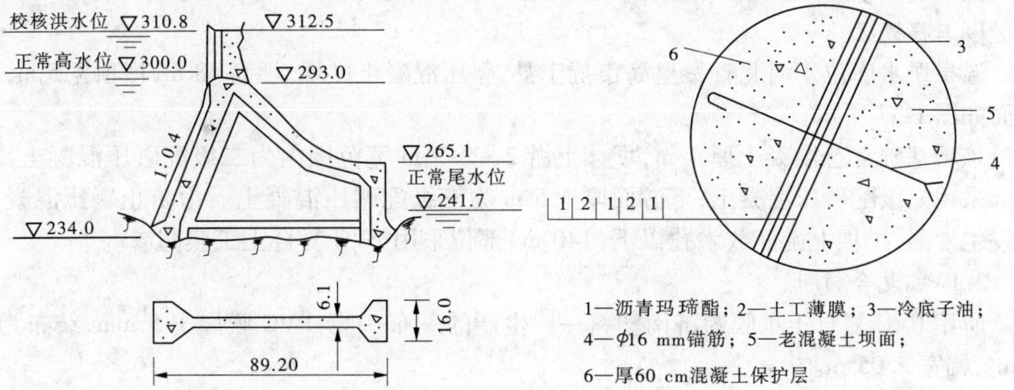

图 1-35　桓仁大坝剖面及细部构造图

【实例 1-7】土工膜防渗在石门浆砌石坝上的应用。

石门水库位于山东省邹县,重力式浆砌石溢流坝,最大坝高 12. 4 m,坝长 120 m,总库容 15 万 m^3。坝内采用聚乙烯塑料软板防渗,板厚 2. 5 mm。混凝土保护层厚 15 cm,防渗结构见图 1-36(a)。

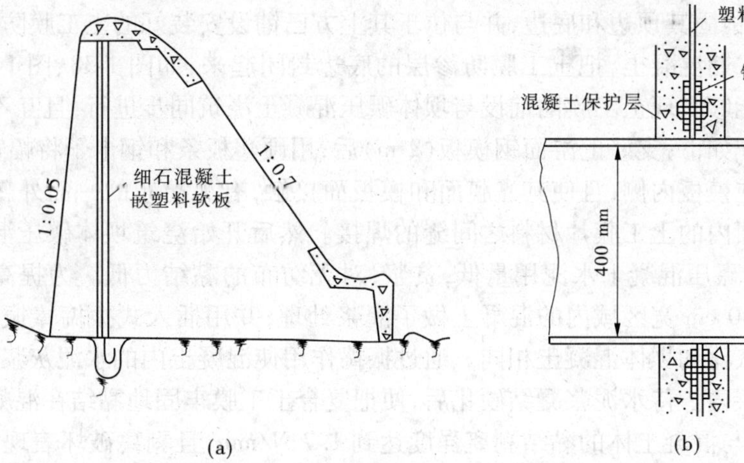

图 1-36　石门水库大坝剖面及细部构造图

塑料软板的接缝采用电烙铁焊接。为减少焊接失误,采用三遍焊接法。先将基础清至基岩,将塑料软板置于基础齿槽中,齿槽深度要按基础处理要求而定,然后将软板置于齿槽中,用混凝土浇筑并振捣密实。

石门水库放水洞为内径 400 mm 预应力钢筋混凝土管,管后接闸控制室。塑料软板与钢筋混凝土管接触面积小，不易施工，因而采用了紧固铁边锚固法，见图 1-36(b)。用铁边紧固件将塑料软板夹紧，然后浇筑混凝土。铁边紧固件与混凝土黏结牢固，夹紧后的铁边紧固件与塑料软板之间的间隙很小，加之充填了水泥浆，所以防渗效果良好。

石门水库浆砌石塑料软板土工膜防渗，经过多年运用，没有发现渗漏情况，节省工程投资 30% 左右。

【实例 1-8】土工膜在温泉堡碾压混凝土拱坝中的应用。

1. 工程概况

温泉堡水库位于河北省秦皇岛市抚宁县，碾压混凝土拱坝，坝高 48 m，坝顶宽 5 m，坝体断面如图 1-37 所示。

该坝基础常态混凝土厚 1 m，坝体上游 2 ~ 2.5 m 宽范围内为二级配碾压混凝土，坝体内部采用三级配碾压混凝土，下游面厚 1.5 m 为三级配碾压混凝土。为防止碾压混凝土层面发生渗漏，拱坝上游面放水孔以下(140 m)部位采用 PVC 复合土工膜防渗。

2. PVC 复合材料

所用 PVC 复合土工膜为济南塑料一厂生产的一布一膜，PVC 膜厚 1.5 mm，纺布为 100 g/m^2，幅宽 2.05 m。

3. 土工膜的固定方法

温泉堡水库碾压混凝土拱坝是一座新建坝。在其上游坝面固定土工膜所用方法有两种，一种是采用膨胀螺栓和硬塑料板条锚固法，用于安装固定位于河床以下坝体上游面的土工膜防渗层。另一种方法是利用混凝土中的水泥浆与无纺布的黏合将复合土工膜牢固地粘贴在坝面上，用于河床以上部位。位于河床以下部位土工膜防渗层的安装本来亦可采用水泥浆粘贴法，但由于种种原因，坝体混凝土浇筑超前进行，因而只能采用锚固法于后期完成。铺膜前首先清除残留在坝面上的钢筋头和局部突起，以防其刺破或顶破土工膜。然后将土工膜横铺在坝面上，锚固其顶边和底边，并与位于其上方已铺设安装好的土工膜防渗层焊接成一体。最后浇筑二期混凝土，把土工膜防渗层的底边封闭起来，如图 1-38、图 1-39 所示。采用水泥浆粘贴法能够实现土工膜的铺设与坝体碾压混凝土浇筑同步进行，且互不干扰。

具体的施工操作如下：支好上游面钢模板(2 m)后，用硬塑板条和钢卡子将幅宽 2.05 m 的复合土工膜悬挂在模板内侧，且使其光膜面和模板面接触，有无纺布的一面外露，同时尚需完成处于同一仓面内的土工膜片材料之间缝的焊接。然后开始浇筑坝体碾压混凝土，每个浇筑层厚 30 cm。碾压混凝土水泥用量低，贫浆，对无纺布的黏结力低。为提高黏结力，对靠近上游模板约 50 cm 宽区域内的混凝土做了灌浆处理，并用插入式振捣棒振实。灌浆所有水泥净浆的水灰比和坝体混凝土相同。通过振捣作用使混凝土内的水泥灰浆渗入到复合土工膜的无纺布层内。待水泥浆凝结硬化后，便把复合土工膜牢固地黏结在混凝土面上。经测试，复合土工膜与混凝土体的黏结剥离强度达到 1.7 N/mm，且剥离破坏表现为无纺布层。这说明两者之间的黏结良好，足以满足设计要求。从工程实践看，这种固定方法不干扰碾压混凝土的浇筑，施工难度小，简易方便，而且黏结强度较高，质量易于保证。另外，还可省去给钢膜板涂刷脱膜剂以及脱模后对混凝土的养护等工艺。

4. 拼接工艺

土工膜防渗层能否起到防渗作用的关键在于土工膜的拼接质量。现场拼接土工膜常用的方法有胶粘剂黏结法和热熔焊接法两种。在本工程中采用了热熔焊接法。

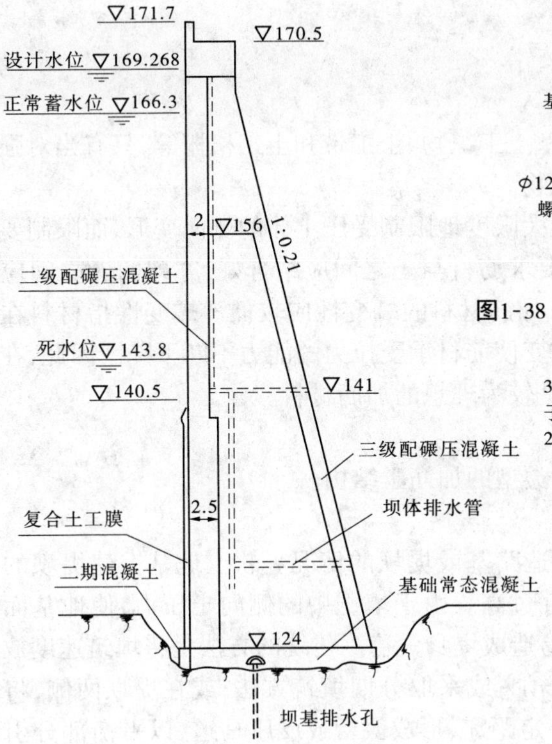

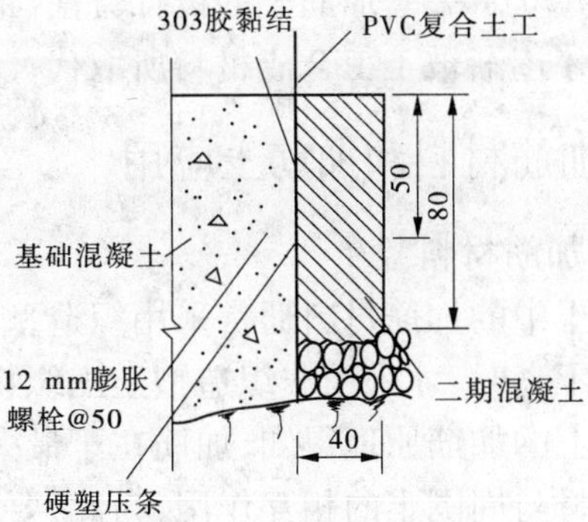

图1-38 河槽部位土工膜防渗处理 (单位: cm)

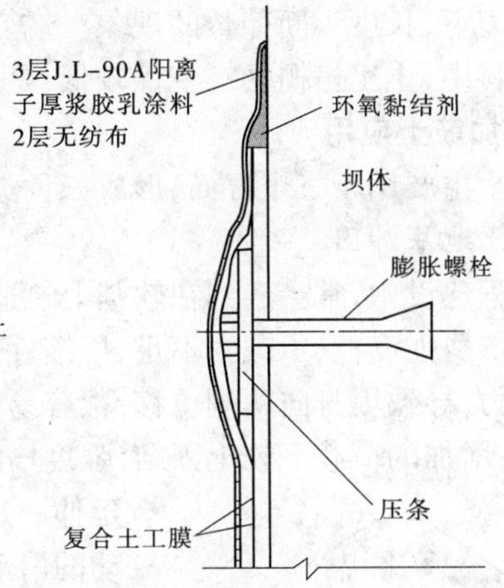

图 1-37 温泉堡水库碾压混凝土坝横剖面图 (单位:m)

图 1-39 土工膜顶部防渗处理

第五节 土工合成材料的加筋功能

一、加筋功能的原理

土体一般具有一定的抗压强度,但抗剪强度很低。设想有一块自由土体,即其侧面上全无约束,在其顶面上施加压力,则在不大的压力下,土体将被压坏。如果同样的一块土被放进一个刚性盒中,即其侧面受到完全约束,不可能有横向扩张,则在其顶面上加压,压力虽然达到很大值,土块也不会被压坏。这个现象说明了一个简单的道理:土体受压时,其破坏与否与土的侧向变形大小有关,允许的侧向变形愈小,它能承受的压力将愈高,所以要提高土的承受能力,可以从设法减小其侧向变形着手。

加筋土正是利用了这一原理。在土体中的一定部位铺设水平方向的加筋材料,将土压实后,土与加筋材料密切结合成一复合土体,当在复合土体的表面施加荷载,由于加筋材料与周围土之间有较大的摩阻力(有时尚有咬合力),限制了土的侧向变形,相当于在土体侧面施加了约束力。从上面的道理可知,这种复合土体的承压能力理所当然地得到提高。

以往人们只是从概念上懂得这个道理,一直到了 20 世纪 60 年代,法国工程师维德尔才从理论上建立了一套加筋土的设计方法，最初采用的加筋材料是金属条带，到70年代后期，金属材料才逐渐被土工合成材料所取代。

二、加筋材料和加筋土应用

(一)加筋材料

加筋土中的加筋材料通常采用织造型土工织物、土工带和土工格栅等，只有当对强度和变形要求不高时，才采用非织造型土工织物。

从以上的加筋原理得知，加筋在于最大限度地限制受压土体的侧向变形，而限制要靠土体中的筋材与周围土的相互作用，为此，要求筋材与土之间应结合好，亦即两者之间应有较高的界面强度(摩擦力与咬合力)。此外，加筋材料的蠕变性应较低。蠕变性指材料在承受不变的拉力下，长度不断伸长的现象。蠕变使筋材承受拉力的能力不断下降。因此，在目前的加筋材料中，土工格栅的蠕变性较低，是较为理想的加筋材料。

(二)加筋土应用

加筋土主要用于三个方面，形成三种类型的加筋土结构。

1. 软土地基加固

在工程建设中，常会遇到在软基上筑造路基或堤坝的情况。软土地基上建堤坝的困难在于土的抗剪强度低，承载力不足，压缩性过高。由于填土中的侧向土压力，使地基面承受水平剪应力，导致堤身向两侧位移，很容易造成堤身失稳。传统的方法是将填筑速度放得极慢，以待在增加的荷载下软土固结，强度增加；或采取分期填筑方法；或在堤坝两侧，将填土延伸一定距离，形成戗台或反压马道，以平衡部分引起滑动的滑动力矩等。这样，工期会拖得很长，费用高，有时填筑高度仍受到一定限制。若在填筑之前，先在场地上预铺一层织造型土工织物或土工格栅，来限制基土的侧向位移，对地基进行加固，如图1-40所示，可以较好地解决这一难题。这样的加筋常常是为了以下目的：①提高堤坝的抗滑稳定性；②增加堤坝的填筑高度；③减小施工期填土的大量下沉，节约土方量；④使堤坝下沉趋于均匀，防止堤坝面开裂。

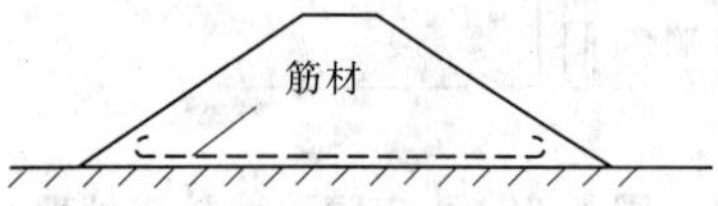

图1-40　路基或堤坝软基加固示意图

2. 堤坝边坡加筋

无论是天然土坡，还是人工填筑的铁路、公路路基及挡水堤坝，其边坡常需要做成较陡的边坡。堤坝如果将边坡做陡，不仅能减少填土方量，还可节约用地，这是一举两得的好事，如果地基的承载力较高，堤坝不致因坡度过陡而破坏，这时采用土工织物加筋陡坡即可达到此目的。

土工合成材料在这方面的应用大致可归纳为以下几方面情况：

(1)地基较好，要求土坡坡度尽量陡。

(2)地基地质条件正常，但要求土坡坡度比正常坡度要陡；或者原有坡发生滑动，希望利用原来的土坡而不运新土来填筑修复，以节约工程造价。

(3)在填土坡端部铺设筋材，使近边坡处填土可更好地压实，防止以后产生表面坍滑或冲刷。

图1-41为加筋陡坡，图1-42为堤坡和公路路堤加筋。

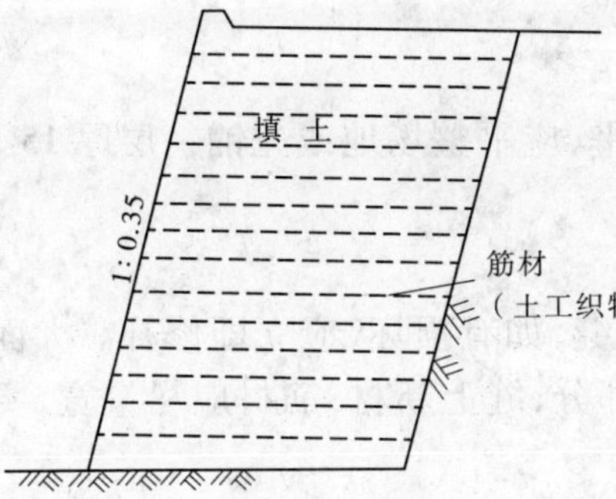

图 1-41　加筋陡坡

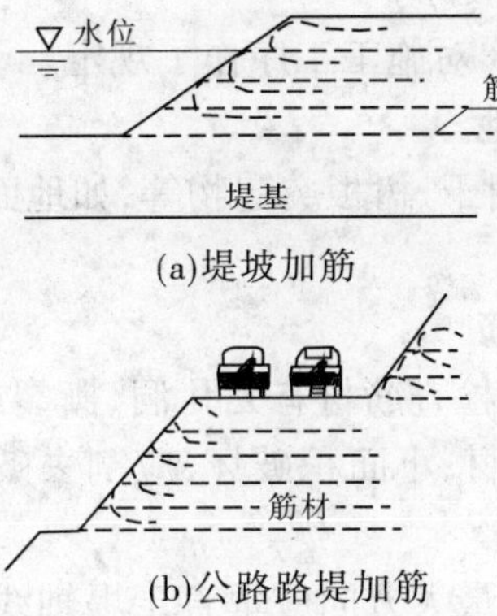

图 1-42　堤坡和公路路堤加筋

3. 加筋挡土墙

它可以代替混凝土重力式挡墙。其最大优点是对地基的要求比重力式挡墙要低，抗震性较好。

其构造组成有四个部分：加筋材料、填土、墙面板和墙面板基础，如图 1-43 所示。

加筋材料是织造型土工织物、加筋带或土工格栅；墙面板大多为预制混凝土整体板或板块，一般不作受力杆处理，仅供表面防护和装饰之用；填土最好是透水材料，若必须采用不透水材料填充，应做好排水通道，及时将进入填土内的水排走；墙面板基础一般为预制混凝土构件。

加筋挡土墙的基本结构型式有条带式和包裹式两种。条带式结构一般是将高强度、高模量的刚性加筋条带在填土中按一定间距排列，其一端与结构边沿的面板联结，另一端则往土内延伸所需长度，见图 1-43(a)。包裹式结构，所用柔性筋材，常采用扁丝机织土工织物在土内满铺，每铺一层再在其上填土压实，将外端部织物卷回一定长度，然后再在其上铺放一层织物，每层填土厚常为 0.3 ~0.5 m，按前法逐层填土压实，见图 1-43(b)。

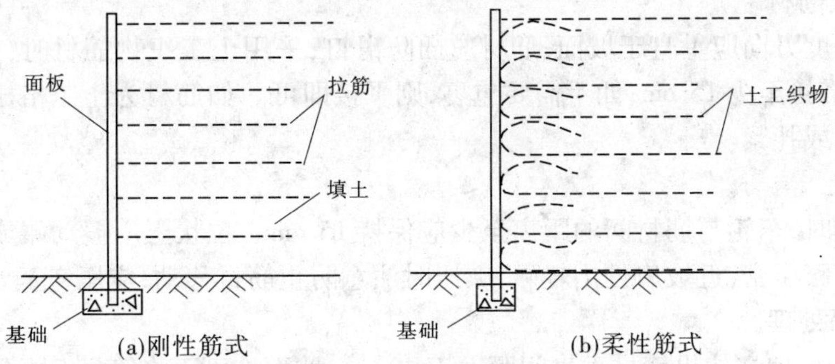

图 1-43　加筋挡土墙型式

三、软土地基加筋的施工要点

对于软土地基上的加筋堤坝，加筋部分正确的施工方法及施工工序是大堤坝填筑质量的保证，不管是铺放底筋，还是填土，如果步骤不当，常会造成筋材的机械破损或是堤坝不均匀沉降,甚至堤坝破坏。

SL/T 225—98 对施工工序作了规定。

(一)准备场地

应砍除地面树干、树根突起物等,如地面不平,应平整场地或先铺一层厚 15 cm 左右的垫层。

(二)铺放底筋

(1)填土前应检查筋材有无孔洞、撕裂或绽缝,如有损坏,应立即修补。大面积破坏应割去接缝,另接新材;小面积破坏,应割去破坏部分,缝上新材;筋材应尽量宽,要求纵向无接缝。

(2)筋材强度最大方向应垂直于堤轴线。以人力拉紧使筋材无褶皱;铺筋后尽快在其上压载,或放砂包,防止被风吹起。

(三)填土

(1)一般地基填土工序和要求为:在平面上填土由堤坝轴线处向两坡侧推进,沿堤坝轴线方向,填土进程呈凸形,利用填土使织物保持受拉;选择施工机械的大小与重量不得使车辙深于 7 ~ 8 cm。第一层填土应选用平碾或汽胎碾碾压。施工过程中,随时监测和观测基土动态,一旦发现异常现象,及时调整填土速率或暂停施工,并采取对策。

(2)极软土地基填土的工序和要求为:在平面上先沿筋材边缘平行于堤坝轴线填土,后向堤坝轴线方向推进;沿堤坝轴线方向,平面上始终保持填土进程呈凹形。选择轻型机械后卸式卡车施工,机械在第一层填土只允许沿堤坝轴线方向运行,不得折回;车辙深度不得超过 7 ~ 8 cm;第一层土仅靠轻型工具压实,填土厚达 0.6 ~ 0.7 m 后才允许采用平碾或汽胎碾碾压。

四、加筋陡坡的施工要点

SL/T 225—98 给出的施工方法与常规填土类似,加筋配合填土层交替进行。首先应清除施工场地的一切杂物,平整施工场地。按照设计的加筋高度铺设筋材和填土。

(一)铺放筋材

筋材主强度方向应垂直于坡面;筋材应插防滑钉;采用土工织物筋材时,如坡面处要包裹,相邻织物搭接至少 15 cm;如不需要包裹,则平接即可。如筋材为土工格栅,则两相邻栅片边缘应卡紧或扎紧。

(二)填土

机械填土时,车轮与筋材间的距离至少应保持 15 cm。粒状土用振动碾或夯板,黏性土用汽胎碾或平碾压密,近坡肩处用轻碾,碾压时注意防止筋材移动,应压实至要求密实度。

(三)表面处理

坡面缓于 1:1时,如果筋材垂直间距大于 40 cm,坡面处可不将筋材回折包裹,而直接延至坡面。为防止雨水与径流冲蚀坡面,坡面应植草,或采用其他防护措施。

坡面若有包裹,可将土工织物在坡面处折回,使其压在上一层织物下,长度应不短于 1 m。如坡面很陡,可能需利用堆土袋、模架等支持坡面。层厚大于 45 ~ 60 cm 时即需支持。

若筋材是土工格栅,在坡面处包裹需要加设细孔土工网或土工织物,防止填土漏失。

（四）设置坡面与坡内排水

1. 坡面排水

坡顶应设排水系统，将地表水汇集，通过排水沟管导往坡底排走。坡面应植草防冲，草种需根据当地土质、气候条件优选，使能长期成活。有时尚需在两主筋间增加中间次筋，减小间距，以防坡面塌落。有条件时可在坡面铺合成材料防冲垫。

2. 坡内排水

主要排除地下水。可以采用以土工织物包裹碎卵石的排水暗沟，或土工复合材料的排水体。土工复合材料应通过试验，确保其芯材有足够抗压强度，滤膜在压力下凹入芯材，芯材仍应有足够的排水能力。设排水处，土工织物或土工复合排水材料与土接触面强度较低，应充分注意其对边坡稳定性的影响。

五、加筋土挡墙施工要点

施工工序包括设置基础、平整墙基、铺设筋材、墙体填土和墙面施工。

（一）设置基础

按设计的墙面系统进行施工，当选用预制钢筋混凝土墙面板时，墙面板下要设置一定尺寸和一定埋深的基础，一般为混凝土结构，其宽度不小于 0.3 m，厚度不小于 0.2 m，埋深不小于 0.6 m。在季节性冻土区，埋深应低于冻土层以下，如达不到该深度，则不足部分应换填非冻胀或弱冻胀土。

（二）平整墙基

墙基应按设计要求开挖、平整，开挖宜超出墙范围 0.3 ~ 0.5 m。软土需压实或换填，压实到要求密实度，如有软弱土需换填合适土料。

（三）铺设筋材

筋材主强度方向应垂直于墙面，以销钉固定，以保证平整且不因填土而发生位移。对柔性筋材式挡墙，相邻织物搭接至少 0.15 m。如果地基沉降量较大，土工织物的搭接部分可能会被拉开，相邻织物应予以缝接；对格栅筋材应扎紧。

（四）墙体填土

回填土要层层压实，每层虚土压实后一般为 0.15 ~ 0.2 m，压实度不低于设计要求。铺土与压实时，要注意不使筋材卷褶或发生位移。使用机械填土，车轮与筋材的距离至少保持 0.15 m。

（五）墙面施工

墙面施工应利用堆土袋或模架法铺施工土工织物，其程序为铺土工织物、堆土袋或回填土至一层厚、回包土工织物、将填土夯实；铺次层土工织物、继续填土。如采用格栅作筋材，则在墙面处应包裹土工织物，以防填土漏损。在靠墙 0.5 ~ 0.6 m 内压实，应用轻型机械或小型机械。

第六节　土工合成材料的防护功能

防护作用具有广泛的涵义。为了消减自然现象、环境影响和人类活动对堤坡和岸坡造成的危害，常要采取适当防护措施。岸坡防护包括河岸、湖岸、海岸等的防水流冲刷、波浪冲击等，这类防护措施古已有之，有许多迄今仍在继续采用。传统的防护办法有利用埽枕、柴排、石笼、抛石保护岸坡或打护坡桩等。它们虽然也能起到护坡的良好作用，但耐久性较差，常要求维修。根本的弱点，是它们放在被保护土面上，不具有反滤功能，受水流冲蚀和潮浪淘刷抽吸的作用，被保护土颗粒容易被水流带走，导致剥蚀和坍塌。

土工合成材料的发展，为上述岸坡防护提供了新的途径。简单地说，只要在被保护土面上覆一层有良好反滤性能的土工织物，压上一定盖重，即能有效地保护岸坡不受水流和波浪等的破坏。不仅如此，土工织物质轻、耐腐、有柔性、整体性强、价廉、施工简便，它们在防护工程中的推广应用正在迅速发展。其实，这类材料不只有抗水流的能力，它们的产品之一泡沫塑料板（聚苯乙烯 EPS）在岩土工程中还被用于保温以防止土体冻胀。

防护用的土工织物应符合反滤准则和具有一定的强度。由于要受到往复双向水流作用，对织物应有更高的反滤要求。为满足防护的各种特殊需要，应先将土工合成材料预制成符合一定需要的制品。

一、土工织物软体排

（一）软体排的结构型式

土工织物软体排是以土工织物为基本材料做成大片排体形式的防冲护底结构。所用的土工织物大多是织造型土工织物。目前所用的软体排主要可分为如下两类。

1. 压载软体排

这种软体排是用土工织物缝接成一定尺寸的排布，在排布上加一定的压重形成的一种防冲结构。根据被保护基土的颗粒组成、土工织物的孔径大小、抗拉强度以及受力的大小，排布可以采用单层、双层、单层加网绳或双层加网绳。压载材料和形式有块石、土枕、土袋、铁丝石笼，连锁混凝土板块、土工网格石笼、石笼网格充填袋混合压载等。这种软体排是目前国内应用最广的土工合成材料护底结构型式。

根据压载方式的不同，还可将压载大致分为散抛压载软体排和整体压载软体排。前者是将排布沉入水中，然后抛填块石或混凝土压载；后者是压载与排布形成一体，整体沉放。由于排布轻，在水流中沉放和准确就位有一定困难，特别是水深流急的情况下，根据现有施工经验，散抛压载软体排宜在静水或流速较缓、水深不很大、同时水下边坡缓于 1∶2.5 的条件下应用。

2. 充砂软体排

充砂软体排是以织造型土工织物为基本材料制成袋体充填砂土形成的大片防冲排体。目前国内使用的充砂软体排基本有两种：一种是用两层织造型土工织物按一定的间距缝合形成相互成排的模袋，通过每个模袋预留灌砂口灌入砂土；另一种是织造型土工织物缝制成长条形封底的管袋，再将管袋并排与大片织造型土工织物联结成一体，然后从袋口灌入砂土。这种充砂软体排模袋制作简便，砂土充填可实现机械化，可利用排体的自重沉放，无需另加压载，而且充灌材料可充分利用河滩地的砂土。但在通航河道，特别是码头附近有船只抛锚停靠，以及有流冰撞击和其他尖刺物作用等地段不应采用。

国外如荷兰在东席尔德闸墩保护中曾用 4 层织造型土工织物充砂石反滤料做成软体排。

(二)软体排布的选择

制作软体排的排布一般采用聚丙烯织造型土工织物。排布应具有较高的强度、耐久性、一定的变形能力和满足透水保土的孔径。

软体排的土工织物排布的主要功能是保土和排水,即在铺设软体排后被保护的河床基土不再被冲,而土中的水分又能排出,因此要有适宜的孔径。由于在软体排护底的条件下,水流与土工织物平行,而且在排布上又有一定厚度的压载,从而水流对河床基土的冲刷作用将大大减弱。因此,对排布孔径的要求不像一般反滤用途中所要求的那样严格。

排布的强度要求主要取决于施工时所受的拉力,软体排的形式不同和施工方法不同,排布承受的拉力亦不同。例如,在旱地施工和压载具有整体性(如铁丝石笼、连锁板块压载)等条件下,排布受力较小。对于用双片编织物制成的充砂软体排,采取船上放排时,所受的拉力较大,并取决于悬吊高度和充砂排体的质量。

由于施工中除自重产生的拉力外,还可能有水流和不均匀受力等作用,在沉排正常运行中也可能因局部冲刷变形产生局部集中拉力,因此排布材料应选择强度较高和抗老化的产品,这也有利于延长工程的使用寿命。为适应施工和运行过程中排体的变形,排布材料伸长率宜大于15%。

(三)压载

充砂式软体排以充入袋体中的砂土质量作为压重维持排体的稳定,无需外加压重。压载式土工织物软体沉排的压重目前有如下几种:

(1)块石和混凝土块散抛压载。这两种压载不应有尖角,以免刺坏排布。

(2)土袋、土枕。土袋用织造型土工织物缝制而成,长度一般在1 m左右,袋体大小可由压重需要和便于搬运确定。充满程度以0.8~0.85为宜,袋口应扎紧。

土枕亦称长管袋,是用织造型土工织物制成的长条形管袋。土枕尺寸根据具体情况和用途确定,一般为直径0.5~1.0 m,长度5~10 m。为加强袋体,沿长度方向每隔0.5 m左右可用尼龙绳捆一圈作为加强腰箍。腰箍应与枕布联结或穿入枕布预先制好的套筒内,以免窜动。

(3)石笼。石笼是用铁丝或土工合成材料(土工格栅、土工网等)编制成的圆形或矩形框格,其中充填石料而成。石笼与排布之间用尼龙绳联结。铁丝石笼的制作与以往无大异。唯铁丝石笼底层的石块必须严格保证平面朝下,严禁尖角朝下,否则在石笼与排布间应加设垫层。土工合成材料石笼所用的土工格栅、土工网材料,根据所要求的网眼和强度选择,可制成圆形(见图1-44)或方形。后者多用土工格栅。

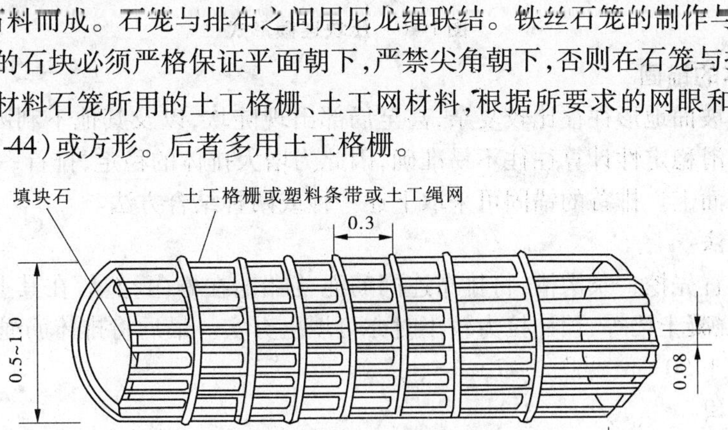

图1-44 圆形土工格栅石笼 (单位:m)

(4)石笼土枕组合压载。石笼土枕组合压载是在纵、横向用石笼做成框格,框格内充填土枕或土袋,如图1-45所示。土枕之间和土枕与石笼、排布、网绳之间应使用尼龙绳联结紧密,形成一体,以保证良好的整体性。有的地方还采用梢捆方格充填土枕或块石。

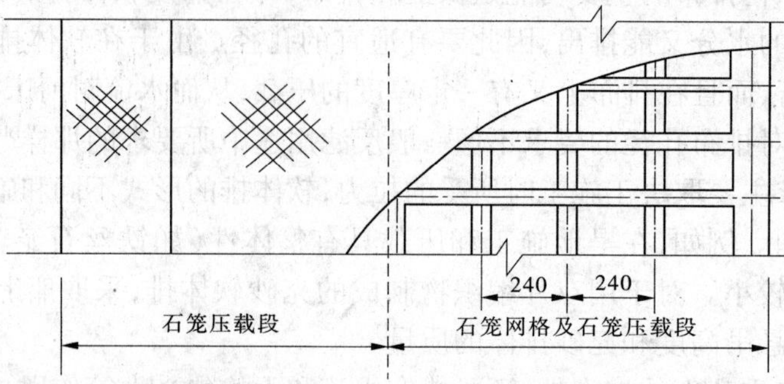

图1-45 石笼土枕组合压载 (单位:m)

(5)连锁板块。这种压载是将预制的混凝土块用连接钢环和卡环或其他方式连接成排的一种压载形式,可称为铰链连锁板。板块的尺寸根据施工条件,如施工设备的能力、机械施工或人工施工等确定,但最小尺寸应满足压载重量的要求。其形式见图1-46。

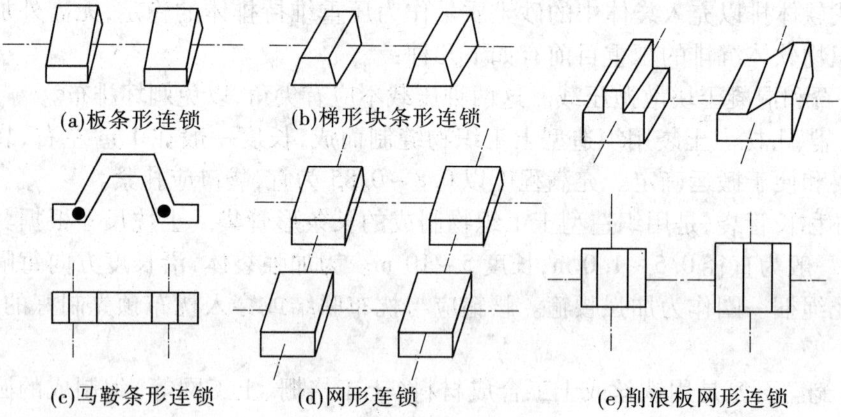

图1-46 压块连锁形式

(四)排体的锚固

由于水下坡面地形往往比较复杂,甚至局部出现陡坎,以及其他不利因素的影响,排体在坡面上的抗滑稳定性计算往往不易准确,因此为增大排体的稳定,排首一端必须锚固在枯水位以上的坡面上。排首的锚固可采取下述一种或两种结合方法。

1.锚固槽法

在锚固位置先挖一条沟槽,将排布连同筋绳首端铺在槽内,然后在其上压铁丝石笼,或浇混凝土、压混凝土梁等,预计拉力较小时亦可填土夯实。最后将排体筋绳拴紧。锚固槽的深度一般不小于50 cm(见图1-47)。

2.打桩锚固

在锚固位置顺岸沿线打一排木桩或钢(管)桩,然后将筋绳或石笼铁丝拴紧在桩上。桩的间距和打入深度根据排体的下滑力确定。软体排锚固位置是护底与上部护坡的分界线,

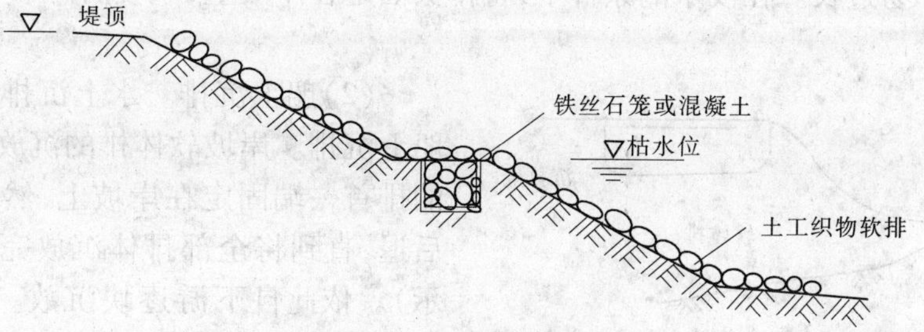

图 1-47　开槽锚固示意图

必须做好二者的连接，以免产生局部冲刷破坏。可将用做上部护坡垫层的土工织物下端锚入锚固槽中，锚入深度不应小于 30 cm，也可采取垫层土工织物与排布搭接方式，搭接宽度不宜小于 50 cm，二者应贴合紧密，最好加以缝合，上部护坡面层与软体排压载体之间应连接平顺，不得凹凸不平。

（五）软体排施工要点

软体排的施工包括施工准备、制排和沉排等，在具体步骤上因排形和采取的施工方法不同而有不同。

1. 施工准备

（1）水下地形测量。由于险工段的水下地形变化较大，施工时地形可能与设计资料有较大差别，所以一般在正式施工前应测量水下地形，作出平面图和断面图。

（2）坡面处理。为使排体与地面接触良好，应使之尽量平整。特别是当存在陡坎或过大的坑洼时可采取抛填土枕（袋）或不带尖刺的碎石整平。

（3）备料。对于沉排施工，充分备料至关重要，否则由此造成停工将大大影响沉排质量。特别在深水条件下进行大面积冰上施工的情况下，排体在冰上停留时间过长将产生过大变形，甚至塌落。

（4）施工机械设备和施工队伍。不同的沉排形式和施工方法，所需的机械设备和数量不同。如整体排水中沉放需要大型船只，冰上沉排只需简单的工具。因此，应根据具体情况确定施工安排，准备所需的设备和组织施工队伍。

2. 排布与网绳制作

排布可以工厂或现场制作，应采用尼龙线缝合方法连接。现场缝合宜用手提式缝合机。缝合强度不宜低于母体强度的 80%。布排时，接缝应在受力小的方向。

冰上和浅（旱）滩地铺排时，在按设计要求范围内清除尖刺物、平整好冰面的地面后，按要求间距布设纵、横网绳，再铺上事先制好的排片（或就地缝排布），并在结点处用尼龙绳将绳网与排布缠结在一起。采取水中铺排时，则事先将网绳与排布按同样方法联结。采用套筒固定网绳时，则将网绳穿入套筒中。

充砂模袋式软排亦可在工厂或现场制作。模袋式软体排的制作可用类似于人工混凝土模袋的方法缝制，也可采用塑料销方法控制厚度。

3. 排体沉放

（1）浅滩作业。浅滩作业是指在水流流速小、水深不大于 1m 或干滩条件下进行施工，其中也包括例如闸下游和导流低坝上下游无水或浅水情况。

在旱滩情况下，施工简单，各道工序都可在现场用机械或人工完成。但排布必须及时保护，暴露时间不易过长。在浅水的条件下，将排头固定在岸坡上，顺坡向河中牵拉，然后在船上抛投压载。

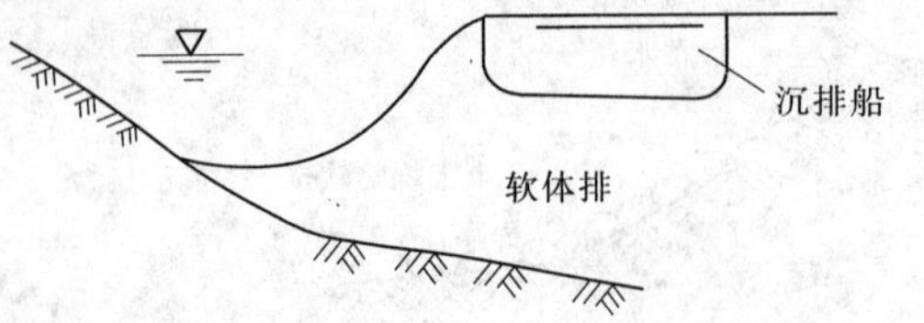

图 1-48　护岸软体排沉放示意图

(2)船上沉排。水上沉排一般都是采用船上沉排。岸坡软体排的沉放一般是单块排的排首一端固定在岸坡上，然后沉排船逐渐后退，直到将全部排体沉放完(如图 1-48 所示)。依此自下游逐块沉放。整体压载(如连锁板块)的软体排，在船上将压载与排布连好，同时沉放。若用散载，则先将拼好的单块排布放在驳船上捆扎预压块，叠好，再按以上方式沉排，然后抛压重或在沉排过程中散抛，最后补抛。充砂软体排可在排袋沉放过程中同时充砂。

(3)卷筒沉放法。当水深和流速小，排长不大(一般 20 m 以内)时，可在船或木排上设一滚筒，将软排卷在滚筒上，一端固定于岸坡上或水底，拉动滚筒或靠自重顺坡下滑将排布展开，再抛压载。这种方法所用的排宽受卷筒宽度限制不能过大，搭接较多。

二、混凝土模袋护坡

(一)模袋的类型和适用条件

混凝土模袋按其充填材料不同分为充填砂浆型和充填混凝土型两种。前者适用于一般坡面、渠道、江河和水库的护坡以及码头工程等；后者适用于有较强水流和波浪作用的岸坡、海堤等。

模袋的类型按所用的材质和加工工艺不同可分为机织模袋和简易模袋。机织模袋主要由锦纶、涤纶和丙纶长丝织物制成，强度高，孔径均匀，充填时基本不漏水泥，可以制成带反滤点形式，可以用泵充灌砂浆或细砾混凝土。简易模袋是我国东北某些省份创造的一种群众性护坡形式，目前均用聚丙烯编织物缝制，袋体本身不具备反滤功能，需在坡面上加铺非织造织物滤层，袋内只充灌砂浆和采取人工自流灌填方式。

机织模袋混凝土护坡可在最大坡度 1∶1 甚至更陡的条件下应用，较佳的坡度为 1∶1.5，在水中充灌时允许水流流速一般小于 1.5 m/s。简易模袋混凝土较适于坡度为 1∶1.5～1∶3.0 的水上或较浅的静水下护坡，其施工设备简单，工程造价较机织模袋低。

国外机织模袋已基本定型，国内的混凝土模袋技术是从日本引进和研究发展起来的，其种类与国外的相仿。

(二)模袋混凝土的配合比设计

机织模袋混凝土护坡采用泵送方法施工，要求所用混凝土或水泥砂浆除具有可泵性外，还要具有适宜的流动性，使之在模袋内能顺利流淌扩散，充满整个模袋，不发生分离。因此，对其材料的配合比和外加剂的应用比一般泵送混凝土要求更高。必要时应根据具体工程情况通过试验确定。

由于充填料灌入模袋后，其中多余的水分可以从模袋的孔隙中渗出，从而水灰比可降至 0.4 或更低，使混凝土或砂浆的凝固速度加快，强度大大提高。混凝土外加剂多为复合减水剂，具有引气和减水双重作用。国内有些单位采有 PC－2 型松香热聚物引气剂，掺量 4.5%，含气量 5% 左右，外加减水剂 0.6% 左右。

对于抗冻要求较低的护坡工程,可以考虑掺粉煤灰以降低水泥用量,但要通过试验,且掺量一般不得大于20%。

(三)模袋混凝土护坡结构设计

1. 模袋型式的选择

用于堤岸护坡的混凝土模袋应根据工程等级、施工条件、风浪和水流状况、所能提供的资金和施工设备以及外观要求等确定选用机织模袋或简易模袋,模袋的型式宜选用带排水点型。

2. 厚度确定

模袋混凝土护坡主要承受风浪荷载。在寒冷地区还有冬季冰压力作用。抗波浪稳定要求的厚度可按有关公式计算。从构造上要求,混凝土护坡的厚度不宜小于10 cm。

为加强混凝土的整体性和抗冰推能力,常常在混凝土中加入一根纵向钢筋。

3. 抗滑稳定性校核

按块石和混凝土板的抗滑稳定计算方法进行。计算时取模袋与坡面土之间的界面为滑动面进行校核。

4. 顶部和底脚结构

模袋混凝土护坡的顶部应牢固封顶,以防止水流冲蚀坡土,并增加护坡的稳定。封顶型式可采取平封或锚封,平封延伸长度可取0.5~1.0 m,锚封入土深度不宜小于0.5 m。封顶形式如图1-49(a)所示。底脚必须埋入土中,入土深度不应小于冲刷深度以下0.5 m,如图1-49(b)所示。护坡与软体排之间的连接必须平顺整齐,紧密牢固,可按图1-49(c)所示方式将模袋混凝土伸入软体排锚固槽内或贴紧软体排的顶部平台。护坡范围内上、下游两侧与不护坡段之间的接头必须处理良好。接头处理可采取顺坡开槽,将模袋混凝土埋入槽中,接头分界处的坡面必须连接平顺。开槽埋入深度上游端不小于0.5 m,下游端不小于0.7 m。

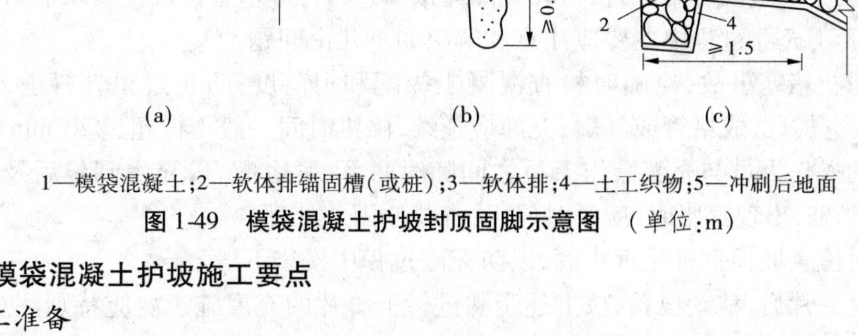

1—模袋混凝土;2—软体排锚固槽(或桩);3—软体排;4—土工织物;5—冲刷后地面

图1-49　模袋混凝土护坡封顶固脚示意图　(单位:m)

(四)模袋混凝土护坡施工要点

1. 施工准备

施工准备包括备足所需材料和设备、平整坡面、现场就位、放线定位、开挖顶脚基槽、测量水下施工水深和流速等。泵送施工主要设备是混凝土(砂浆)搅拌机和混凝土(砂浆)泵等。

2. 铺设模袋

机织模袋应在各片连接的底面铺非织造型土工织物。各片间连接底面的非织造型土工织物采用缝接或搭接,搭接宽度 20 ~ 30 cm,土工织物在坡顶处可用 8 号铁丝制成的 Π 形钉固定。顺水流方向铺土工织物时,搭接带亦应固定。简易模袋先铺设非织造型土工织物滤层,然后在其上铺模袋,一次铺设土工织物面积的大小根据充灌施工进度确定。

按预定位置顺坡准确展开模袋,扎紧下口,上、下两端设桩固定。机织模袋上沿连接松紧器,挂在固定桩上如图 1-50 所示。若有配筋,则在模袋铺开后按要求插入袋内,插筋时,应防止刺破模袋。

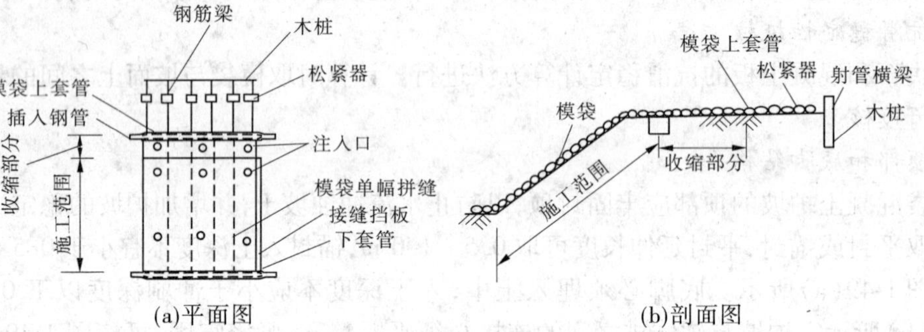

图 1-50　机织模袋铺设示意图

3. 充灌

搅拌机的内壁和模袋内事先宜用水适当润湿,再按要求的配比装料搅拌。拌和好的混凝土应测定坍落度,砂浆应测定流动度,合格后才能灌入模袋内。

机织模袋混凝土(砂浆)用特制的灌料泵充填,简易模袋则采用输浆管(φ5 cm 塑料薄壁软管)插入模袋进料口将拌和好的合格砂浆从出料台灌入模袋内。充填按自下而上和左、右、中的顺序进行。

模袋内有钢筋时,在充填过程中应不使钢筋沉底。充填过程中机织模袋的收缩可由松紧器控制,简易模袋则在灌上部 2 m 模袋时松开上端的固定桩,让模袋沿坡面充分收缩,然后再灌至坡顶。如果设有排水管,可在充灌完成 1 h 后将排水管按设计要求插入。

模袋混凝土充灌过程中主要应注意和解决如下几个问题:

(1)为防止堵塞事故,应随时检查混凝土级配和坍落度;防止过粗骨料进入和堵塞管道;防止泵入空气,造成堵管或气爆;充灌应连续,停机时间一般不得超过 20 min。

(2)泵的操作人员与充灌操作人员之间随时联系,紧密配合,充灌到位后及时停机,以防充鼓包或胀破,出现膨胀时,应及时停机,查找原因并处理。

(3)随时检查坡顶钢桩是否牢固,以防充灌过程中模袋下滑。

(4)灌完一片后,移动设备,按上述步骤进行下一片的充灌施工。应特别注意两片间的连接、靠紧。

(5)施工过程中应做好记录和取样、成形,然后进行强度测定。

4. 养护

全部护坡施工完成后，进行坡顶、坡脚和上下游两侧接头的回填处理，同时进行护面混凝土的养护。一般养护期为7天，要求在此期间护坡表面处于润湿状态。

三、土工织物草皮护坡

草皮依靠其良好的根系而具有一定的固土、抗冲能力，因而广泛用于各种草坪和草地，在水利工程中亦有不少应用，尤其是在水土保持工程中用于防止山坡地雨水冲蚀。

土工织物草皮护坡（或称土工织物加筋草皮护坡）是土工织物与植草相结合形成的一种护坡形式。由于二者结合发挥了土工织物防冲和草的根系固土的作用，因而这种护坡比普通草皮护坡具有更高的抗冲蚀能力。

目前，用土工织物加筋草皮有两种基本形式。一是在草籽上覆盖一层薄型土工织物，国外多用非织造型土工织物。为加强护坡稳定和抗冲能力，还可加设混凝土或块石方格。草籽发芽生长后通过织物孔眼穿出形成一个抗冲体，茂密的草还可起到保护织物的作用。另一种是采用三维织物网垫（见图1-51），待草生长后形成整体。三维网垫空隙大，可往网垫中充填小石子起防冲作用，用于植草护坡时，由于它不像土工织物那样与坡面紧贴，在未形成草坡前有水流作用的情况下，坡面易受冲蚀。从造价来看，用三维织物网比用土工织物要高。因此，在一般情况下，以采用薄型土工织物作加筋草坡为宜。

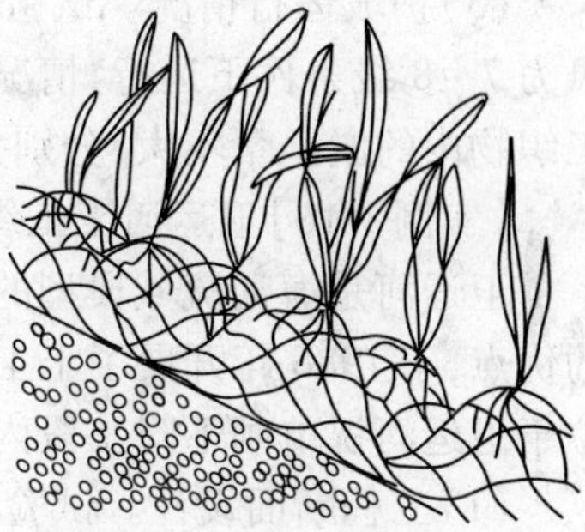

图1-51　三维网垫植土护坡

土工织物草皮护坡对所用土工织物的要求主要是：应具有一定的强度，以提高抗冲能力；抗老化性能较高，以延长在外露应用条件下的使用年限。一般可采用单位面积质量为150 g/m^{2}左右的非织造型土工织物，也有用织造型土工织物的，如卫运河护岸工程的生物护坡。

土工织物草皮护坡的施工主要应注意如下几点：

（1）尽可能选择良好的植草期。一般情况下，暖季型草宜在春末至初夏种植，冷季型草宜在夏末种植，不应在入伏或入冬后种草。

（2）坡面处理。适当平整坡面，当土质适宜时，可直接在坡上植土，松土厚度20 cm左右；若坡面土不宜于植草，应铺土质适宜的种植层，厚度一般在50 cm左右，并适当压实，同时表层应为松土。

（3）播种和覆盖。人工直播时，草种宜拌适宜细砂，撒种应力求均匀。播种后压实坡面，再覆盖土工织物，固定在坡面上。采用三维土工网时，先铺网，再播种。

（4）养护。播种后及时洒水养护，坡土干燥时应连续数天浇水以保持土中适宜的水分为度。洒水时间应在早晨和日落期间，不得在中午酷热时浇水。

【实例1-9】半拉山嫩江堤防段护坡工程。

半拉山堤防段位于内蒙古自治区扎奇特旗内蒙古东部劳改农场附近的绰尔河进入嫩江处，保护农田1万多公顷，草原4万多公顷，村屯和城镇近700多个，人口20多万人，以及平齐铁路23.5 km和公路300 km。所以，大堤安全极为重要。

(1)护坡结构。此段堤防高 3.5 m 左右，平均坡长约 13 m，迎水坡比为 1∶3。堤身为轻壤土。土工织物直接铺设在土坡上。根据风浪计算确定表层单层干砌块石的厚度为 35 ~ 40 cm。为防止阳光透过块石缝隙照射土工织物，并使土工织物与土面接触均匀紧密和减弱风浪对被保护基土的作用，在护面块石与土工织物之间铺设了 10 cm 厚的砂砾石垫层。为防止护坡底脚淘刷，坡脚设有 50 cm 深的齿槽，土工织物的固定是将它埋入深 30 cm 的沟内。

(2)护坡施工。先将坡面上的冲坑分层夯实填平，然后削坡，清除坡面的尖刺物，土工织物直接铺在整修好的坡面上，然后铺砂砾石，最后砌筑块石和用小石块塞紧块石间隙。

为施工方便和及时挡水，土工织物自坡脚向上呈横向逐条铺设，条(幅)间用折叠方法缝接。

(3)护坡运行情况。试验段 1988 年施工，经过冬季最低气温 -36 ℃，以及洪汛期最大风力 7 ~ 8 级条件下运行，情况正常。1989 年汛后曾做部分取样检查，未发现异常现象，土工织物内的淤土量不大，分别为 26 g/m^2 和 51 g/m^2。

【实例 1-10】卫运河土工织物结合生物护坡。

卫运河是海河流域典型的蜿蜒型河流，海河水利委员会利用土工织物和生物工程各自的优点，于 1986 年开展了土工织物与生物工程措施相结合的护岸工程试验研究。试验工程位于卫运河祝屯闸下险工段内，长 170 m。

(1)工程断面设计。试验段滩地高程 28.30 m，河底高程 18.63 m，在高程 24.0 m 处设 1 m 平台，平台以上设计边坡 1∶2.5，坡长 10.5 m，采用深栽柳护坡。柳树株行间距各为 1.5 m，中间加一坐地柳，柳间栽爬根草。平台以下设计边坡 1∶2.0，坡长 10.5 m，采用土工织物排体护坡、护基。护基按局部冲刷深度 2 ~ 3 m、冲后坡角 45°考虑，排体向河底延伸 6 m。排体上面用混凝土预制构件组成的框格压载。为保护排体，防止土工织物老化，增加排体稳定，同时达到缓流促淤目的，在框格内填土 0.2 m，深栽柳、铺草皮，压载 2 000 ~ 3 000 N/m^2，柳树株行距各 1.5 m。混凝土预制件长度有两种，分别为 1.4 m 和 1.5 m，横截面尺寸相同，均为 0.1 m×0.2 m，土工织物加筋草皮护坡工程横断面如图 1-52 所示。

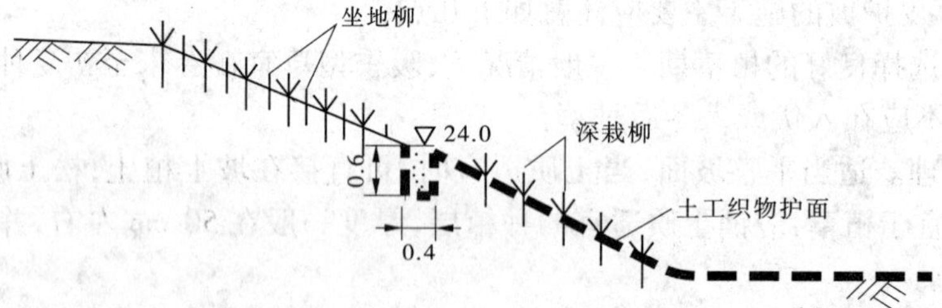

图 1-52　土工织物加筋草皮护坡工程横断面　(单位：m)

(2)栽柳与种草。在 24.0 m 高程以上的坡面上，按设计间距栽柳，栽深 2.0 m，外露 0.2 m，每两棵树之间种一墩坐地柳。在 24.0 m 高程以下，每个框内按工程要求定位，栽一棵柳树，方法是用火或烧红的铁器，在栽柳树的地方将排体烧出或烙出一个 5 ~ 8 cm 的洞，然后套在柳杆上，这样可避免洞的四周织造型土工织物脱丝而破坏其保土性。

每个框格内填土厚0.2 m,踏实后植爬根草皮。

(3)使用效果及经济分析。工程于1987年5月完工。经过两个汛期400 m^3/s流量的考验,框格内的草皮长满,且生长繁茂,柳树的成活率在95%以上,长高2~3 m。草皮和柳树有缓流作用,坡面已普遍落淤。1988年10月进行现场调查,过水后的坡面上落淤10 cm左右,加上原来的填土,土工织物埋深20~30 cm。护基部分发现有局部淘刷现象,但土工织物排体随着冲刷而下沉,并将冲刷坑包裹住,护坡护基效果很好。

第二章　建筑新型防水材料及应用

防水材料在建筑材料中属于功能性材料，主要有防水卷材、防水涂料及建筑密封胶三大种类。建筑物采用防水材料的主要目的是防潮、防渗、防漏。在房屋建筑中是以防漏为主，在水利及交通等工程中则是以防渗为主。

由于基础的不均匀沉降、结构的变形、建筑材料的热胀冷缩和施工质量等原因，建筑物的外壳总是要产生许多缝隙。建筑防水材料能否适应这种缝隙的位移和变形是衡量其性能优劣的重要标志。沥青防水卷材是世界范围建筑防水工程的传统材料，但因其性能先天不足，难以胜任近代防水工程的需要。因此，大力开发研制新型防水材料，已成为当务之急。目前，在沥青的改性和高分子聚合物的应用两大方面已成果显著，并已进入产品的全面推广应用阶段。

在我国制订的化学建材产业"十五"计划和2010年发展规划纲要中，关于新型防水材料的发展目标是："重点发展改性沥青油毡，积极发展高分子防水卷材，适当发展防水涂料，努力开发密封材料和堵漏材料；新型防水材料要在全国防水工程市场占主导地位，其应用应达到70%以上；逐步淘汰传统的纸胎油毡"。至2005年止，新型防水材料在全国防水工程市场的占有率已达到50%。

第一节　改性沥青防水卷材

防水卷材是一种具有一定宽度和厚度的能卷曲成卷状的带状定型防水材料。防水卷材是建筑防水工程中应用的主要材料，约占整个防水材料的90%。防水卷材的品种很多，根据防水卷材中构成防水膜层的主要原料将防水卷材分成沥青防水卷材、高分子改性沥青防水卷材和合成高分子防水卷材三大类。

沥青防水卷材是以沥青（石油沥青或煤焦油、煤沥青）为主要防水材料，以原纸、织物、纤维毡、塑料薄膜和金属箔等为胎基（载体），用不同矿物粉料或塑料薄膜等作隔离材料所制成的防水卷材，通常称之为油毡。沥青具有作为防水材料的很多优点，又是廉价的天然塑料，因此应用的历史悠久。但沥青的最大缺点是，受热流淌，遇冷脆裂，黏结力低，易老化，致使防水效果、耐用年限和热作业等都不尽如人意。改性沥青的出现，大大改进了沥青的各项性能，也使沥青类防水材料的应用有了飞跃性发展。

我国从20世纪50年代开始应用沥青油毡卷材以来，沥青类防水材料一直是我国建筑防水材料的主导产品，无论是品种、质量还是产量都得到迅速的发展。就目前我国新型防水材料总体结构比例看，仍是以沥青基防水材料为主要产品，占全部新型防水材料的65%左右，合成高分子防水卷材占15%左右，防水涂料及其他防水材料占20%左右。沥青基防水卷材主要包括有纸胎沥青油毡和高聚物改性沥青防水卷材，纸胎油毡现已较少使用。

一、SBS 改性沥青防水卷材

作为沥青的改性材料很多，但迄今效果最优异的当属 SBS 高聚物。

SBS 是“苯乙烯—丁二烯—苯乙烯”的英文词头缩写。SBS 改性沥青防水卷材是以聚酯纤维无纺布等为胎体，以 SBS 弹性体改性沥青为浸渍涂盖层，以塑料薄膜或矿物细料为隔离层制成的防水卷材。这类卷材的主要特点是：延伸率高，可达 50%，卸载后能还原，对结构物变形有较高的适应性，能明显提高防水层的抗裂性能；使用温度范围宽，可用于 -38 ~ 119 ℃，特别是低温柔性突出，适用于寒冷地区的防水工程；耐疲劳性能优良，疲劳试验在 1 万次循环以上仍未破坏。

SBS 改性沥青油毡的产品标准，应执行《弹性体改性沥青防水卷材》(GB 18242—2000)标准。该标准自 2001 年 5 月 1 日起实施。

(一)产品类型及规格

(1)类型。产品按胎基分为聚酯胎(PY)和玻纤胎(G)两类；按上表面隔离材料分为聚乙烯膜(PE)、细砂(S)与矿物粒(片)料(M)三种；按物理力学性能分为Ⅰ型和Ⅱ型。

(2)规格。卷材的幅宽为 1 000 mm；厚度：聚酯胎卷材为 3 mm 和 4 mm，玻纤胎卷材为 2 mm、3 mm 和 4 mm；每卷的面积分为 15 m^2、10 m^2 和 7.5 m^2。

(3)标记方法。卷材按下列顺序标记：弹性体改性沥青防水卷材、型号、胎基、上表面材料、厚度和标准号。例如 4 mm 厚砂面聚酯胎Ⅱ型弹性体改性沥青防水卷材标记为：SBS Ⅱ PY S4 GB 18242。

(二)技术要求

1. 物理性能及其他技术

物理性能及其他技术指标见表 2-1、表 2-2。

表 2-1 弹性体改性沥青防水卷材的物理性能

序号	物理性能		PY		G	
			Ⅰ型	Ⅱ型	Ⅰ型	Ⅱ型
1	可溶物含量(g/m^2)≥	2 mm			1 300	
		3 mm	2 100			
		4 mm	2 900			
2	不透水性	压力(Pa)≥	0.3		0.2	0.3
		保持时间(min)≥	30			
3	耐热度(℃)		90	105	90	105
			无滑动、流淌、滴落			
4	拉力(N/50 mm)≥	纵向	450	800	350	500
		横向			250	300
5	最大拉力时延伸率(%)≥	纵向	30	40	—	
		横向				

续表 2-1

序号	物理性能			PY		G	
				Ⅰ型	Ⅱ型	Ⅰ型	Ⅱ型
6	低温柔度(℃)			−18	−25	−18	−25
				无裂纹			
7	撕裂强度(N)≥	纵向		250	350	250	350
		横向				170	200
8	人工气候加速老化	外观		Ⅰ级			
				无滑动、流淌、滴落			
		拉力保持率(%)≥	纵向	80			
		低温柔度(℃)		−10	−20	−10	−20
				无裂纹			

注:1. 表中 1 ~6 项为强制性项目。

2. PY—聚酯毡;G—玻纤毡。

3. 本表及注的内容引自《弹性体改性沥青防水卷材》(GB 18242—2000)。

表 2-2 弹性体改性沥青防水卷材的卷重、面积及厚度要求

规格(公称厚度)(mm)		2		3			4					
上表面材料		PE	S	PE	S	M	PE	S	M	PE	S	M
面积(m^2/卷)	公称面积	15		10			10			7.5		
	偏差	±0.15		±0.10			±0.10			±0.10		
最低卷重(kg/卷)		33.0	37.5	32.0	35.0	40.0	42.0	45.0	50.0	31.5	33.0	37.5
厚度(mm)	平均值≥	2.0		3.0		3.2	4.0		4.2	4.0		4.2
	最小单值	1.7		2.7		2.9	3.7		3.9	3.7		3.9

注:本表引自《弹性体改性沥青防水卷材》(GB 18242—2000)。

2. 外观质量的要求

(1)成卷卷材应卷紧卷齐,端面里进外出不得超过 10 mm。

(2)成卷卷材在 4 ~50 ℃任一产品温度下展开,在距卷芯 1 m 长度外不应有 10 mm 以上的裂纹或黏结。

(3)胎基应浸透,不应有未被浸渍的条纹。

(4)卷材表面必须平整,不允许有孔洞、缺边和裂口,矿物粒(片)料粒度应均匀一致并紧密地黏附于卷材表面。

(5)每卷接头处不应超过一个,较短的一段不应少于 1 m,接头应剪切整齐,并加长 150 mm。

(三)适用范围

适用于建筑物的屋面、地下室、卫生间、墙体及地面的防水、防潮,以及地下工程、路桥及水利工程中需要卷材防水的部位,特别适合于寒冷地区。

长纤维聚酯毡胎基改性沥青卷材,具有拉伸强度高,延伸率大,耐腐蚀、耐霉变和耐候性好的优点,对基层伸缩变形或开裂的适应性较强。因此,适用于防水等级为Ⅰ、Ⅱ级的屋面和地下工程;无碱玻纤毡胎基改性沥青卷材,具有拉伸强度高,尺寸稳定性好、耐腐蚀、耐霉变和耐候性能好等优点。因此,适用于结构稳定的一般屋面和地下防水工程。

(四)应用要点

SBS 改性沥青油毡,可有效取代传统的纸胎沥青油毡,不仅材料性能好,还能将多层的热作业法进行革新。

(1)可采用"冷粘法"或"热熔法",可做单层或双层,一般以满贴施工。应严格按设计要求和施工规范进行。

(2)当施工环境的温度低于 5 ℃时,不宜用"冷粘法";低于 -10 ℃时,不宜用"热熔法"。对于厚度小于 3 mm 的油毡,无论环境气温如何,严禁用"热熔法"。

(3)对进场的油毡,要检验产品出厂证明和外观,并进行抽样复检拉力、延伸率、耐热度、低温柔度和不透水性,必须符合产品标准要求。其品种、型号、规格和性能,必须与设计要求相符。

(4)所用的基层处理剂、结缝胶粘剂和稀释剂等,要与所用油毡能很好地相容,最好采用与该种油毡配套供应的产品。

(5)油毡在运输和存放时,应整卷立放,高度不超过两层,切忌倾斜和横压,存放处应干燥通风并远离热源。

二、APP 改性沥青油毡

APP 是"无规聚丙烯"的英文词头缩写,也是目前对石油沥青改性效果显著的物料,可与 SBS 并列。由于 APP 为工业副产品,且价格相对较低,故发展应用很快。

APP 为无定形蜡状物,熔点、硬度和刚度均较低,与沥青的相容性好,易分散混合。一般加入量为 25% ~30% 的 APP 改性沥青,能显著提高原有的软化点,同时获得良好的低温柔性。

APP 的改性沥青油毡,是以聚酯毡或玻纤毡为胎体,经轻度浸渍氧化沥青后,两面涂覆 APP 改性沥青,然后将上表面撒布隔离材料,下表面覆以 PE 薄膜或细砂制成。该种卷材具有较高的抗拉强度,良好的耐高温、低温和抗老化性能。质优的产品,耐热度为 130 ℃下 2 h 不流淌,使用年限在 20 年以上,但低温柔性比 SBS 改性沥青油毡差。因其耐老化性和耐高温性突出,尤其适用于高温环境或太阳辐射强烈地区的防水工程。

以聚酯毡为胎基的 APP 改性沥青油毡,抗拉强度高,抗穿刺和抗撕裂能力强;无纺玻璃毡胎的成本低,抗拉强度和伸长率均低。

APP 改性沥青油毡的产品标准,应执行 2001 年 5 月 1 日起实施的《塑性体改性沥青防水卷材》(GB 18243—2000)标准。

(一)产品类型及规格

(1)类型。产品按胎基分为聚酯胎(PY)和玻纤胎(G)两类;按上表面隔离材料分为聚乙烯膜(PE)、细砂(S)与矿物粒(片)料(M)三种;按物理力学性能分为Ⅰ型和Ⅱ型。

(2)规格。卷材的幅宽为1 000 mm;厚度:聚酯胎卷材为3 mm和4 mm,玻纤胎卷材为2 mm、3 mm和4 mm;每卷的面积分为15 m^2、10 m^2和7.5 m^2。

(3)标记方法。卷材按下列顺序标记:塑性体改性沥青防水卷材、型号、胎基、上表面材料、厚度和标准号。例如4 mm厚砂面聚酯胎Ⅱ型塑性体改性沥青防水卷材标记为:APP Ⅱ PY S4 GB 18243。

(二)技术要求

1.物理力学性能

物理力学性能应符合表2-3的规定。

表2-3 塑性体改性沥青防水卷材的物理力学性能

序号	物理性能		PY		G	
			Ⅰ型	Ⅱ型	Ⅰ型	Ⅱ型
1	可溶物含量(g/m^2)≥	2 mm	—		1 300	
		3 mm	2 100			
		4 mm	2 900			
2	不透水性	压力(Pa)≥	0.3		0.2	0.3
		保持时间(min)≥	30			
3	耐热度(℃)		110	130	110	130
			无滑动、流淌、滴落			
4	拉力(N/50 mm)≥	纵向	450	800	350	500
		横向			250	300
5	最大拉力时延伸率(%)≥	纵向	25	40	—	
		横向				
6	低温柔度(℃)		-5	-15	-5	-15
			无裂纹			
7	撕裂强度(N)≥	纵向	250	350	250	350
		横向			170	200
8	人工气候加速老化 外观		Ⅰ级			
			无滑动、流淌、滴落			
	人工气候加速老化 拉力保持率(%)≥	纵向	80			
	人工气候加速老化 低温柔度(℃)		3	-10	3	-10
			无裂纹			

注:1.表中1~6项为强制性项目。

2.PY—聚酯毡;G—玻纤毡。

3.本表及注的内容引自《塑性体改性沥青防水卷材》(GB 18243—2000)。

4.当需要耐热度超过130 ℃卷材时,该指标可由供需双方协商确定。

将此表与表 2-1 对比不难看出：APP 改性沥青油热度的指标高于 SBS 改性沥青油毡，而低温柔度则显出不足，其余性能指标则采用相同数值。

2. 卷重、面积及厚度

卷重、面积及厚度应符合表 2-4 的要求。

表 2-4　塑性体改性沥青防水卷材的卷重、面积及厚度要求

规格（公称厚度）（mm）		2		3			4					
上表面材料		PE	S	PE	S	M	PE	S	M	PE	S	M
面积（m^2/卷）	公称面积	15		10			10			7.5		
	偏差	±0.15		±0.10			±0.10			±0.10		
最低卷重（kg/卷）		33.0	37.5	32.0	35.0	40.0	42.0	45.0	50.0	31.5	33.0	37.5
厚度（mm）	平均值≥	2.0		3.0		3.2	4.0		4.2	4.0		4.2
	最小单值	1.7		2.7		2.9	3.7		3.9	3.7		3.9

注：本表引自《塑性体改性沥青防水卷材》（GB 18243—2000）。

将本表与表 2-2 对照可见其要求与前述弹性体改性沥青油毡的规定是相同的。

3. 外观质量的要求

(1) 成卷卷材应卷紧卷齐，端面里进外出不得超过 10 mm。

(2) 成卷卷材在 4～60 ℃任一温度下展开，在距卷芯 1 m 长度外不应有 10 mm 以上的裂纹或黏结。

(3) 胎基应浸透，不应有未被浸渍的条纹。

(4) 卷材表面必须平整，不允许有孔洞、缺边和裂口，矿物粒（片）料粒度应均匀一致并紧密地黏附于卷材表面。

(5) 每卷接头处不应超过一个，较短的一段不应少于 1 m，接头应剪切整齐，并加长 150 mm。

（三）适用范围

APP 改性沥青油毡适用于炎热地区的建筑工程和道路桥梁的防水，其中道路桥梁用 APP 改性沥青防水卷材的耐热度，应达到 150 ℃。

长纤维聚酯毡胎基 APP 改性沥青卷材，适用于防水等级为Ⅰ、Ⅱ级的屋面和地下工程；无碱玻纤毡胎基 APP 改性沥青卷材，适用于结构稳定的一般屋面和地下防水工程。

三、改性沥青油毡的连接及应用要点

（一）改性沥青油毡的连接

(1) 热熔法连接：采用火焰加热器熔化热熔型防水卷材底层的热熔胶进行黏结。

(2) 冷粘法连接：采用胶粘剂或冷玛瑺脂进行卷材与基层、卷材之间的黏结。

（二）应用要点

(1) 采用热法施工时，卷材的厚度必须大于或等于 3 mm。

(2) 3 mm 以下的卷材和自粘型橡胶沥青卷材一般采用冷粘法施工。

(3)表面覆盖 PE 膜的卷材在以冷粘法进行搭接缝处理时,应消除 PE 膜对冷粘剂的隔离作用。

(4)当施工环境的温度低于 5 ℃时,不宜用"冷粘法";低于 -10 ℃时,不宜用"热熔法"。对于厚度小于 3 mm 的油毡,无论环境气温如何,严禁用"热熔法"。

(5)对进场的油毡,要检验产品出厂证明和外观,并进行抽样复检拉力、延伸率、耐热度、低温柔度和不透水性,必须符合产品标准要求。其品种、型号、规格和性能,必须与设计要求相符。

(6)所用的基层处理剂、接缝胶粘剂和稀释剂等,要与所用油毡能很好地相容,最好采用与该种油毡配套供应的产品。

(7)油毡在运输和存放时,应整卷立放,高度不超过两层,切忌倾斜和横压,存放处应干燥通风并远离热源。

第二节　合成高分子防水卷材

合成高分子防水卷材是以合成橡胶、合成树脂或它们两者的混合体为基材,加入适量的化学助剂和填充料等,经过塑炼、混炼压延或挤出成型、硫化、定型、检验、分卷以及包装等工序加工制成的无胎防水材料。

常用的防水卷材按原料可分为两大类,即合成橡胶类防水卷材和合成树脂类防水卷材;根据其应用特点,又可分为纤维增强型和非增强型两种。

合成高分子卷材强度高、延伸率大,有很好的耐高低温性能、弹性、耐久性,且都有自重轻的优点,可采用单层冷粘法施工,改善了施工环境,提高了工程质量,是继石油沥青防水卷材之后发展起来的性能更优的新型高档防水材料,目前成为仅次于沥青类防水卷材的又一主体防水材料,在新型防水材料中,高分子防水卷材与改性沥青防水卷材并驾齐驱,在屋面、地下及水利工程中均有广泛应用,特别是在中、高档建筑物防水方面更显示其优异性。我国现在可生产三元乙丙橡胶、丁基橡胶、氯丁橡胶、再生橡胶、聚氯乙烯、氯化聚氯乙烯和氯磺化聚乙烯等几十个品种。

一、三元乙丙防水卷材

三元乙丙橡胶按英文词头缩写为 EPDM,EPDM 防水卷材属弹性体橡胶系高分子防水卷材,是目前以性能好、档次高而居高分子防水卷材榜首的品种。是以乙烯、丙烯合成乙丙橡胶时,引入第三单体(通常为双环戊二烯)与其共聚,得到的三元共聚物。

近年已有许多新的 EPDM 系列产品。如彩色 EPDM 防水卷材,降低了黑色防水层吸热量,且有美化屋面的效果,收缩得到控制,还有较好的黏结性。

三元乙丙橡胶防水卷材的产品标准,应执行《高分子防水材料第一部分　片材》(GB 18173.1—2000)规定。该标准自 2001 年 3 月 1 日起实施,原《屋顶橡胶防水材料三元乙丙卷材》(HG/T 2402—92)同时作废。

(一)主要特性

1. 质量较轻

一般在 2 kg/m^2 左右。

2. 抗拉强度高,伸长率大

对基层伸缩或开裂变形的适应性强。三元乙丙橡胶防水材料的拉伸强度可达7 MPa以上,断裂伸长率为450%,相当于纸胎石油沥青油毡伸长率的300倍以上。因此,它的抗裂性能极好,能适应防水基层伸缩或开裂变形的需要。

3. 耐老化性能好,使用寿命长

由于三元乙丙橡胶分子结构中的主链上没有双键,而其他类型的橡胶多数在分子结构的主链上都有双键存在,因此当三元乙丙橡胶受到臭氧、紫外线、湿热的作用时主链不易发生断裂,这是它的耐老化性能比主链上含有双键的橡胶或塑料等高分子材料优异得多的根本原因,它的使用寿命可长达50年。

4. 耐高温、低温性能好

三元乙丙橡胶防水卷材的冷脆温度低,耐热性好,可在较低的气温条件下进行施工作业,并能在严寒或酷热的气候环境中长期使用。施工时可采用单层防水作法、冷粘法施工。

(二)产品类别及代号

三元乙丙橡胶防水卷材属橡胶类均质片材,分为硫化和非硫化两类。硫化三元乙丙橡胶的代号为JL1,非硫化的为JF1,标记时分别写作JL1-EPDM和JF1-EPDM。

(三)规格尺寸及允许偏差

(1)厚度有1.0 mm、1.2 mm、1.5 mm、1.8 mm和2.0 mm 5种,允许偏差为-10%~+15%。

(2)宽度有1.0 m、1.1 m和1.2 m 3种,其允许偏差为大于-1%。

(3)长度规定为20 m以上,要求不允许出现负值。

(四)外观质量

一般规定如下:

(1)每卷20 m长度中允许有一处接头,且最小长度应不小于3 m,并加长15 cm备作搭接。

(2)片材表面应平整,边缘整齐,不能有裂纹、机械损伤、折痕、穿孔及异常黏着部分等影响使用的缺陷。

片材在不影响使用的条件下,表面缺陷允许存在,但应符合下列规定:

(1)缺胶。每块不超过6处,每处不大于7 mm,深度不得超过片材厚度的30%;

(2)杂质。每1 m^2 不得超过9 mm^2,长度大于5 mm的不允许存在;

(3)气泡。深度不得超过片材厚度的30%,第1 m^2 不得超过7 mm^2;

(4)折痕。每块不超过2处,总长度不超过200 mm;

(5)胶块。每块不超过6处,每处面积不大于4 mm^2。

(五)产品性能

三元乙丙橡胶防水卷材的物理性能应符合表2-5规定。

(六)适用范围

三元乙丙橡胶防水卷材最适用于屋面工程作单层外露防水,也适用于有保护层的屋面或室内楼地面、厨房、厕浴间及地下室、贮水池、隧道等土木建筑和市政工程的防水。

表 2-5　三元乙丙橡胶防水卷材的物理性能

项目		指标	
		JL1 – EPDM	JF1 – EPDM
断裂拉伸强度(MPa)	常温≥	7.5	4.0
	60 ℃≥	2.3	0.8
扯断伸长率(%)	常温≥	450	450
	–20 ℃≥	200	200
撕裂强度(kN/m)	≥	25	18
不透水性,30 min 无渗漏		0.3 MPa	0.3 MPa
低温弯折,≤　(℃)		–40	–30
加热伸缩量(mm)	延伸＜	2	2
	收缩＜	4	4
热空气老化(80 ℃、168 h)	断裂拉伸强度保持率(%)≥	80	90
	扯断伸长保持率(%)≥	70	70
	100%伸长率,外观	无裂纹	无裂纹
耐碱性(10% $Ca(OH)_2$ 常温、168 h)	断裂拉伸强度保持率(%)≥	80	80
	扯断伸长保持率(%)≥	80	90
臭氧老化(40 ℃、168 h)	伸长率 40%,500 PPhm≥	无裂纹	无裂纹
人工候化※	断裂拉伸强度保持率(%)≥	80	80
	扯断伸长保持率(%)≥	70	70
	100%伸长率,外观	无裂纹	无裂纹
黏合性能※	无处理	自基准线的偏移及剥离长度在 5 mm 以下,且无有害偏移及异状点	
	热处理		
	碱处理		

注:(1)※项表示人工候化和黏合性能为推荐项目。

(2)本表内容引自《高分子防水材料第一部分　片材》(GB 18173.1—2000)。

(七)连接方法

三元乙丙橡胶防水卷材的连接一般采用单层冷粘法满贴作业,也宜用条粘、点粘或空铺法施工。具体方法的选用可根据工程类别、不同部位及环境条件等,经设计确定。

(八)应用要点

(1)采用冷粘法作业,施工环境的气温应在 5 ℃以上。要严格按防水工程施工规范要求进行。

(2)卷材的黏结、接缝、封边、收头等很关键,必须使用配套的氯化丁基橡胶系黏结剂。采用新产品——丁基橡胶自粘型密封带,会使卷材的黏结更加有效和方便。

(3)对进场的卷材要认真验收,抽样复试项目:拉伸强度、伸长率、低温弯折和不透水性,均应符合产品标准和设计要求。

(4)外露的屋面防水层,若为黑色卷材,应涂刷表面着色剂。

二、聚氯乙烯防水卷材

聚氯乙烯防水卷材,是以聚氯乙烯合成树脂为基材,加入塑化剂及各种配剂,经挤出或压延成型制成。该种卷材,在我国正处于改进、提高阶段,会成为紧随 WPDM 防水卷材之后普遍应用的高分子防水卷材品种。

聚氯乙烯树脂,简称 PVC,是由氯乙烯单体聚合而成,是建筑塑料中用量最大的热塑性合成树脂。

PVC 为线型结构的无定型聚合物,因含氯量高,具有自熄性,易焊合成或黏结加工,对酸碱的抗侵蚀力强。加之 PVC 的原料来源普遍,成本低,为制作防水片材提供了有利条件。

新型 PVC 防水卷材,是作为高分子防水卷材重点发展的品种。通过对树脂、增塑剂和配剂的改进,采用纤维或织物的复合增强技术,已开发出较高性能的 PVC 防水卷材。

(一)产品特点

(1)产品原材料来源广泛,生产工艺合理,在同类产品中价格较低。

(2)具有较好的防水性能、耐高低温性能和延伸性能,能适合屋面、地下工程和一般建筑工程。

(3)有较强的耐酸碱腐蚀能力,可用于一般腐蚀性气体或液体侵害的建筑物和构筑物防水。

(4)施工时可与胶泥、油膏配合使用,十分方便,亦可用冷粘胶铺贴,施工速度快,PVC 对基层的适应性好,能适合各种复杂基层。

(二)产品类别及规格

1. 分类

产品按有无复合层分类,无复合层的为 N 类,用纤维单面复合的为 L 类,织物内增强的为 W 类。每类产品按物理化学性能分为Ⅰ型和Ⅱ型。

2. 规格

卷材长度规格为 10 m、15 m、20 m;厚度规格为 1.2 mm、1.5 mm、2.0 mm。其他长度、厚度规格可由供需双方商定,厚度规格不得小于 1.2 mm。

3. 标记法

按产品名称(代号 PVC 卷材)、外露或非外露使用、类、型、厚度、长×宽和标准号,顺序标记。例如长度 20 m、宽度 1.2 m、厚度 1.5 mm、Ⅱ型 L 类外露使用聚氯乙烯防水卷材标记为:PVC 卷材 外露 L Ⅱ 1.5/20×1.2 GB 12952—2003。

(三)技术要求

1. 尺寸偏差

长度、宽度不小于规定值的 99.5%;厚度允许偏差和最小单值应符合表 2-6 的规定。

表 2-6　PVC 防水卷材厚度允许偏差和最小单值　　　　（单位：mm）

厚度	允许偏差	最小单值
1. 2	±0. 10	1. 00
1. 5	±0. 15	1. 30
2. 0	±0. 20	1. 70

注：本表引自《聚氯乙烯防水卷材》（GB 12952—2003）。

2. 外观质量

（1）卷材表面平整，边缘整齐，无孔眼、裂纹、折皱、气泡和疤痕。

（2）卷材的接头不得多于一处，其中较短的一段长度不少于 1. 5 m，接头应剪切整齐，并加长 150 mm。

（3）每 1 m^2 卷材，直径为 3 ~ 5 mm 的疙瘩不超过 3 个。

（4）卷材表面撒布料应均匀，卷材铺开后不允许有黏结现象。

3. 物理化学性能

各种类型 PVC 防水卷材的物理化学性能应符合表 2-7 的规定。

表 2-7　PVC 防水卷材物理化学性能

项目		N 类		L 类和 W 类	
		Ⅰ型	Ⅱ型	Ⅰ型	Ⅱ型
拉伸强度（MPa）≥		8. 0	12. 0	—	—
拉力（N/cm）≥		—	—	100	100
扯断伸长率（%）≥		200	250	150	200
热处理尺寸变化率（%）≤		3. 0	2. 0	1. 5	1. 0
低温弯折性		-20 ℃无裂纹	-25 ℃无裂纹	-20 ℃无裂纹	-25 ℃无裂纹
抗穿孔性		不透水			
不透水性		不透水			
剪切状态下的黏合性（N/mm）≥		3. 0 或卷材破坏		L 类：3. 0 或卷材破坏 W 类：6. 0 或卷材破坏	
热老化处理	外观	无起泡、裂纹、黏结和孔洞			
	拉伸性能变化率※（%）	±25	±20	±25	±20
	断裂伸长变化率（%）				
	低温弯折性	-15 ℃无裂纹	-20 ℃无裂纹	-15 ℃无裂纹	-20 ℃无裂纹
耐化学侵蚀	拉伸性能变化率※（%）	±25	±20	±25	±20
	断裂伸长变化率（%）				
	低温弯折性	-15 ℃无裂纹	-20 ℃无裂纹	-15 ℃无裂纹	-20 ℃无裂纹
人工气候加速老化	拉伸性能变化率※（%）	±25	±20	±25	±20
	断裂伸长变化率（%）				
	低温弯折性	-15 ℃无裂纹	-20 ℃无裂纹	-15 ℃无裂纹	-20 ℃无裂纹

注：（1）※项表示 N 类卷材为拉伸强度变化率，L 类和 W 类卷材为拉力变化率。

（2）非外露使用可以不考核人工气候加速老化性能。

（3）本表内容的内容引自《聚氯乙烯防水卷材》（GB 12952—2003）。

（四）适用范围

PVC 防水卷材适用于要求较高的工业与民用建筑的屋面、地下防水工程和地下防潮，也适用于种植屋面作防水层。其性能不如三元乙烯防水卷材，但造价低且能发挥自己的使用特长。

（五）PVC 防水卷材的连接

可采用热风焊接法、冷黏结法和机械固定法施工，或因地制宜地以几种方法相结合，根据工程要求、施工季节，经设计指定。

（六）应用要求

（1）当施工环境的气温不低于 -10 ℃时，可采用热风焊接法。即以专门的热空气焊枪，使卷材搭接黏合。

（2）热风焊接作业时，要严格控制热风的加热温度和施焊的时间，保证焊缝连续严密、牢固可靠，不损伤非焊接部位的卷材。

（3）在施工环境的气温不低于 5 ℃时，可采用冷黏结施工。

（4）冷黏结时，须采用乙烯共聚系或合成胶系胶粘剂，最好用与卷材配套的产品。

第三节　新型防水涂料

防水涂料是以液体高分子合成材料为主体，在常温下呈无定型状态，经涂布的方法涂刮在结构物表面，形成具有一定弹性的防水膜的物料总称。与防水卷材相比，其突出优点有：防水层无接缝，防水性能好；适用于各种形状复杂的防水基面，操作方便；与基层黏结强度高；有良好的温度适应性；施工速度快、易于维修等。采用防水涂料进行涂膜防水，是一种重要而独特的防水工法，可与卷材防水紧密配合，实现优势互补。

按成膜的成分，防水涂料可分为合成高分子涂料和改性沥青类涂料；按溶剂类型分为水乳型涂料、溶剂型涂料和聚合物水泥基复合涂料。

防水涂料可广泛地应用到地下防水工程、墙面防水、屋面防水的保护层、卷材防水的辅助材料，以及防水工程的维修材料。尤其适用于构造复杂、穿墙管道多、防水要求高、面积狭小的工程。

随着工程建设水平的不断提高，我国的防水涂料正在加快改变以传统的沥青基制品为主的局面，向高分子聚合物基和新型的改性沥青基的制品拓展。

一、聚氨酯防水涂料——高分子聚合物基涂料

聚氨酯（PU）防水涂料，是目前使用最成功的高分子防水涂料。该种涂料属反应固化型，经涂布固化后，形成一定厚度的弹性膜层，防水效果十分显著。

聚氨酯涂料与混凝土、马赛克、大理石、木材、铝合金黏结良好。在建设部近期发布的推广应用技术公告中，被列其中的有单组分（Ⅰ型、Ⅱ型）和双组分（Ⅱ型）的聚氨酯防水涂料。其中，单组分涂料的物理性能和施工性能均不及双组分涂料，故我国自 20 世纪 80 年代聚氨酯防水涂料研制成功以来，主要应用双组分聚氨酯防水涂料。双组分聚氨酯防水涂料产品，由甲、乙组分组成，甲组分是聚氨酯预聚体，乙组分是固化剂等多种改性剂组成的液体；两者按一定比例混合均匀，经过固化反应，形成富有弹性的整体防水膜。

聚氨酯防水涂料又分为有焦油型和无焦油型。有焦油型即是以焦油等填充剂、改性剂组成固化剂。有焦油型尽管目前产量较高、价格低、防水效果不错，但从环保角度要求应采用纯聚氨酯防水涂料为好。按建设部公告要求，自 2001 年 7 月 4 日起，焦油型聚氨酯防水涂料禁止用于房屋建筑的防水工程。无焦油型聚氨酯涂料色浅，可制成铁红、草绿、银灰等彩色涂料，且涂膜反应速度易于控制，属高档防水涂料。主要用于中高级建筑的屋面、外墙、地下室、卫生间、贮水池及屋顶花园等防水工程。

单组分聚氨酯防水涂料已研制成功，无须现场配料，对基底含水率适应性好，通过空气中湿气反应固化交联成膜。

聚氨酯防水涂料应用时通过化学反应直接由液态变为固态，固化时几乎不产生体积收缩，易成厚膜，操作简便，而且强度高，弹性好，延伸率大（可达 350% ~500%），具有优异的耐候性、耐油性、耐碱性、耐臭氧性以及耐海水侵蚀性。施工厚度在 1.5 ~2.0 mm（分 3 ~4 层涂刷），使用寿命为 10 ~15 年。

关于聚氨酯防水涂料，国家出台了新的技术标准，编号为 GB/T 19250—2003，于 2004 年 3 月 1 日实施。原《聚氨酯防水涂料》（JC/T 500—92）标准同时废止。

（一）产品的分类、标记及要求

1. 分类

产品按组分分为单组分（S）、多组分（M）两种；按拉伸性能分为Ⅰ型、Ⅱ型两类。

2. 标记法

聚氨酯防水涂料按产品名称、组分、类和标准顺序标记。例如Ⅱ类单组分聚氨酯防水涂料标记为：PU 防水涂料 SⅡ GB/T 19250—2003。

3. 一般要求

GB/T 19250—2003 所包括的产品，不应对人体、生物与环境造成有害的影响，所涉及与使用有关的安全与环保要求，应符合我国相关国家标准和规范的规定。

（二）技术要求

1. 外观

产品为均匀黏稠体，无凝胶、结块。

2. 物理力学性能

不同组分两类产品的物理力学性能应符合表 2-8 的规定。

（三）应用要点

（1）基底应保持干燥和整洁，施工温度宜在 0 ℃以上进行，在雨、雪天不能施工。

（2）配料与涂料施工现场，应有足够的通风，操作者应配带口罩、手套防护品。

（3）双组分的涂料或底胶，应严格按规定的配比计量，搅拌均匀，应按一次涂布的用量确定配料的多少。

（4）先涂布底胶，然后须多遍分层涂施达到设计要求的厚度，各层的间隔时间，不可过短或过长，以涂层基本固化为度。

（5）当涂料的黏度过大或过小，固化时间过短或过长时，可加入不同的外加剂予以调整，但不可过量。常用稀释剂为二甲苯，促凝剂为二月硅酸二丁基锡，缓凝剂为磷酸或苯磺酰氨。

表 2-8　聚氨酯防水涂料物理力学性能

项目		单组分产品		多组分产品	
		Ⅰ型	Ⅱ型	Ⅰ型	Ⅱ型
拉伸强度(MPa)≥		1.9	2.45	1.9	2.45
撕裂强度(N/mm)≥		12	14	12	14
断裂伸长率(%)≥		550	450	450	450
低温弯折度(℃)≤		−40		−35	
不透水性(0.3 MPa、30 min)		不透水			
固体含量(%)≥		80		92	
表干时间(h)≤		12		8	
实干时间(h)≤		24			
加热伸缩率(%)	≥	1.0			
	≥	−4.0			
潮湿基面黏结强度※(MPa)≥		0.50			
定伸时老化	加热老化	无裂纹及变形			
	人工气候老化	无裂纹及变形			
热处理	拉伸强度保持率(%)	80~150			
	断裂伸长率(%)≥	500	400	400	
	低温弯折度(℃)≤	−35		−30	
碱处理	拉伸强度保持率(%)	60~150			
	断裂伸长率(%)≥	500	400	400	
	低温弯折度(℃)≤	−35		−30	
酸处理	拉伸强度保持率(%)	80~150			
	断裂伸长率(%)≥	500	400	400	
	低温弯折度(℃)≤	−35		−30	
人工气候老化※※	拉伸强度保持率(%)	80~150			
	断裂伸长率(%)≥	500	400	400	
	低温弯折度(℃)≤	−35		−30	

注:(1)※项仅用于地下潮湿基面时的要求。

(2)※※项仅用于外露使用的产品。

(3)本表内容引自《聚氨酯防水涂料》(GB/T 19250—2003)。

(6)涂层在固化中和固化后,都应认真保护,严防被坚硬物品损坏或踩伤。一旦发生破坏,要及时修补。

(7)涂料的存贮处应干燥通风,切忌长时间暴晒,严禁与水接触,并做好防火。

二、高聚物改性沥青防水涂料

高聚物改性沥青防水涂料是以沥青为基料，用合成高分子聚合物进行改性，制成的水乳型或溶剂型防水涂料。品种主要有水乳型氯丁橡胶沥青防水涂料、再生橡胶改性沥青防水涂料和 SBS 改性橡胶沥青防水涂料三种。

这类涂料由于用橡胶进行改性，所以在柔性、抗裂性、拉伸强度、耐高低温性能、使用寿命等方面比沥青基涂料都有很大改善，具有成膜快、强度高、耐候性和抗裂性好、难燃、无毒等优点。

（一）氯丁橡胶沥青防水涂料

其产品分为溶剂型和水乳型。两者技术性能指标相同，溶剂型氯丁橡胶沥青涂料，由于甲苯等有机溶剂易燃、有毒、价格贵，运输、施工不很方便，所以目前产量越来越小，而水乳型氯丁橡胶则成为主要品种之一。

水乳型氯丁橡胶沥青防水涂料以阳离子氯丁胶乳与阳离子型石油沥青乳液混合而成，是氯丁橡胶及石油沥青的微粒，借助于阳离子型表面活性剂的作用，稳定分散在水中而形成的一种乳状液。这种乳液型涂料，因为可喷涂性好、无污染、基层无需十分干燥即可施涂，给施工提供了方便，缺点是不能在负温环境下使用或存放。

1. 技术要求

其各项性能指标如表 2-9 所示。

表 2-9　聚合物乳液建筑防水涂料物理力学性能

项目		指标	
		Ⅰ型	Ⅱ型
拉伸强度（MPa）≥		1.0	1.5
断裂伸长率（%）≥		300	300
低温柔性，绕 Φ 10 mm 棒		−10 ℃，无裂纹	−20 ℃，无裂纹
不透水性（0.3 MPa、30 min）		不透水	
固体含量（%）		65	
干燥时间（h）	表干时间（h）≤	4	
	实干时间（h）≤	8	
老化处理后的拉伸强度保持率（%）	加热处理≥	80	
	紫外线处理≥	80	
	碱处理≥	60	
	酸处理≥	40	
老化处理后的断裂延伸率（%）	加热处理≥	200	
	紫外线处理≥	200	
	碱处理≥	200	
	酸处理 ≥	200	
加热伸缩率（%）	伸长≤	1.0	
	缩短≤	1.0	

注：本表引自《聚合物乳液建筑防水涂料》（JC/T 864—2000）。

2. 适用范围

(1)用于工业及民用建筑屋面防水。

(2)用于地下工程防潮抗渗、沼气池防漏气。

(3)用于厕浴间、厨房、室内地面防水。

(二)SBS 改性沥青防水涂料

SBS 改性沥青防水涂料是以沥青、橡胶、合成树脂、SBS 及表面活性剂等高分子材料组成的一种水乳型弹性沥青防水涂料。

1. 特点

SBS 改性沥青防水涂料低温柔韧性好,抗裂性强,黏结性能优良,可与玻纤布复合,能用于任何复杂的基层,有较好的防水性能,可冷作施工,是目前较理想的一种中档防水涂料。

2. 外观

SBS 改性沥青防水涂料为黑色黏稠液体。

3. 适用范围

SBS 改性沥青防水涂料适用于工业和民用建筑屋面、地面、卫生间、地下室等部位的防水工程,特别适用于寒冷地区施工。

三、高聚物改性沥青涂料应用要点

高聚物改性沥青基防水涂料,因所用原料、配方和工艺等不同,会在个别单项性能上存在差异,但就其总体而言,基本类同。可单独用于一道防水、防渗,或与铺设的胎体几层涂布,构成增强的防水层,亦可与沥青基、改性沥青基防水卷材复合使用,构成复合防水层。

(1)防水涂料包装容器必须密封,容器表面应有明显的标志,标明涂料名称、生产厂名、生产时期和产品有效期。对进场的防水涂料及配套材料,要认真验收,严防伪劣和假冒产品混入。

(2)对产品的检验主要有外观、质量合格证书,同时应抽样复检。复检应符合下列规定:

①同一规格、同一品种的防水涂料,每 10 t 为一批,不足 10 t 者按一批进行抽检。

②防水涂料的抽检项目有固体含量、耐热度、柔性、透水性和延伸率。

③涂层厚度及施工质量是保证涂膜防水效果的重要因素。为达到设计要求厚度必须进行多遍涂刷,不可一次完成。

④每遍涂刷应均匀,不得有露底、漏涂和堆积等现象,下一层的涂刷必须是在前遍涂层成膜之后,同时把握好时间,也不能因延时过长而出现分层质量问题。

⑤乳液型涂料的贮藏和运输应注意防冻和稳定性,其贮运温度不得低于 0 ℃;溶剂型涂料应注意防火和挥发变质,不得出现日晒、碰撞和渗漏情况。

⑥对于水乳型涂料推荐采用喷涂机作业。该机可将电解质和涂料同时喷出,完成分别雾化及空间迅速混合的工艺过程,达到快速成膜和喷涂施工连续化作业的效果。

第四节　建筑密封胶

建筑密封材料的主要功能是防水、防尘、隔气、保温和隔音。建筑密封技术就是用各种密封材料来填充建筑物的接缝、裂缝、门窗框、玻璃周边以及管道根部分,使之达到水密、气密及黏结的目的。

建筑密封材料通常分为定型密封材料和不定型密封材料两大类。定型密封材料是指具有特定形状的密封衬垫材料(如密封条、密封带、密封垫等)。不定型密封材料是指一种黏稠状的材料(俗称密封膏或嵌缝膏),将其嵌填于缝内,具有良好的黏结性、弹性、耐老化性和温度适应性,能长期经受其黏附构件的伸缩与振动。

不定型建筑密封材料已有很长的历史,但大量采用高分子合成材料制成的密封材料则是20世纪60年代以后。随着我国建筑业的发展,一方面,建筑业对防水、隔音、保温、节能的要求提高了,原有的一般油性、沥青基型建筑密封膏已不能满足我国建筑业的需要;另一方面,高档建筑密封膏的大量进口又促进了我国建筑密封膏的发展,在加快发展的高性能产品中,聚合物基高弹性密封膏一直处于领先地位,其中尤以硅酮密封膏和聚氨酯密封膏为最,已被建设部列入推广应用技术公告之内。同时,对质量低劣、污染严重的焦油型聚氯乙烯接缝材料已公告禁用。

对于建筑密封材料来说,其性能应满足以下几方面要求:①良好的挤注、嵌填施工性能,贮存稳定,无毒或低毒性。②非渗透性或低渗透性。③在常温与高温使用时,不产生自重下垂与流淌;在低温下使用不脆裂。④有随动性,能承受相应的接缝位移。⑤黏结力强,并能长期保持不剥离;自身不发生内聚破坏。⑥耐疲劳性能好,反复变形能充分恢复原有性能和状态。⑦优良的耐候性。

新型密封胶很好地满足了以上要求。

一、硅酮密封胶

硅酮密封胶具有黏结力很强、温度敏感性低和使用年限长等显著优点,因此在工程应用中越来越受到青睐。

(一)硅酮密封胶的分类

硅酮密封胶是以室温硫化硅橡胶为基材配制而成的一大类膏状密封材料。该类产品的主要成分为聚硅氧烷,属室温固化型。

1. 按固化条件不同分类

(1)单组分硅酮密封胶,是将聚硅氧烷主剂和其他配剂混匀,且经初阶反应,在隔绝空气的条件下,密封包装。按所用固化剂不同,单组分硅酮密封胶有醋酸型、醇型和酰胺型等。

(2)双组分硅酮密封胶,是将聚硅氧烷主剂、固化剂(硫化剂)分装在两个密闭容器内,使用时须先将分装物按比例挤出,混合后再进行嵌填。

2. 按用途不同分类

(1)硅酮建筑密封胶。

(2)建筑硅酮结构密封胶。

(二)硅酮建筑密封胶

最新发布的GB/T 14683—2003标准,正式被命名为《硅酮建筑密封胶》,是指以聚硅氧烷为主要成分,室温固化的单组分密封胶。分为镶装玻璃用和建筑接缝用两类,但不适用于建筑幕墙和中空玻璃产品。该产品标准自2004年1月1日实施,同时原有《硅酮建筑密封膏》(GB/T 14683—93)相应废止。

(1)产品分类。硅酮建筑密封胶按固化机理分为A型、B型两种类型,A型为脱酸(酸型)、B 型为脱醇(中性);按用途分为 G 类和 F 类两个类别,G 类为镶装玻璃用,F 类为建筑接缝用。

(2)产品级别。硅酮建筑密封胶按位移能力分为 25 级、20 级两个级别,即它们的位移能力分别为 25%、20%;又按拉伸模量分为高模量(HM)和低模量(LM)两个次级别。

(3)外观要求。产品应为细腻、均匀膏状物,不应有气泡、结皮和凝胶;产品的颜色与供需双方商定时的样品相比,不得有明显差异。

(4)物理化学性能。硅酮建筑密封胶的物理化学性能应符合表 2-10 规定。

表 2-10　硅酮建筑密封胶的物理化学性能

<table>
<tr><th colspan="2" rowspan="2">项目</th><th colspan="4">技术指标</th></tr>
<tr><th>25HM</th><th>20HM</th><th>25LM</th><th>20LM</th></tr>
<tr><td colspan="2">密度(g/cm³)</td><td colspan="4">规定值 ±0.1</td></tr>
<tr><td rowspan="2">下垂度(mm)</td><td>垂直放置</td><td colspan="4">≤3※</td></tr>
<tr><td>水平放置</td><td colspan="4">无变形</td></tr>
<tr><td colspan="2">表干时间(h)</td><td colspan="4">≤3</td></tr>
<tr><td colspan="2">挤出模量(mL/min)</td><td colspan="4">≥80</td></tr>
<tr><td colspan="2">弹性恢复率(%)</td><td colspan="4">≥80</td></tr>
<tr><td rowspan="2">拉伸模量(MPa)</td><td>23 ℃</td><td colspan="2" rowspan="2">>0.4 或 >0.6</td><td colspan="2" rowspan="2">≤0.4 和≤0.6</td></tr>
<tr><td>-20 ℃</td></tr>
<tr><td colspan="2">定伸黏结性</td><td colspan="4">无破坏</td></tr>
<tr><td colspan="2">紫外线辐照后黏结性※※</td><td colspan="4">无破坏</td></tr>
<tr><td colspan="2">冷拉—热压后黏结性</td><td colspan="4">无破坏</td></tr>
<tr><td colspan="2">浸水后定伸黏结性</td><td colspan="4">无破坏</td></tr>
<tr><td colspan="2">质量损失率(%)</td><td colspan="4">≤10</td></tr>
</table>

注:(1)※项允许采用供需双方商定的其他指标值。

(2)※※项仅适用于 G 类产品。

(3)本表及注引自 GB/T 14683—2003。

(5)产品标记方法。产品按名称、类型、类别、级别、次级别、标准号的顺序标记。例如镶装玻璃用 25 级高模量酸性硅酮建筑密封胶标记为:硅酮建筑密封胶 A　G　25　HM　GB/T 14683—2003。

(三)建筑用硅酮结构密封胶

建筑用硅酮结构密封胶属于结构胶,因其具有较强的黏结性、较高的承受接缝位移能力和耐久性,适用于建筑玻璃幕墙及其他结构的黏结和密封。

1. 类别

建筑用硅酮结构密封胶分为单组分型和双组分型,按适用基材分为金属(M)、水泥砂浆或混凝土(C)、玻璃(G)及其他(Q)四类。

2. 物理力学性能

建筑用硅酮结构密封胶的物理力学性能如表 2-11 所示。

表 2-11　建筑用硅酮结构密封胶的物理力学性能

项目			技术指标
下垂度	垂直放置(mm) <		3
	水平放置		不变形
挤出性(s) <			10
适用期※(min) ≥			20
表干时间(h) <			3
邵氏硬度			30~60
拉伸黏结性	拉伸黏结强度(MPa) >	标准条件	0.45
		90 ℃	0.45
		浸水后	0.45
		水—紫外线光照后	0.45
	黏结破坏面积(%) <		5
热老化	热失重(%) <		10
	龟裂		无
	粉化		无

注:(1)※适用期一项仅适用于双组分产品。

(2)本表引自《建筑用硅酮结构密封胶》(GB/T 16776—1997)。

(四)应用要点

因该系列产品的品牌很多,适用范围不等,必须根据接缝的种类、基材的材质、使用环境等不同,选对适宜的型号和品牌。特别是要分清结构用和非结构用,二者绝不能混淆。

(1)结构用密封胶的嵌缝尺度,往往要经过设计验算;密封胶对不同基材的适应性,应通过相容性试验确定。

(2)嵌缝密封材料的基层应牢固、干净、干燥,表面应平整、密实。

(3)可用甲苯或丙酮等溶剂,将被黏结处的表面清理干净。

(4)接缝附近忌玷污的部位,须事先贴上胶带保护,但胶带不可压上嵌缝的界面。

(5)密封胶黏结处不得有气泡、开裂和脱落等情况,嵌填部位必须饱满、密实、连续。

(6)嵌填密封材料表面处应平滑顺直,不得有凹凸不平现象。

二、聚氨酯弹性密封胶

聚氨酯(PU)弹性密封胶,是以异氰酸基(—NCO)为基料和含有活性氢化合物的固化剂组成的一种常温固化型弹性密封材料。它是20世纪80年代国际上发展迅速的三大密封胶品种之一,由于其性能优良,价格适中而广泛应用于中等或偏高要求的工程中。

聚氨酯密封胶有双组分和单组分两种。双组分产品是我国自行研制的品种,已大量生产应用。引用国外技术和设备生产的单组分聚氨酯密封胶,在建筑上亦开始使用。

最新发布的行业标准《聚氨酯建筑密封胶》(JC/T 482—2003),自2003年12月1日起实施,原《聚氨酯建筑密封膏》(JC/T 482—92)相应废止。

(一)产品的特点

具有模量低、延伸率大、弹性高、黏结性好、耐低温、耐水、耐油、耐酸碱、抗疲劳及使用年限长等优点。

(二)产品类别

(1)品种。按产品包装形式分为单组分(Ⅰ)和双组分(Ⅱ)两个品种。

(2)类型。按流动性分为非下垂型(N)和自流平型(L)两种类型。

(3)级别。按位移能力分为25级(即位移能力为25%)和20级(即位移能力为20%)两个级别;又按拉伸模量分为高模量(HM)和低模量(LM)两个次级别。

(三)技术要求

(1)外观。产品应为细腻、均匀膏状物或黏稠液,不应有气泡。产品的颜色与供需双方商定的样品相比,不得有明显差异。

(2)物理力学性能见表2-12。

表2-12 聚氨酯建筑密封胶的物理力学性能

项目		技术指标		
		20HM	25LM	20LM
密度(g/cm^3)		规定值±0.1		
流动性	下垂度(N型)(mm)	≤3		
	流平型(L型)	光滑平整		
表干时间(h)		≤24		
挤出性※(mL/min)		≥80		
适用期(h)※※		≥1		
弹性恢复率(%)		≥70		
拉伸模量(MPa)	23 ℃ -20 ℃	>0.4或>0.6	≤0.4和≤0.6	
定伸黏结性		无破坏		
冷拉—热压后黏结性		无破坏		
浸水后定伸黏结性		无破坏		
质量损失率(%)		≤7		

注:(1)※项仅适用于单组分产品。

(2)※※项仅适用于多组分产品,允许采用供需双方商定的其他指标值。

(3)本表内容引自JC/T 482—2003。

(四)产品标记

产品按名称、品种、类型、级别、次级别、标准号的顺序号标记。例如,20级高模量单组分非下垂型聚氨酯建筑密封胶的标记为:聚氨酯建筑密封胶 I N 20 HM JC/T 482—2003。

(五)适用范围

广泛用于各种装配式建筑的屋面板、楼地板、阳台、窗框、卫生间等部位的接缝、施工缝的密封和给排水管道、贮水池、引水渠及土木工程等的接缝密封以及混凝土裂缝的修补。

(六)应用要点

(1)所用密封胶要认真验收其出厂证明、生产日期和外观质量,及抽样复检(项目为拉伸黏结性、低温柔度)。

(2)使用时,应按厂家规定的配合比混合两组分及填料,在清洁的容器中充分搅拌均匀。常温下一次拌和量不宜超过 10 kg。

(3)避免在高温环境及潮湿基层上施工。嵌填用的接缝应做好清理,去掉灰尘或浮土,如有油污的基面,用丙酮清擦,使接缝保持干净。

(4)需要做基面处理的缝,可将已混拌均匀的密封材料,加入丙酮稀释,先行涂刷一道。

(5)填嵌要密实,接头处应留斜茬,垂直缝和水平缝的做法不同,应区别开来。

(6)产品应在阴凉干燥处贮存,一般贮存期为 6 个月。桶盖一经打开,应尽快用完,以免吸潮凝胶。

第五节 新型防水材料应用的工程设计

建筑物防水工程质量的优劣与防水设计有着非常密切的关系,设计上的不合理不但会给防水施工带来困难,而且会给防水工程的质量留下隐患,以致造成建筑物的渗漏,影响建筑物的使用功能。

建筑物的防水问题,是工程设计中一个难度较大的部分,尤其是平层面的设计处理。随着建筑业的发展,大跨度、轻屋顶、预制化、高层建筑、装潢的高档化,以及建筑师为了追求建筑造型的奇特、美观等,都给防水处理带来了新的难度,同时也更加突出了防水设计的重要性。

近年来,多品种防水新型材料的出现,给设计人员提供了众多的选择余地。但任何一种防水材料都有一定的适应范围,都有其优缺点。防水设计的责任就是要充分考虑这些优点,克服不足之处。

一、新型卷材的防水屋面设计

(一)一般规定

(1)屋面工程的防水等级分为四等,主要根据建筑物的性质、重要程度、使用功能要求以及防水层耐用年限来确定。具体内容见表 2-13。

(2)屋面结构层为装配式钢筋混凝土板时,应采用细石混凝土灌缝,其强度等级不应小于 C20。灌缝的细石混凝土宜掺微膨胀剂。当层面板板缝宽度大于 40 cm 或上窄下宽时,板缝内应设置构造钢筋。

(3)找平层表面应压实平整,排水坡度应符合设计要求。采用水泥砂浆找平层时,水泥砂浆抹平收水后应二次压光,充分养护,不得有酥松、起砂、起皮现象。

(4)基层与突出层面的结构(女儿墙、立墙、天窗壁、变形缝、烟囱等)的连接处,以及基层的转角处(水落口、檐口、天沟、檐沟、屋脊等)均应做成圆弧。选用高聚物改性沥青防水卷材的圆弧半径应为 50 mm;选用合成高分子防水卷材的圆弧半径应为 20 mm。内部排水的水落口周围应做成略低的洼坑。

表 2-13　屋面防水等级和设防要求

项目	屋面防水等级			
	Ⅰ	Ⅱ	Ⅲ	Ⅳ
建筑物类别	特别重要的民用建筑和对防水有特殊要求的工业建筑	重要的工业与民用建筑、高层建筑	一般的工业与民用建筑	非永久性的建筑
防水层耐用年限	25 年	15 年	10 年	5 年
防水层选用材料	宜选用合成高分子防水卷材、高聚物改性沥青防水卷材、合成高分子防水涂料、细石防水混凝土等材料	宜选用高聚物改性沥青防水卷材、合成高分子防水涂料、高聚物改性沥青涂料、细石防水混凝土等	应选用三毡四油沥青防水卷材、高聚物改性沥青防水卷材、合成高分子防水卷材、合成高分子防水涂料、刚性防水层、平瓦、油毡瓦等材料	可选用两毡三油沥青防水卷材、高聚物改性沥青防水涂料、沥青基防水涂料、波形瓦等材料
设防要求	三道或三道以上防水设防,其中应有一道合成高分子防水卷材,且只能有一道厚度不小于 2 mm 的合成高分子防水涂膜	两道防水设防,其中应有一道防水卷材。也可采用压型钢板进行一道设防	一道防水设防,或两种防水材料复合使用	一道防水设防

注:本表取自《屋面防水工程技术规范》(CB 50207—94)。

(5)铺设屋面隔汽层和防水层前,基层必须干净、干燥。

(6)采用基层处理剂时,其配制与施工应符合下列规定:①基层处理剂的选择应与卷材的材性相容。②基层处理剂可采取喷涂法或涂刷法施工。喷、涂应均匀一致。当喷、涂两遍时,第二遍喷、涂应在第一遍干燥后进行。待最后一遍喷、涂干燥后方可铺贴卷材。③喷、涂基层处理剂前,应用毛刷对屋面节点、周边、拐角等处先行涂刷。

(7)卷材铺设方向应符合下列规定:①屋面坡度小于 3% 时,卷材宜平行于屋脊铺贴。②屋面坡度在 3% ~15% 时,卷材可平行或垂直屋脊铺贴。③屋面坡度大于 15% 或屋面受震动时,高聚物改性沥青防水卷材和合成高分子防水卷材可平行或垂直于屋脊铺贴。④上下层卷材不得相互垂直铺贴。

(8)屋面防水层施工时,应先做好节点、附加层和屋面排水比较集中部位的处理,然后由屋面最低标高处向上施工。铺贴天沟、檐沟卷材时,宜顺天沟、檐沟方向,减少搭接。

(9)卷材搭接的方法、宽度和要求，应根据屋面坡度、年最大频率风向和卷材的材性决定。①铺贴卷材应采用搭接法，上下层及相邻两幅卷材的搭接缝应错开。平行于屋脊的搭接缝应顺流水方向搭接；垂直于屋脊的搭接缝应顺年最大频率风向搭接。②叠层铺设的各层卷材，在天沟与屋面的连接处，应采用叉接法搭接，搭接缝应错开；接缝宜留在屋面或天沟侧面，不宜留在沟底。③卷材的搭接宽度应符合表 2-14 的要求。

表 2-14　卷材搭接宽度

<table>
<tr><td colspan="2">搭接方向</td><td colspan="2">短边搭接宽度(mm)</td><td colspan="2">长边搭接宽度(mm)</td></tr>
<tr><td colspan="2" rowspan="2">卷材种类</td><td colspan="4">铺贴方法</td></tr>
<tr><td>满粘法</td><td>空铺法、点粘法、条粘法</td><td>满粘法</td><td>空铺法、点粘法、条粘法</td></tr>
<tr><td colspan="2">高聚物改性沥青防水卷材</td><td>80</td><td>100</td><td>80</td><td>100</td></tr>
<tr><td rowspan="2">合成高分子防水卷材</td><td>黏结法</td><td>80</td><td>100</td><td>80</td><td>100</td></tr>
<tr><td>焊接法</td><td colspan="4">50</td></tr>
</table>

(二)设计要点

(1)屋面防水等级为Ⅰ级或Ⅱ级的多道防水设防时，可采用多道卷材，也可采用卷材、涂膜、刚性防水复合使用。对于防水卷材的选择应符合下列规定：①防水卷材的耐热度和柔性的选择应根据当地历年最高气温、最低气温、屋面坡度和使用条件等因素进行确定。②防水卷材的拉伸性能的选择应根据地基变形程度、结构型式、当地年温差、日温差和震动等因素进行确定。③防水卷材的耐紫外线、热老化保持率或耐霉烂性能的选择应根据屋面防水卷材的暴露程度进行确定。④屋面防水等级为Ⅰ级时，合成高分子防水卷材厚度不应小于 1.5 mm；高聚物改性沥青防水卷材厚度不宜小于 3 mm。屋面防水等级为Ⅱ级时，合成高分子防水卷材厚度不应小于 1.2 mm；复合使用时不应小于 1 mm；高聚物改性沥青防水卷材厚度不小于 4 mm，复合使用时不应小于 2 mm。

(2)在纬度 40°以北地区且室内空气湿度大于 75%，或其他地区室内空气湿度常年大于 80%时，保温屋面应设置隔汽层。对于隔汽层应符合下列规定：①隔汽层应采用气密性好的单层卷材或防水涂料。②采用卷材时，可用空铺法施工，卷材搭接宽度不得小于 70 mm；采用沥青基防水涂料时，其耐热度应比室内或室外的最高温度高出 20～25 ℃。③在屋面与墙面连接处，隔汽层应沿墙面向上连续铺设，高出保温层上表面不得小于 150 mm。

(3)铺贴卷材的找平层可采用水泥砂浆、细石混凝土或沥青砂浆；水泥砂浆找平层宜掺微膨胀剂，其要求应符合下列规定：①找平层的厚度和技术要求应符合表 2-15 的规定。②找平层宜留设分格缝，缝宽宜为 20 mm，并嵌填密封材料。

(4)排水坡度应满足下列规定：①卷材屋面最大坡度不宜超过 25%，特殊情况应采取卷材防滑措施。②平屋面宜由结构找坡，坡度宜为 3%；当用材料找坡时，可用轻质材料或保温层找坡，坡度宜为 2%。③天沟、檐沟纵向坡度不应小于 1%；沟底水落差不得超过 200 mm。

(5)卷材防水节点设计应符合下列规定：①节点的设防应采用柔性密封、防排结合、材料防水与构造防水相结合的原则。②节点的设防应采用卷材、防水涂料、密封材料和刚性材料等互补并用的多道设防原则。③节点设防必须满足基层变形的需要。

(6)卷材屋面应有保护层；易积灰屋面宜采用刚性保护层。当卷材本身无保护层时，另做保护层应符合下列规定：①应采用与卷材材性相容、黏结力强和耐风化的浅色涂料涂刷，或粘贴铝箔等材料做保护层。②可采用20 mm厚水泥砂浆、30 mm厚细石混凝土或块材等刚性材料做保护层。③架空隔热屋面或倒置式屋面的卷材防水层上可不做保护层。

表2-15　找平层厚度及技术要求

类别	基层种类	厚度(mm)	技术要求
水泥砂浆找平层	整体混凝土	15～20	体积比(水泥:砂)1:2.5～1:3，水泥标号不低于325号
	整体或板状材料保温层	20～25	
	装配式混凝土板、松散材料保温层	20～30	
细石混凝土找平层	松散材料保温层	30～35	混凝土强度等级为C15
沥青砂浆找平层	整体混凝土	15～20	质量比为1:8(沥青:砂)
	装配式混凝土板、整体或板状材料保温层	20～25	

二、涂膜防水屋面设计

(一)一般规定

涂膜防水屋面主要适用于防水等级为Ⅲ级、Ⅳ级的屋面防水，也可作Ⅰ级、Ⅱ级屋面多道防水设防中的一道防水层。

1. 涂膜防水层的厚度

在Ⅲ级防水屋面上单独使用时，高聚物改性沥青防水涂膜不应小于3 mm，在Ⅲ级防水屋面上复合使用时，不宜小于1.5 mm；单独使用合成高分子防水涂膜不应小于2 mm，复合使用时不宜小于1 mm。

2. 防水涂膜分层分遍涂布的具体方法

先涂层干燥成膜后，再涂布后一遍涂料。需铺设胎体增强材料，且屋面坡度小于15%时可平行于屋脊铺设；当屋面坡度大于15%时，应垂直于屋脊铺设，并由屋面最低处向上操作。胎体长边搭接宽度不得小于50 mm；短边搭接宽度不得小于70 mm。采用两层胎体增强材料时，上下层不得互相垂直铺设，搭接缝应错开，其间距不应小于幅宽的1/3。

天沟、檐沟、檐口、泛水等部位，均应加铺有胎体增强材料的附加层。水落口周围与屋面交接处，应做密封处理，并加铺两层有胎体增强材料的附加层。涂膜介入水落口的深度不得小于50 mm。

涂膜防水层的收头应用防水涂料多遍涂刷或用密封材料封严。

在涂膜实干前，不得在防水层上进行其他施工作业。涂膜防水屋面上不得直接堆放物品。

(二)设计要点

按屋面防水等级和设防要求选择防水涂料。对于易开裂、渗水的部位,应留凹槽嵌填密封材料,并应增设一层或一层以上带有胎体增强材料的附加层。

涂膜防水层的基层,应符合表 2-15 中水泥砂浆或细石混凝土找平层的规定。找平层应设分格缝,缝宽宜为 20 mm,并应留设在板的支承处,其间距不宜大于 6 m。分格缝应嵌填密封材料。转角处应抹成圆弧形,其半径不宜小于 50 mm。

涂料品种的选择应符合下列规定:

(1)根据当地历年最高气温、最低气温、屋面坡度和使用条件等因素,应选择与耐热度、低温柔性相适应的涂料。

(2)根据地基变形程度、结构型式、当地年温差、日温差和震动等因素,应选择与延伸性能相适应的涂料。

(3)根据屋面防水涂膜的暴露程度,应选择与耐紫外线、热老化保持率相适应的涂料。

屋面排水坡度:结构找坡宜为 3%,材料找坡宜为 2%。当屋面坡度大于 25% 时,不宜采用沥青基防水涂料及成膜时间过长的涂料。

涂膜防水屋面应设置保护层。保护层材料可采用细砂、云母、蛭石、浅色涂料、水泥砂浆或块材等。采用水泥砂浆或块材时,应在涂膜与保护层之间设置隔离层。水泥砂浆保护层厚度不宜小于 20 mm。

(三)细部构造

(1)天沟、檐沟与屋面交接处的附加层宜空铺,空铺的宽度宜为 200 ~ 300 mm(见图 2-1)。屋面设有保温层时,天沟、檐沟处宜铺设保温层。

(2)檐口处涂膜防水层的收头,应用防水涂料多遍涂刷或用密封材料封严(见图 2-2)。

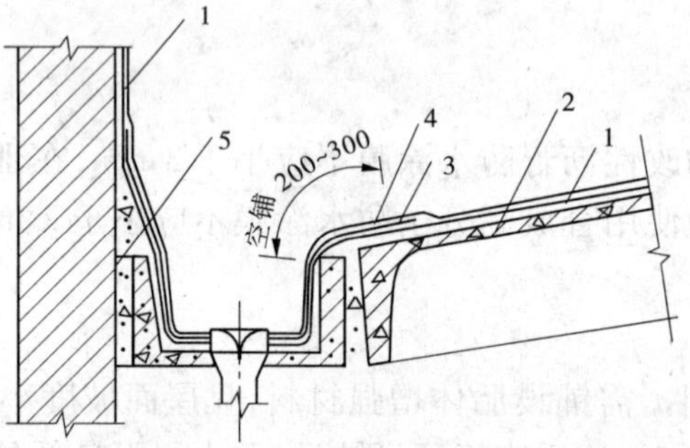

1—涂膜防水层;2—找平层;3—有胎体增强材料的附加层;
4—空铺附加层;5—密封材料

图 2-1　天沟、檐沟构造　(单位:mm)

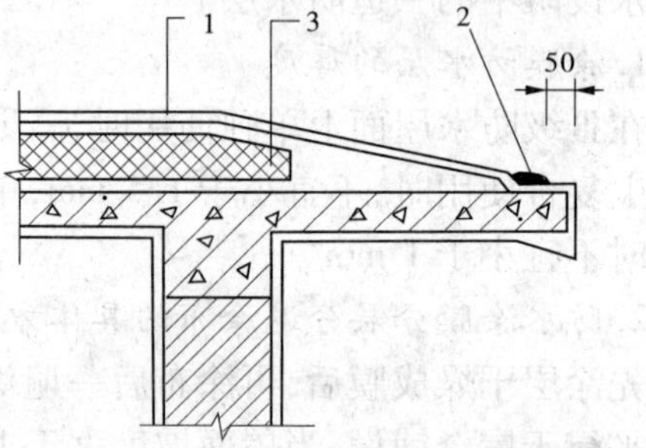

1—涂膜防水层;2—密封材料;3—保温层

图 2-2　檐口构造　(单位:mm)

(3)泛水处涂膜防水层宜直接涂刷至女儿墙的压顶下;收头处理应用防水涂料多遍涂刷封严。压顶应做防水处理(见图 2-3)。

(4)变形缝内应填充泡沫塑料或沥青麻丝,其上放衬垫材料,并用卷材封盖;顶部应加扣混凝土盖板或金属板(见图 2-4)。

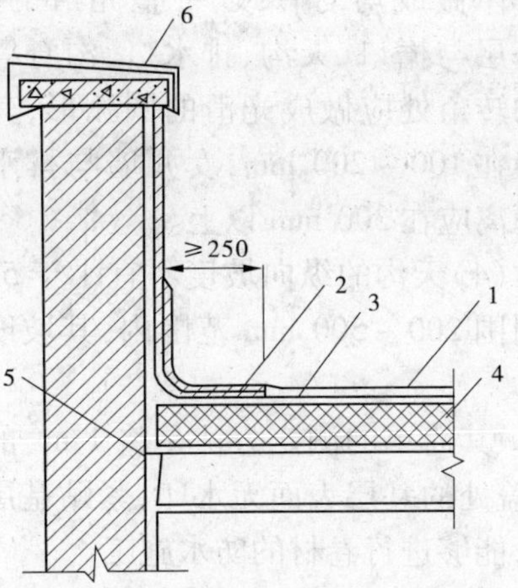

1—涂膜防水层;2—有胎体增强材料的附加层;
3—找平层;4—保温层;5—密封材料;6—防水处理

图 2-3　泛水构造　(单位:mm)

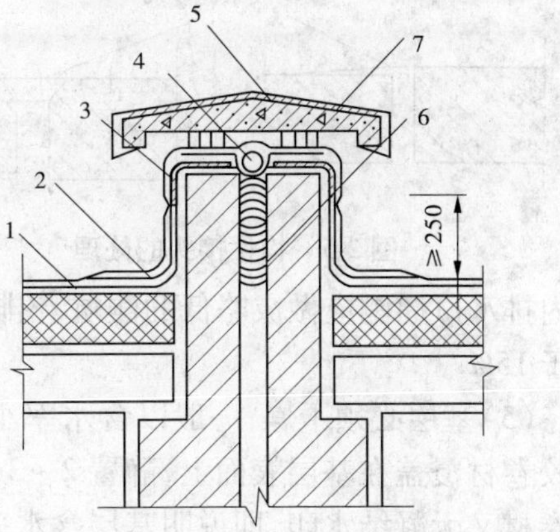

1—涂膜防水层;2—有胎体增强材料的附加层;
3—卷材封盖;4—衬垫材料;5—混凝土盖板;
6—沥青麻丝;7—水泥砂浆

图 2-4　变形缝构造　(单位:mm)

第六节　新型防水材料应用的工程施工

防水施工是整个防水工程中最重要的环节。如果人们把竣工后的防水工程看成是一个产品,那么防水设计、防水材料等只不过是中间产品,而通过防水施工才能得到最终产品。要做到防水工程不渗漏,施工是重要的因素。再好的设计和材料,若施工不合理,也会漏水;反之,有些问题通过施工可以弥补。因此,施工操作是保证质量的关键。

一、高分子防水卷材的施工

(一)施工准备

1. 材料保管

卷材及其他材料运进施工现场后,应存放在远离火源和干燥的室内。基层处理剂、黏结剂和着色剂多属易燃物质,存放和施工时都必须严禁烟火。

当这些材料搬到要做防水层的屋顶后,应分类放在对施工没有直接影响的地方,如在施工开始阶段,则应存放在上坡部位。当下坡部位铺完卷材并要在上坡部位进行施工时,所有材料均应转移到下坡部位。

2. 施工环境

下雨和预计要下雨或雨后基层尚未干燥者,不得进行施工。

3. 对施工基层的要求及处理

(1)基层必须牢固,没有松动、鼓包、洼坑、起砂、掉灰等缺陷。

(2)基层表面应平整光滑,均匀一致,其平整度可用 2 m 靠尺检查,基层与直尺间的最大空隙不应超过 5 mm,空隙仅允许平缓变化。如预制构件接头部位高低参差不齐或洼坑较大时,可用按水泥重量掺 15% 107 胶的 1∶3水泥砂浆抹平(见图 2-5)。

(3)基层与突起屋面的结构(如女儿墙、天窗变形缝、烟囱、管道、旗杆等)相连接的阴角

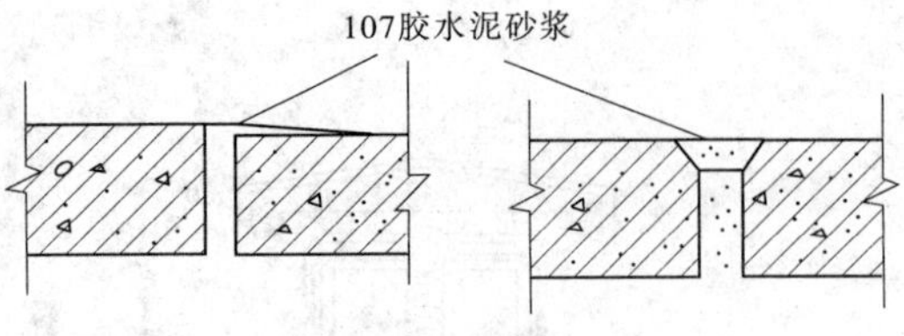

图 2-5 构件接头的处理

应一律做成均匀一致、平整光滑的直角。而基层与檐口、天沟、排水口、沟脊等相连接的转角处应做成光滑的圆弧形，其半径一般在 100～200 mm，女儿墙与排水口中心距离应在 300 mm 以上。

(4)天沟的纵向坡度不宜小于 5%，天沟内排水口周围应做成略低的洼坑。排水口、檐口周围 200～500 mm 范围内，其坡度不宜小于 15%。

(5)基层必须干燥，一般以含水率小于 8% 为宜。其简单的测定方法是将 1 m^2 的乙丙橡胶卷材覆盖在基层表面上，静置 2～3 h，如卷材覆盖处的基层表面无水印，紧贴基层一侧的卷材又无凝结水印，即说明基层含水率已小于 8%，能够进行卷材的防水施工。

(6)在铺贴卷材防水层以前，必须将基层表面的突起物、砂浆疙瘩等异物铲除，并将尘土杂物彻底清除干净。实践证明，只清理一次是不行的，往往要清理多次，最后一次最好采用高压空气进行清理，这样做可以取得较好的效果。对阴阳角、管道根部、排水口等部位更应认真清理干净，如发现油污等用砂纸或钢丝刷、溶剂等清除。

(二)施工工艺

1. 防水构造

高分子卷材的施工工艺基本相同，只是各种卷材的粘贴方法、黏结剂由卷材的特性而定，现以外露单层防水为例，见图 2-6。图中 1 是基层，为混凝土和水泥砂浆层；2 是基层处理剂，常用聚氨酯底胶；3 是基层黏结剂，多采用 CX－404 胶；4 是防水主体，即高分子防水卷材；5 是保护涂层，多采用银色着色剂。

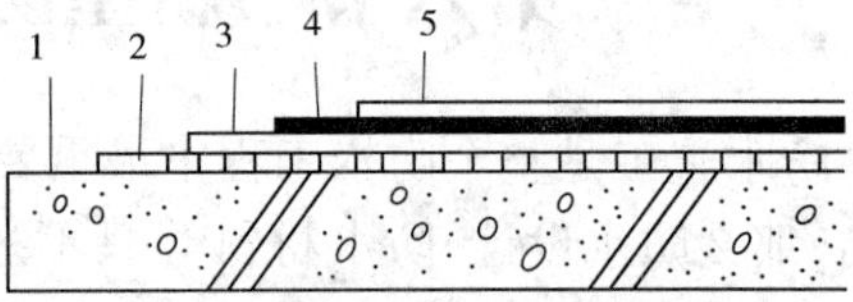

图 2-6 外露单层防水示意图

2. 聚氨酯底胶的涂布(相当于传统施工中涂刷冷底子油工序)

1)聚氨酯底胶的配制

将聚氨酯底胶按甲：乙＝1∶3（重量比）的比例配合搅拌均匀，即可进行涂布施工；也可将聚氨酯涂膜防水材料按甲：乙：甲苯＝1∶1.5∶1.5 的比例配合搅拌均匀，即可进行涂布施工。

2)涂布施工

在进行大面积涂布施工前，应用油漆刷蘸底胶在阴角、管子根部等复杂部位均匀涂刷一遍，大面上则改用长把滚刷进行涂布施工。涂布底胶时不得过厚或过薄，更不允许露白见底。一般在涂布底胶后要干燥 4 h 以上，才能进行下道工序的施工。

3)复杂部位的处理

阴阳角、排水口、管子根部的周围是容易发生渗漏的薄弱部位，要保证防水施工质量，在铺贴防水卷材之前，应用聚氨酯涂膜防水材料作增补处理。用聚氨酯涂膜防水材料处理方法是按甲：乙＝1∶1.5 的比例把甲乙组分配合搅拌均匀，再涂刷在阴阳角、排水口、管子根部等复杂部位的周围，涂刷宽度以距离中心 200 mm 以上，厚度以 2 mm 左右，涂刷量以 2 kg/m^2 左右为宜。一般涂刷后要经过 24 h 的固化，才能进行下一道工序的施工。

3. 基层黏结剂的涂布

首先将盛 CX－404 胶的铁桶打开，用木棍或滚刷把 CX－404 胶搅拌均匀，才能进行涂布施工。

(1)在卷材表面上涂布 CX－404 胶将卷材层摊开铺在干净平整的基层上,用长把滚刷蘸满 CX－404 胶均匀涂布在材料表面上。为确保卷材与卷材之间的搭接质量,接头部位的 100 mm 暂不能涂胶(见图 2-7)。

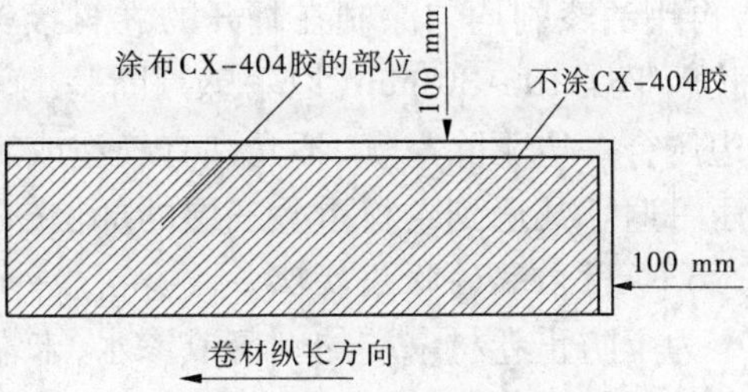

图 2-7　首次涂布粘贴剂

涂布 CX－404 胶时,厚薄必须均匀,不允许有露底和凝结胶块存在,否则会影响施工的黏结质量。

当涂布的 CX－404 胶膜基本干燥(基本不粘手判断)后,应用原来卷材用的纸筒芯直接将卷材卷起来。打卷时要求两端平直,不应出现竹笋状,更要防止砂子、尘土等异物混入。

(2)在基层表面涂布 CX－404 胶。在底胶基本干燥并无尘土杂物污染的基层表面上,用滚刷蘸满 CX－404 胶迅速而均匀地进行涂布施工,涂布时不能在同一处反复多次地涂刷,以免将底胶"咬"起,形成凝胶而影响施工质量。

复杂部位因用滚刷不易涂刷均匀,可改用油漆刷涂刷。涂刷 CX－404 胶后,一般以手触基本干燥后才能进行铺贴卷材的施工。

4. 卷材的铺贴

(1)为了减少阴阳角和大面的接头,应将卷材顺长方向进行配置。转角处应尽量减少接缝。

(2)根据卷材配置的部位,从流水坡度的下坡开始,弹出标准线,并使卷材的长向与流水坡度垂直。

(3)卷材的展开与铺贴:在卷成圆筒的已涂布黏结剂的卷材中心插入一根 ϕ 30 mm × 1 500 mm 的铁管,由两人分别手持铁管两端,并将卷材的一端粘贴固定在预定的部位,再沿着标准线铺展卷材。铺展时,对卷材不要拉得过紧,而要在松弛的状态下,每隔 1 m 左右对准标线粘贴一下(一般需要两人做专门的对线工作),以此顺序继续边对线边铺贴卷材,铺贴卷材时不允许拉伸卷材,也不得有皱折存在。

平面与立面相连的卷材,应由下开始向上铺贴,并使卷材紧贴阴角,不得出现空鼓现象。

(4)排除空气:每当铺完一张卷材后,应立即用干净而松软的长把滚刷从卷材后端开始朝卷材的横向顺序用力地滚压一遍,以彻底排除卷材黏结时产生的空气。在排除空气之前尽量不要踩踏卷材。

(5)滚压:在排除空气后,平面部位可用组装式滚筒或外包橡胶的长 30 cm、重 30 kg 的铁辊滚压,使其黏结牢固。垂直部位可在排除空气后用手持压辊滚压贴牢。

5. 卷材接头的粘贴

卷材的接头宽度一般为 100 mm。在接头部位每隔 500 ~ 1 000 mm 处以 CX－404 胶涂一下,待其基本干燥后,再将接头部位的卷材翻开,临时黏结固定,如图 2-8 所示。将卷材接缝用的黏结剂 A、B 两个组分,按 1∶1 的比例配合搅拌均

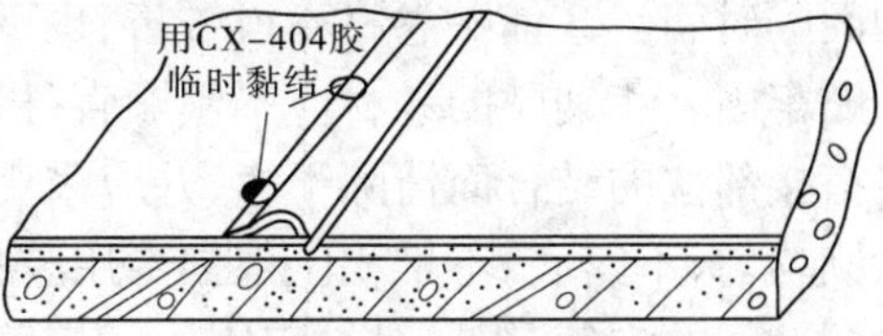

图 2-8　卷材临时黏结固定

匀,再用油漆刷均匀涂刷在翻开的卷材接头的两个黏结面上,涂胶量一般以 1 kg/m^2 为宜,涂胶后干燥 10 ~ 30 min(以手感判断基本干燥)即可进行黏合。黏结时应从一端开始,用手一边压合一边驱除空气,不允许有气泡或皱折的现象存在。黏合后用手持铁辊顺序地认真滚压一遍。凡遇到卷材重叠三层的部位,必须填充密封膏封闭。

6. 卷材末端的收头处理

为了防止卷材末端的剥落或渗水,末端收头必须用聚氨酯嵌缝膏或其他密封材料封闭。当密封材料固化后,在末端收头处再涂一层聚氨酯涂膜防水材料,在这层涂膜尚未完全固化时,即可用 107 胶水泥砂浆压缝封闭(水泥: 砂子: 107 胶 =1:3:0.15)。

7. 卷材之间的连接

卷材之间连接部位接头宽度一般为 100 mm,在卷材接头处应用接缝黏结剂粘贴。施工时用漆刷均匀涂刷在卷材接头的两个黏结面上,涂胶量按定量(一般为 0.5 kg/m^2 左右)涂刷均匀为宜。涂胶后干燥 10 ~ 30 min 即可进行粘贴。先用手辊滚压,然后再用大型辊充分地滚压一遍,如遇到卷材三层重叠部位的空隙,要用密封膏填封。

卷材连接方法有搭接法、对接法、增强连接法和增强对接法(见图 2-9)。

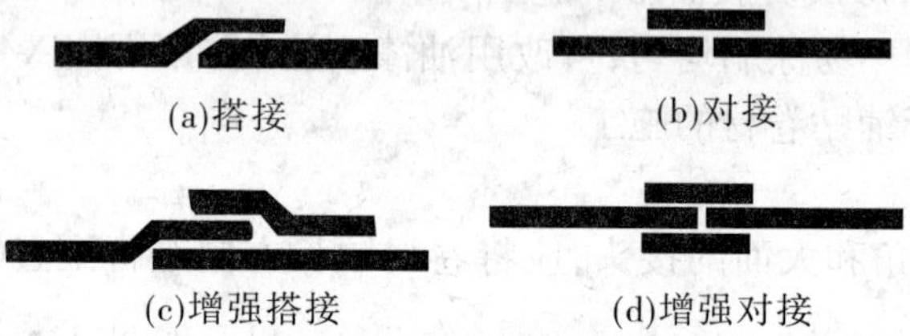

图 2-9　卷材连接方法示意图

8. 着色

在卷材铺贴完成;经过认真检查确认完全合格后,将卷材表面的尘土等杂质彻底清除干净,再用长把滚刷均匀涂布着色剂。如果用水乳型着色剂,在涂布后 3 h 内不能遇雨水冲刷,涂完着色剂后,一般不要在卷材表面走动,以免损坏。

(三)屋面工程技术规范对合成高分子防水卷材施工的要求

(1)立面或大坡面铺贴合成高分子防水卷材应采用满贴法,并宜减少短边搭接。

(2)立面卷材收头的端部应裁齐,并用压条或垫片钉压固定;最大钉距不应大于 900 mm;上口应用密封材料封固。

(3)排汽屋面施工应符合沥青防水卷材施工的有关规定。

(4)冷粘法铺贴合成高分子防水卷材施工应符合下列规定:①基层胶粘剂,可涂刷在基层或涂刷在基层和卷材底面。涂刷应均匀、不露底、不堆积。采取空铺法、条粘法、点粘法时应按规定的位置与面积涂刷胶粘剂。②根据胶粘剂的性能,应控制胶粘剂涂刷与卷材铺贴的间隔时间。③铺贴卷材不得皱折,也不得用力拉伸卷材,并应排除卷材下面的空气,辊压粘贴牢固。④铺贴的卷材应平整顺直,搭接尺寸准确,不得扭曲。⑤卷材铺好并压粘后,应将搭接部位的结合面清除干净,并应采用与卷材配套的接缝专用胶粘剂,在搭接缝黏合面上涂刷均匀,不露底、不堆积。根据专用胶粘剂性能,应控制胶粘剂涂刷与黏合间隔时间,并排除接缝间的空气,辊压黏结牢固。⑥接缝口应采用密封材料封严,其宽度不应小于 10 mm。

(5)热风焊接法铺设合成高分子防水卷材应符合下列规定:①焊接前,卷材铺放应平整顺直,搭接尺寸准确。焊接缝的结合面应清扫干净。②应先焊长边搭接缝,后焊短边搭接缝。

(6)合成高分子防水卷材保护层的施工应符合高聚物改性沥青防水卷材施工的有关规定。

(7)合成高分子防水卷材施工的气候条件应符合高聚物改性沥青防水卷材施工的有关规定。

二、高聚物改性沥青防水卷材的施工

(一)冷粘法施工

1. 材料准备

(1)主体材料适合冷粘法施工的改性沥青卷材主要指 SBS 改性沥青卷材、APP 改性沥青卷材、铝箔面改性沥青卷材等。

(2)配套材料主要指冷粘剂、基层处理剂等,这些材料主要用于卷材与基层的黏结,又可用于排水口、管子根部等容易漏水的薄弱部位,作为增强密封处理或卷材之间搭接及卷材收头的处理。一般用橡胶改性沥青的汽油溶液做冷粘剂,其黏结强度≥5 N/cm^2,黏结剂剥离强度为 8 N/cm^2。

(3)辅助材料主要指工业汽油,主要作为冷粘剂的稀释剂,用于机具的清洗等。

2. 施工要点

(1)清理基层。在施工前,应将基层表面的突起物等铲除,并将尘土杂物等吹扫干净。

(2)涂刷基层处理剂。基层处理剂用汽油等溶剂稀释胶粘剂制成。涂刷时要均匀一致,亦可喷涂。

(3)复杂部位的增强处理。待基层处理剂干燥后,可先对排水口、管子根、烟囱底部等容易发生渗漏的薄弱部位,在其中心 200 mm 范围内,均匀涂刷一层胶粘剂,涂刷厚度为 1 mm 左右。干燥后即可形成一层无接缝和弹塑性的整体增强层。

(4)铺贴油毡防水层。根据油毡的配置方案(一般坡度小于 3 % 时,油毡应与屋脊平行配置;坡度大于 15% 时,油毡应与屋脊垂直配置;坡度处在 3% ~15% 时,可根据现场条件自由选定),在流水坡度的下坡开始弹出基准线,边涂刷胶粘剂边向前滚铺油毡,并及时用压辊用力进行压实处理。用毛刷涂刷时,蘸胶液要饱满,涂刷要均匀。滚压时注意不要卷入空气或异物。

平面与立面相连接的油毡,应由下向上压缩铺贴,并使油毡紧贴阴角,不允许有明显的空鼓现象存在。当立面油毡超过 300 mm 时,应用氯丁系胶粘剂(如 CX—404 胶等)进行黏结或采用下木砖钉木压条与黏结复合的方法处理,以达到黏结牢固和封闭严密的目的。

(5)油毡的接缝处理。油毡纵横之间的搭接宽度为 100 mm,一般接缝既可用胶粘剂黏合,也可用汽油喷灯等进行加热熔接,其中以加热熔接的效果更为理想。

双层做法时,第二层油毡的搭接缝与第一层的搭接缝应错开油毡幅宽的 1/3 ~1/2。

(6)接缝边缘和油毡的末端收头处理。对油毡搭接缝的边缘以及末端收头部位,应刮抹浆膏状的胶粘剂进行全封闭处理,以达到密封防水的目的。必要时,也可在经过密封处理的末端收头处,再用掺入水泥重量 20% 107 胶的水泥砂浆进行压缝处理。

(7)保护层的施工。为了屏蔽或反射阳光的辐射和延长卷材的寿命,在防水层铺设完成后,可在防水层的表面上采用边涂刷冷粘剂边铺撒蛭石粉的方法或涂刷铝粉和浅色涂料。卷材表面自身已粘有砂粒的可不必再作保护。

3. 施工验收

(1)屋面防水层不应有积水和渗漏现象,检查积水和渗漏一般在雨后进行,必要时可做蓄水试验。

(2)卷材的接缝部位必须黏结牢固,密封严密,不允许有皱折、空鼓、翘边、脱层或滑移等缺陷。

(3)在排水口周围、檐口部位或油毡防水层的末端收头处,必须粘贴牢固,密封良好。

(4)各种资料齐全,如材料合格证、工程保修卡等。

(二)热熔法施工

1. 特点

采用热熔法施工,可节省冷粘剂,降低防水工程造价,特别当气温较低时或屋面基层略有湿气时尤为适合。采用热熔法施工的卷材,以 APP 改性沥青卷材较为适宜,因为 APP 改性沥青可承受 265 ℃高温,火焰烘烤时不会破坏其性能。

2. 工具

采用热熔法施工需要火焰,主要工具有汽油喷灯、液化汽喷枪两种。液化汽喷枪有单头、双头和七头三种。

3. 施工要求

(1)清理基层和涂刷基层处理剂。与冷粘法施工相比,涂刷的基层处理剂必须干燥 8 h 以后才能进行施工。

(2)用喷灯加热油毡时,加热要均匀。手持喷灯使热量均匀地分布在被黏结的表面,保持不动直到沥青开始流淌。

(3)塑料防护层需要在沥青软化之前熔化,可用抹子来回移动。

(4)把卷材的熔化部分和要粘贴的部分紧紧地接在一起,可用抹子来回压,让部分沥青流到外面。

(5)热熔法施工时气温不宜低于 -10 ℃。

(三)屋面防水工程技术规范的相关规定

(1)水落口、天沟、檐沟、檐口等部位的施工应符合沥青防水卷材施工的要求。

(2)立面或大坡面铺贴高聚物改性沥青防水卷材时,应采用满粘法,并宜减少短边搭接。

(3)高聚物改性沥青防水卷材的收头处理,应符合沥青防水卷材施工的规定。

(4)排汽屋面施工应符合沥青防水卷材施工的有关规定。

(5)冷粘法铺贴卷材应符合下列规定:①胶粘剂涂刷应均匀、不漏底、不堆积。空铺法、条粘法、点粘法应按规定的位置与面积涂刷胶粘剂。②根据胶粘剂的性能,应控制胶粘剂涂刷与卷材铺贴的间隔时间。③铺贴卷材时,应排除卷材下面的空气,并辊压粘贴牢固。④铺贴卷材时应平整顺直,搭接尺寸准确,不得扭曲、皱折。搭接部位的接缝应满涂胶粘剂,辊压黏结牢固后,溢出的胶粘剂随即刮封接口。也可采用热熔法接缝。⑤接缝口应用密封材料封严,宽度不应小于 10 mm。

(6)热熔法铺贴卷材应符合下列规定:①火焰加热器的喷嘴距卷材面的距离应适中;幅宽内加热应均匀,以卷材表面熔融至光亮黑色为度,不得过分加热或烧穿卷材。②卷材表面热熔后应立即滚铺卷材,滚铺时应排除卷材下面的空气,使之平展,不得皱折,并应辊压黏结牢固。③搭接缝部位宜以溢出热熔的改性沥青为度,并应随即刮封接口。④铺贴卷材时应平整顺直,搭接尺寸准确,不得扭曲。⑤采用条粘法时,每幅卷材的每一边粘贴宽度不应小于 150 mm。

(7)铺贴自粘高聚物改性沥青防水卷材应符合下列规定:①铺粘卷材前,基层表面应均匀涂刷基层处理剂,干燥后应及时铺贴卷材。②铺贴卷材时,应将自粘胶底面隔离纸完全撕净。③铺贴卷材时,应排除卷材下面的空气,并辊压黏结牢固。④铺贴的卷材应平整顺直,搭接尺寸应准确,不得扭曲、皱折。搭接部位宜采用热风焊枪加热,加热后随即粘贴牢固,溢出的自粘胶随即刮平封口。⑤接缝口应用密封材料封严,宽度不应小于 10 mm。⑥铺贴立面、大坡面卷材时,应加热后粘贴牢固。

(8)高聚物改性沥青防水卷材保护层施工应符合下列规定:①采用浅色涂料作保护层时,应待卷材铺贴完成,并经检验合格,清扫干净后涂刷。涂层应与卷材黏结牢固,厚薄均匀,不得漏涂。②采用刚性材料作保护层时应符合沥青防水卷材施工的规定。③高聚物改性沥青防水卷材严禁在雨天、雪天施工;5 级风及其以上时不得施工;气温低于 0 ℃时不宜施工。④施工中途下雨、下雪,应做好已铺卷材周边的防护工作。

第二篇　土木工程新技术

第三章　振冲法基础加固加密技术

第一节　概　述

一、坝基(坝体)的加密加固意义及方法

目前,我国已建成的 8 万多座水库中,绝大多数用土石坝作为拦河建筑物。其中,大中型水库约 30 000 座。这些水库在农业灌溉、发电、航运、水产养殖等各项产业中发挥了巨大的作用。在这数万座水库中大量的是小型水库,而小型水库中病险库较多。据不完全统计,96% 的溃坝发生于小型水库。发生溃坝的坝型,土坝占 98% 以上,溃于竣工之后的坝占已溃坝的 74%。因建筑质量差而失事的坝约占溃坝总数的 40%。

土石坝的最大隐患是坝体填筑质量达不到设计要求,以及对软弱坝基处理不当。因此,提高坝体和坝基密实度是消除病险库的首要课题。提高坝体和坝基密实度更是兴建土石坝的关键技术之一。

另外,对于松散的砂土和粉土地基,坝体挡水之后,在地下水的作用之下达到饱和状态。如果在这种情况下土体受到震动,会因自重的作用而使土体有变得更紧密的趋势,这种趋于紧密的作用使孔隙水压力骤然上升,而在这短暂的震动过程中,骤然上升的孔隙水压力来不及消散,这就使原来由土颗粒间接触点传递的压力(有效压力)减小,当有效压力完全消失时,土层会完全丧失抗剪强度和承载能力,变成像液体一样,这就是砂土的液化现象。自 20 世纪 60 年代以来,在我国境内强烈地震频繁发生,据不完全统计,已有近 400 座各种类型的土石坝受到了震害。如 1976 年 7 月 28 日发生的唐山大地震以及海城地震等,坐落在 7 度震区的土石坝 60% ~80% 受到不同程度的损坏,其中陡河水库及石门水库受到的破坏就是典型的实例。

对于振冲法来说,弥补坝体填筑质量的不足,提高坝体的密实度,提高坝基及坝体抗地震液化的强度,是当前工程中较多采用并普遍为专家所认可的较优加固方案。

二、振冲法在坝工上的应用

(一)振冲法的出现与发展

据大量文献记载,第一个开发振冲法加固技术的是德国人,名叫斯塔耶尔曼。1937 年供职于德国 Johann Keller 公司,首先研制出世界上第一台具有现代振冲形式的振冲器,并用于处理柏林一幢建筑物的 7.5 m 深的松砂地基。第二次世界大战后,斯塔耶尔曼移居美国,用振冲法加固了美国的 Enders 土坝的砂基并获得了成功。到了 20 世纪 50 年代末期,振冲法已在西欧各国相继采用。在亚洲,日本最早引入振冲法,并在油罐砂基抗震加固中使用,经过 1964 年新也 7.7 级地震和 1968 年十胜冲 7.8 级地震的考验,证明振冲法加固的砂基具有十分明显的抗砂基液化效果。20 世纪 60 年代,国外用振冲法加密坝体获得成功的最

大的工程是1963年埃及的阿斯旺(Aswan)大坝水下砂壳坝体的加固。

我国关于振冲法加固砂基始于1955年末。当时安徽水利科学研究所进行了一项很有意义的试验,即用普通的大型混凝土振捣器配一根供水管道从旁边供水,进行砂基的加固效果试验,获得了令人满意的结果。这是我国开发振动水冲法加固砂基的最早的尝试。

1976年,南京水利科学研究院土工所软基加固组在我国率先引进并开发了振冲法。1977年研制成功了第一台振冲器,并在南京船舶修造厂船体车间一次使用成功。此后振冲法在我国土石坝工程中逐渐开始应用。如1978年的官厅水库砂基,1986年的四川铜街子水电站坝基加固,1988年的松林山灰渣坝基的加固,2000年辽宁省石佛寺粉砂地基加固等。

(二)振冲法在土石坝工程中应用的优点

(1)施工简单,维修方便,易于操作。大量的工程实践表明,经振冲法加固的砂性土、砂砾石土的密实度得到了大大提高,几乎所有加固工程都达到了设计要求的抗液化标准,而且经国内外多次地震考验,经振冲法加固的砂基都没有发生大的问题。

(2)振冲法可以在已建坝的坝坡上施工,也可以在土石坝的填筑过程中应用,这就为利用振冲法加固已建坝坝坡和新建坝填筑过程中的应用提供了可能。

(3)与预压法(控制填筑速率法)相比可大大缩短工期。

(4)在进行了各种加固方法比较之后可以发现,振冲法加固的费用是较低的。

三、振冲器的发展与原理

(一)振冲器的发展

振冲器的外形与混凝土振捣棒相似。振冲法问世之时,振冲器最大功率为22.5 kW,为电动式。20世纪50年代中期,出现了45 kW的水动式振冲器。到70年代初,研制出了75 kW水动式或电动式振冲器。80年代,美国研究成功97.5 kW电动式振冲器。近期,中国已成功地研制了迄今为止国内最大功率为100 kW的电动式振冲器。

(二)振冲器的构造

如图3-1是常见振冲器的结构图,主要可分为四大部分。

(1)电动机(驱动器):振冲器常在地下水位以下作业,故采用潜水电机。如果贯入深度较浅(一般小于8 m),亦可用一般电动机,安装在顶端。

(2)振动器:内部结构主要安装有偏心块的转动轴,用弹性联轴器与电动机连接。振动器两侧板主要用来防止振冲器作业时发生扭转。有些振冲器头部亦有翼板以加强防扭作用。

(3)减振器及导管:减振器的作用是保证振冲器能独立水平振动,减少对上部导管影响。目前国内大部分使用橡胶减振器。导管是用来起吊振冲器和保护电缆、水管之用的。

(4)通水管:国内30 kW和55 kW振冲器通水管穿过潜水电机转动轴及振动器偏心轴。75 kW振冲器水道比较复杂,是通过电机和振动器侧壁到达下端的。

(三)振冲器的工作原理

振冲器是一种利用自激振动,配合水力冲击进行作业的机具。振动方式有水平振动、水平振动加垂直振动。目前国内外均以单向水平振动为主。振冲器的振动能源有电动机和液压马达两种。液压马达转速可以变化,能更广泛使用于不同土质的造孔和加固。但液压马达因附属设备多,目前使用尚少。

水平振动器与垂直振动器比较,垂直振动器贯入和上提速度比水平振冲器大4倍。但要达到同等的加密效果,垂直振动器要比水平振冲器加密点多4~5倍。

四、振冲法施工技术简介

(一)从陆上施工到水下施工

如前所述,振冲法一开始主要用来加固房屋、厂房等松软地基。随着振冲法加固技术的发展,使用的范围越来越广泛,1963年,埃及用振冲器加固阿斯旺坝水下坝体吹填砂以及荷兰用振冲管振密海底的砂层都获得了满意的效果。这是不填料水下振冲加固砂基成功的范例。但在水下(海底)做碎石桩还很少有文献报道。我国交通部第一航务工程局于1988年在烟台西港池工程中研制成功海上制碎石桩的施工设备,其打设装置见图3-2。这是我国最早的水下施工设备。水下施工设备的出现为已建坝上游坡水下加固创造了条件。

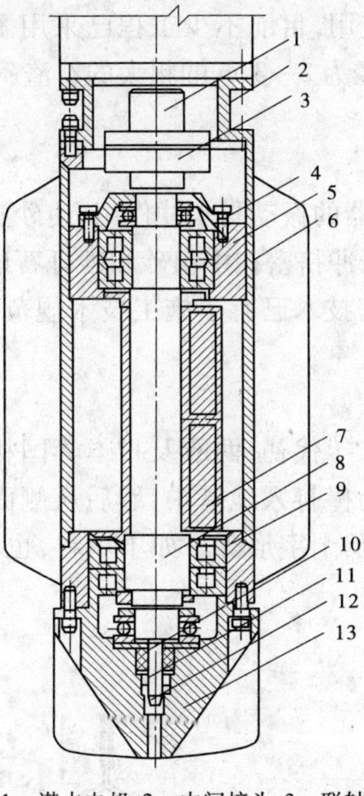

1—潜水电机;2—中间接头;3—联轴节;
4—轴承盖;5—上轴承箱;6—壳体;
7—偏心块体;8—中空轴;9—下轴承箱;
10—橡胶圈;11—骨架油封;12—射水管;
13—锥体头部

图3-1 ZCQ-30型振冲器结构

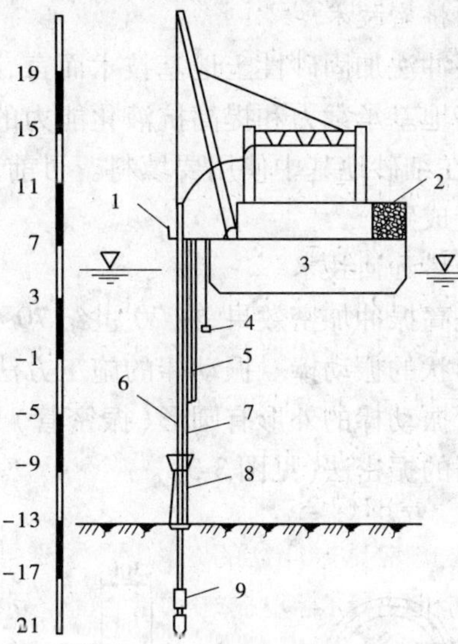

1—工作台;2—碎石仓;3—烟捞一号船;
4—平衡锤;5—下料导管;6—导管;
7—导向钢丝索;8—投料护筒;9—振冲器

图3-2 打设装置

(二)花样繁多的碎石桩制桩技术

由于地质条件的复杂性,据不完全统计,制作碎石桩的技术多达十余种,现就具代表性的几种介绍如下。

(1)振动水冲法制碎石桩。所谓"振动水冲法制碎石桩"是指借助于振冲器的射水与振动(水平向或水平、垂直双向振动)作用,在地基中形成一个孔洞,在压力水的作用下,将孔洞内的土体带走一部分,然后用碎石填充后振实。用此法制作碎石桩称之为振动置换法加固地基。

(2)干振碎石桩。使用沉管灌注桩的沉管桩机,以挤压方式将桩管打入地下,然后通过向管中填石料,边填料边拔管边振动。当把桩管全部拔出后,在地基中就留下了一根碎石桩,这种施工方法制作的碎石桩称之为干振碎石桩。

(3)钻孔锤击碎石桩。先用冲孔机在地基中冲出孔洞,然后填入碎石用重锤分层夯实。该法在我国冶金矿山部门采用过。在印度,该法已发展为一种专利方法。它们最大的改进之处是用一个专门的机械沉管成孔。碎石从管中央填入后,提起沉管到一定的位置,用重锤将管内碎石夯入地基中。

(4)袋装碎石桩。随着土工织物的发展,我国已出现了用土工织物做成袋子充填碎石后放入地基中的方法,称之为袋装碎石桩。其施工程序是:先在地基中打设一个孔洞,然后放入土工织物制成的袋子,最后在袋中充填碎石并使之密实。

(5)强夯石渣桩。随着强夯法加固技术的推广应用,目前不少工程已采用了夯坑内填石渣(碎石)的夯击工艺。这样在夯坑内就形成了直径为 2 ~ 3 m 的粗大的石渣(碎石)桩。

(三)振密技术的发展

1. 振冲挤密技术

就用振冲法加固砂性土地基技术而言,即用振冲器的振动与水冲作用,使砂土颗粒挤密以达到提高地基承载力和提高抗液化能力的目的。振冲挤密在中粗砂和砂砾石地基中使用可不填料,在细砂地基中使用要填料。目前,振冲挤密技术已有了施工技术规范,可以说该技术已趋于成熟。

2. 振动棒加固技术

为了提高振冲加密效果,在 20 世纪 70 年代末 80 年代初,西欧及日本等国相继开发了各种不同形状的振动棒。振动棒的施工方法是将振动棒打入地基中,然后从侧面填入石子振动密实。振动棒的外形有圆形(振密管)、H 形,以及十字形等。如不填料,也不用水冲,那就是所谓的振密法(见图 3-3)。

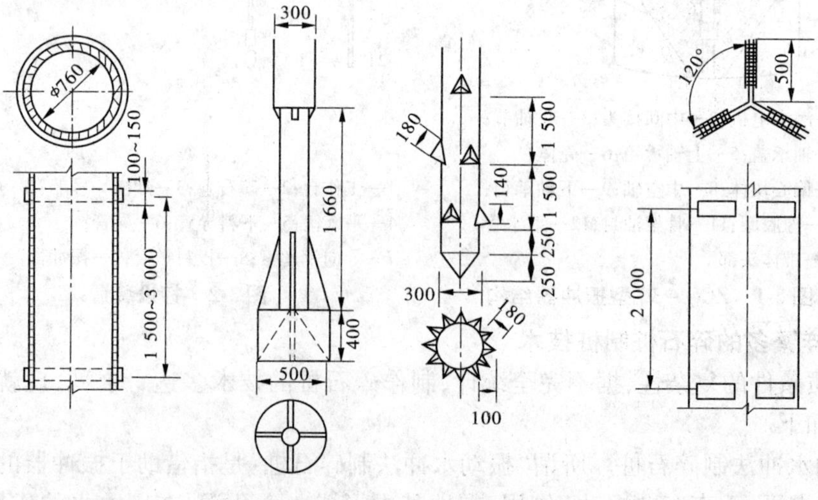

(a)振密管 (b)双管式振密管 (c)棱角式振密管 (d)Y形振密杆

图 3-3 各种振密法使用的工具 (单位:mm)

3. 大颗粒料桩的开发

一般振冲碎石桩施工使用的石料粒径为2~5 cm。最大粒径小于8~10 cm。但是实践表明，遇到含水量很高的淤泥，强度又较低时，用这种粒径石料做碎石桩其成桩很困难，施工有一定的难度。在参考文献上，已有了用大粒径石料（石料粒径 $D=10\sim15$ cm 占70%~80%）成桩实例的报道，其通过现场施工质量检验及加荷实验验证，完全满足设计要求。用大粒径石料加固高含水量超软地基的成功，为今后开发振冲碎石桩加固软基提供了一种新的途径，但仍需深入研究加固机理及开发研制相应的新的施工机具及施工工艺。

第二节　振冲法加固坝体及坝基的作用机理

一、振冲法加固砾石土和砂土等无黏性土的作用机理

该法的地基处理就是用振冲器的强力振动迫使饱水的砂层发生液化，在液化状态下，砂颗粒重新排列，使每一个颗粒都达到一个新的更趋稳定的位置，孔隙减小，从而使砂土的密实度得到进一步提高。下面将详细介绍振冲液化压密以及振挤、固结、预振等加固机理。

（一）振冲液化压密原理（浮振作用）

在振动水冲作用下，砂土发生液化的首要条件是：首先必须使土体饱和或近于饱和，从而使土粒具备浮沉的条件；其次，必须使砂土具有推动强度，即每一个砂土颗粒能较自由的运动。

振冲作用下砂土液化并不是目的。目的是振冲使砂土颗粒进一步互相挤紧，使土体收缩，变得密实。因此，在砂土液化之后，还须持续施加往复振动，使初始液化区土粒在往复振动应力强制作用下提高液化度，并且不断挤紧。同时，扩大周边土体的液化范围，从而提高振冲孔周围，特别是各振冲孔之间的加密效果。

（二）振动挤实作用

振动挤实作用包括两个含义：一是振冲头振冲造孔时，由于冲头的跟进和射水，使孔壁受到挤压作用；二是在较多场合都要在振冲器造成的孔洞里充填粗骨料，并用振冲器将填入的粗骨料振实，在振实粗骨料的过程中，孔壁再进一步受到挤实。

1. 振冲造孔时的振动挤实作用

振冲器本身体积较大，而且振冲时是以一定的振幅和频率连续振动产生巨大的水平振动力，振冲器就是靠此振动力在地基中强制地开一个孔，这个孔洞的直径一般达50 cm，该孔洞中的原土体绝大部分都被挤入孔洞周围的土体里，不言而喻，振冲成孔的过程自始至终存在着对地基的挤实作用。

另外，振冲成孔时，冲头和射水量较大，且有一定的压力，对孔洞周围土体也将产生挤压作用。这种作用主要可从两个方面来理解：一方面，射水的压力本身对孔内四周土体就是一种挤压力：另一方面，突然大量的射水，孔内还来不及排出，因此这部分具有压力的流动的水体所做的功大部分将转化为对孔壁的扩张挤压。综上所述，当冲头的水平振动力和注入水体的扩张挤压力一旦超过土体原来侧压力时，这个压力都将产生挤压孔周土体的作用，使其产生体积压缩。这种作用就是振动挤实的第一种含义。

2. 振冲孔内填料的振实作用

对填料的振实作用,曾做过现场试验,试验分为孔内填充碎石、细砂、不填料三种情况。结果表明,填较粗骨料振实效果最佳,不填料振实效果最差。填料粒径愈大,振密效果愈佳。当然,填料粒径过大时,填料粒径越大对振冲器磨损越厉害,施工越困难。

填料提高振密效果,主要是因为振冲器已开出的孔洞用粗骨料填满后,再放入振冲器振冲就相当于再次开孔。实际上,这就是重复振动挤实的叠加作用。振冲叠加作用,通过现场群孔振冲与单孔振冲振密效果对比试验也得到了证实。

3. 振冲的固结作用

关于振冲加固砂土的固结作用的机理,苏联学者伊万诺夫用松砂进行了室内振动试验研究(1951 年),得出的重要成果是:松砂受到一固定的振动力作用时,如果振动的时间愈长或者振动的次数愈多,则停振时,砂土的密实度值将愈大,砂土体的强度将愈高。

4. 振冲的预振效应

关于受过振动的砂土抗液化能力的提高,国内外很多学者进行过研究。结果是肯定的。预震之所以能引起抗液化能力的提高,主要是周期应变的影响使砂土获得了更加致密的结构。

二、振冲法加固黏性土的作用机理

(一)振冲置换—复合地基的作用

目前论及振冲加固黏性土时的作用机理主要指复合地基作用。即通常讲的振冲置换—复合地基的作用机理。

所谓振冲置换就是利用振冲器在软弱的黏性土地基中成孔,再在孔内分批填入碎石或坚硬的材料制成一根根桩体。这些桩体与原来的黏性土组成一个整体,共同承受外部荷载,既所谓的复合地基。复合地基比原来地基承载能力高,压缩性小。习惯上称这种加固技术为振冲置换法或碎石桩法。

很显然,复合地基中,由振冲器制成的桩体的物理力学性能直接关系到复合地基的物理力学性能。因此,探讨复合地基中桩体的工程特性是研究复合地基工程特性的关键所在。在复合地基中,桩体的主要工程特性如下:在制桩过程中,填入孔内的碎石或其他的坚硬骨料在振冲器水平振动力作用下挤向孔壁的软土中,从而桩体直径扩大,当这一挤入力与土的约束力平衡时,桩径不再扩大。显然,原地基土强度较低,也就是抵抗填料挤入的约束力越小,制成的桩体就越粗。由于这一特性,通过振冲制桩,将原来不均匀的地基,通过制成的不同桩径,使强度不均匀的天然地基变成了强度比较均匀的复合地基,这将使地基的变形更趋均匀,以满足工程使用要求。

(1)视桩体为柔性体。这种情况是指加固的地基软土很厚,桩体打不到相对硬层,这时复合地基与相对硬层不接触。此时,桩体与土体变形基本相容。复合地基主要起着垫层的作用。垫层能将荷载引起的应力向周围横向扩散,使应力分布趋于均匀,从而可提高地基整体的承载力,减少沉降量。

(2)视桩体为类似刚性体。这些情况是指桩体穿透被加固的软层,使复合土与其下卧硬层相接触。此时,复合土层的桩体可将荷载通过桩体直接传至下卧硬层。桩体效应较第(1)种情况明显增大。

(3)在复合地基中的碎石桩之所以能成为桩体,完全是靠四周土体的挤压,严格地讲,碎石桩是被嵌入土中的,因此它在受力过程中必须与四周土体共同作用。故碎石桩就其本质而言,它仍是地基的一部分。

(4)碎石桩在受力过程中可以适应较大的变形,与刚度很大的钢筋混凝土桩相比,它是一种柔性桩。

(5)碎石桩是嵌固在土中的散粒体桩,当碎石桩顶部承受荷载后,桩体就会产生侧向膨胀,而桩四周土体会阻止碎石桩的侧向膨胀。因此,碎石桩的承载力受四周土体强度的制约。

(6)复合地基中桩体是由碎石、矿渣、砾石以及中粗砂等硬骨料制成。因此,在复合地基中由这些材料形成的桩体一般都具有透水性。

(7)随地基土质的强度不同,所形成的桩径也随之不同。

(二)复合地基的桩体破坏型式

当作用于桩顶上的荷载足够大时,桩体将被破坏,其破坏型式大致有以下三种:鼓出破坏、刺入破坏和剪切破坏,如图3-4所示。在以上三种破坏中,只要桩长大于临界长度(一般为桩直径的3~4倍)就不会发生刺入破坏。

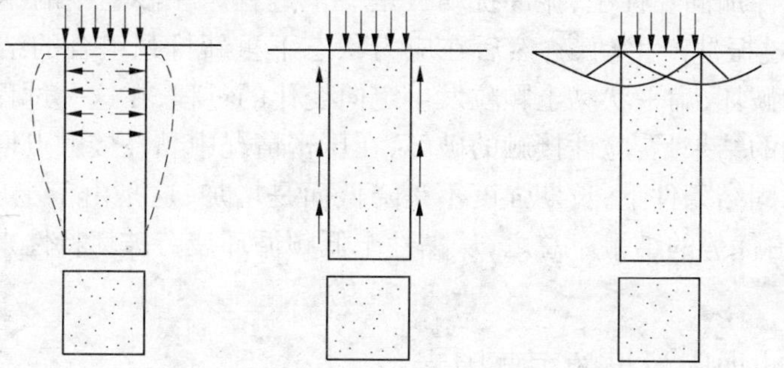

(a)鼓出破坏　　(b)刺入破坏　　(c)剪切破坏

图3-4　桩体破坏型式

除那些不打到相对硬层而长度又很短的桩体外,一般可不考虑刺入破坏型式。剪切破坏多半发生在加固土坡工程中,而在一般土建工程中,只要基础底面不太小或者周围土体上有足够大的边载,一般也不会发生剪切破坏。

因此,桩体绝大多数发生鼓胀破坏,而鼓胀破坏均发生在上部。其原因有二:一方面,由于组成桩体的材料是无黏性的,桩体本身强度随深度而增大,故而随深度增大产生塑性鼓出的可能性变小。另一方面,由桩间土抵抗桩体鼓出的阻力亦随深度而增大,深度超过2~3倍桩径时,径向位移几乎可以忽略不计。现有的复合地基设计理论都以鼓出破坏型式为基础。

(三)振冲作用下黏性土力学性状的变化

在土中打设了众多的密实的桩体,制桩施工振动对桩间土体力学性质有无影响呢?韩促卿等在《振冲法加固地基的机理探讨与效果评价》一文中,提出振冲作用下黏土的触变问题,指出振冲器在黏土中工作时,由于压力水的冲刷及振动的强烈扰动,土的强度剧烈降低,导致振冲器得以下沉。这是黏土的触变特性使抗剪强度降低的结果。这种现象虽然与砂土的液化取得了同样的效果,但两者本质不同,液化是孔隙水压力发展的结果,而触变则是土结构性质变化的一种表现。即黏土在剧烈的振动侵扰下,土中的土粒、阳离子、定向水分子的平衡被破坏,水分子的定向排列被打乱,颗粒结构从原先的絮状结构变成某种程度的分散结构,粒状间联系削弱,因而强度降低。砂土液化后往往伴随土的密实度增大,其强度较液化前更高,而黏土经过触变后,密实度很不容易改变,静置一段时间后,土粒与水分子等重新排列,恢复絮状结构后,至多也仅恢复到原来的强度。因此,有些人担心,在软黏土中用振冲法制作碎石桩会使原状土的强度降低还是有一定道理的。但是,实际上在一些工程实践中,实测地基土的振冲前后的十字板强度的变化过程是,在振冲制桩后的一个短时间内,原土的天然强度的确有所降低,其降低的幅度一般在10% ~30%。但经过一段时间的休置,不仅强度恢复到原来的天然强度,而且还略有增加。

如何解释振冲前后黏土强度的这一变化过程呢?段光贤和甘德福曾对黏土、粉质黏土和黏质粉土的结构在振冲制桩前后的变化进行了电镜摄片观察。他们发现振冲前这些土的集团或颗粒连接以“点—点”接触为主;振冲后不稳定的“点—点”接触遭到破坏,形成比较稳定的“点—面”和“面—面”接触,孔隙减小,孔洞明显变小或消失,颗粒变细,级配变佳,并且新形成的孔隙有明显的规律性和方向性。由于这些原因,土的结构趋于致密,稳定性增大。这就从微观角度证实了黏性土的强度在制桩后是会恢复并且增大的。

综上所述,振冲加固黏性土,振冲扰动只是一个过程。在砂土中的振冲效果,是首先使砂土原有组织经过振冲产生动荡,然后在应力状态下重新排列组合的结果;在黏土中的扰动,也是土骨架的破坏,扁平状黏土颗粒发生定向变化的过程,在这一过程中,振压佐以碎石排水桩,因而扰动的结果是:脆性接触的破坏,在压密情况中黏性接触点增加,促使变形率减小,而且在有排水固结条件下,长期强度不是降低而是增加,这是由于土压密影响较之扁平状颗粒定向变化占优势的结果。总之,从黏性土低频循环疲劳破坏特性来讲,振动是可以取得效果的。

三、影响振冲加固效果的主要因素

(一)用振冲法加固砂性土地基时,影响加固效果的主要因素

1. 振动体系能量(振冲器的频率及功率)

由于振冲器产生的能量将反复传向地基,其获得此能量之后,一部分能量耗散于土粒之间相对变位的摩擦而转化为热能,结果土体产生了永久变形,即不可恢复的体积压缩;另一部分能量使土体产生体积弹性应变,之后此变形可以完全恢复,也就是说,以弹性位能储存于土体内。由于振动应力随振动能量的增减而增减,因而振动压缩应变也随振动能量的增减而增减。可见,振动能量或者说振冲器的偏心体重量、偏心距和频率,对加固效果的影响是很大的。

2. 留振时间

为了确保加固效果,振冲器留振时间至少应大于砂土开始液化所需的时间。否则,振挤、液化的范围都很小,填料也难以加入,以致影响加固效果。多年实践经验表明,振冲加固砂土时,振冲器每提升50 ~100 cm,留振时间在30 ~40 s时,可获得良好的加固效果。

3. 斜坡上振冲加固的特殊性

在斜坡上进行振冲加固时,由于斜坡的存在,使振冲器周边的土压力不同,其产生的加固效果也不同。从实测的振动加速度的分布来看,在纵向(沿坝轴)和横向(水平垂直于坝轴)的分布都同平坦的地基不同。

4. 振冲施工工艺

在所有条件均已确定之后，振冲施工工艺就是保障加固效果的决定性因素。谈到施工工艺应包括两个方面：一方面，是采用施工工艺的合理性；另一方面，是操作人员的技术及责任心。该问题涉及面很广，将在以后详细介绍。

5. 合理的设计

同任何地基加固方法一样，为了达到预定的加固效果，必须精心设计。振冲法的设计工作主要内容包括：振冲器的选型，施工参数的确定，工艺流程，用料的选定以及桩径、桩长、桩位等参数的确定。

（二）用振冲法加固黏性土地基时，影响振冲加固效果的主要因素

1. 桩体的质量

从振冲法加固黏性土作用机理来看，很显然，碎石桩的质量是影响加固效果的主要因素。桩的质量包括桩本身的密实度以及桩位、桩长、桩径等。为保证碎石桩的质量，就要求振冲加固的设计与施工工艺两方面的工作都应正确合理。

2. 桩体的密实程度

桩体密实度主要与选用的石料粒径和级配有关。前面提到的适宜数就是为了极大限度地提高桩体密实度而提出的。根据国内近些年的实践经验，桩体材料可用碎石、矿渣、砾石，甚至中粗砂。选用的石料粒径多半控制在 2 ~ 8 cm。但也有文献报道，用大粒径（12 ~ 15 cm）石料加固超软地基取得了较好的效果。

3. 合理的设计

对于桩长、桩距及桩径的优选工作是受设计技术成熟程度制约的。一个好的设计者，除必须具备坚实的土力学理论知识外，还应有较丰富的实践经验。为了保证按设计要求制桩，还必须要有具有丰富实践经验的施工队伍精心施工。

第三节　振冲加固法的适用范围

一、问题的提出

自振冲法问世以来已逾半个世纪。至今振冲法已在各类土层的加固中得到了应用。随着工程实践经验的积累以及试验研究的逐步深入，对振冲法加固技术的认识也在不断地深化，使得振冲加固法由最初只用来加固砂土发展到加固粉质土、黏土、粉煤灰及尾矿坝等。但是，对振冲法加固机理的认识至今仍有不少问题还有待研究，特别是对于振冲法加固软黏土是否适宜还存在着不同的看法。实际上，任何一种加固方法都不是万能的，都有一个适用的范围，在这一点上，大家取得了共识。下面就振冲法加固各类土质的适用范围作一介绍。

二、振冲加固法适用的土质

（一）振冲法加固砂土的适用性

原则上讲，振冲法可用来加固所有的砂性土，但从实践效果来看，振冲法加固砂土时其加固效果与被加固的砂土初始天然密实度、砂土颗粒大小、级配及饱水程度等有很大关系。美国、日本认为，振冲法只适合于加固砂性土，当粉粒含量超过 20% 时就不宜采用振冲法加固。而加拿大已把振冲法应用扩大到粉土中。

(二)振冲法加固黏性土的适用性

振冲加固法一开始主要用于加固砂土。现在人们称这一方法为“Vibro-Compaction”，意思是振动挤密。在我国称之为“振动水冲法”。这些都是指加固砂性土。而用振冲法加固黏性土是20世纪50年代末至60年代初才开始的。先在德国和英国用来处理黏性土，例如，德国纽伦堡某一项工程，地基中有一层软黏土，Keller公司的工程技术人员用振冲器在地基中造了一系列2 m深的孔，填入块石，再用振冲器使块石密实。软黏土地基经这样处理后，承载力显著提高，这就是后来称为碎石桩的萌芽。我国从1977年引进振冲法，一开始就将振冲法用来加固黏性土并一举成功。

国外用两种方法制造碎石桩。一种是在成孔时利用压力水流将孔内的土渣带出孔口，并利用泥浆压力护孔，然后自下而上逐段制桩。这样施工，桩与桩之间的土并不受到严重扰动，这种方法叫振冲置换法(Vibro-replacement)，又名湿法(Wet method)。湿法适用于不排水抗剪强度为20~50 kPa的软黏土。若不排水抗剪强度小于20 kPa，成桩有困难。另一种是用压缩空气替代压力水。当振冲器在土层中贯入成孔时，孔内土体并不带出孔口外，而是像打钢筋混凝土桩那样将土体向四周挤开。压缩空气主要用来消除当振冲器上提时在下方出现的真空压力，它在帮助振冲器贯进方面起的作用是微乎其微的，再说，气压太高、气流太大都会损坏软土的结构。振冲器达到设计深度后，再自下而上逐段制桩，这样制成的桩体其轴心部位(直径约0.6 cm)将是不含泥的干净的碎石。在这样的施工条件下，桩与桩之间的土必然遭受严重的扰动，因此本法不适用于灵敏度高的黏性土。这种方法叫振动挤实法(Vibro-displacement)，又名干法(Dry method)。干法只适用于不排水抗剪强度为30~60 kPa的不会坍孔的低灵敏度黏性土。

在我国，制作碎石桩的方法已有多种。常用的除利用振冲器的振动与水冲的两种功能，直接在黏土地基中振冲置换作桩外，还有就是袋装碎石桩、振动沉管法制碎石桩，近年又开发了夯击法制碎石桩。

国内外之所以出现诸多制碎石桩的方法，主要是解决两个问题。一个是在黏土中如何更好地成桩；另一个是制桩时尽量减少对桩周围黏土的扰动。显然，上述两个问题就是振冲法加固黏性土的两个关键问题。为此，国外不少文献提出，当黏土现场不排水剪切强度小于20 kPa时，就不宜采用振冲法加固。但实践表明，在不排水剪切强度小于20 kPa时，采用振冲法加固也不是完全不可以的。我国学者通过试验，获得了一定的成功经验，即把好制桩工艺这一关，并总结出：在超软土(指不排水剪切强度小于20 kPa的黏性土)地基上做碎石桩应采用“少吃多餐”及“先护壁、后制桩”等施工工艺。应当指出，随着地基抗剪强度的降低，其加固后复合地基的承载力提高幅度也相应地降低了。

(三)振冲法加固砾石土的适应性

振冲法加固粒径较大的砾石土最主要的困难是砾石土渗透系数较大，水的流失十分严重。当地下水位较低时，振冲时饱水很困难，因此冲头的贯入阻力大，进尺十分缓慢，并且对冲头的磨损也十分严重。为解决这个问题，应当研制开发大功率水动式振冲器。在国外，以美国为例，20世纪50年代开发了功率为20~30 kW的振冲器，到了70年代研制了75 kW振冲器，并且出现了水动式振冲器。90年代又推出130 kW的振冲器。在国内，振冲器的开发从13 kW开始，随后相继开发了30 kW、55 kW、75 kW振冲器，1996年南京水利科学研究院又研制成功 100 kW 的超大型振冲器。这都是以着眼于解决加固砾石土为目的而发展起来的。可以期望,随着科学技术进步,振冲机具的进一步完善、精良,用振冲法加固砾石土也将会逐步得到推广。

(四)振冲法在加固粉煤灰、尾矿坝等特殊土中的应用

随着振冲法的大量采用,对于那些难以处理的特殊土,如城市中的工业和建筑垃圾、电厂的粉煤灰堆场、矿山的尾矿坝等,采用振冲法加固取得了很好的效果,为开发利用这些废弃物提供了极广阔的前景。下面举例供读者参考。

【实例 3-1】振冲法加固灰渣地基。

(1)工程概况:拟在松林山贮灰场上兴建Ⅰ级子坝,该灰场位于江苏某电厂东南 8 km 处,灰场地基由电厂排放的粉煤灰形成。现场十字板抗剪强度仅为 8 ~ 15 kPa。为建坝安全,采用了振冲加固,振冲桩间距分别为 1.4 m、1.6 m、1.8 m,其中桩间距为 1.4 m 的加固区内桩群呈等腰三角形分布,三角形底边与高均为 1.4 m;桩间距为 1.6 m 及 1.8 m 两个加固区内桩群均呈等边三角形分布,三角形边长分别为 1.6 m 及 1.8 m。振冲桩总长度为 5 546 m,平均单桩长为 6.34 m,最大单桩长为 11.6 m。

(2)加固效果检验:从振冲前后取得的原状灰渣试样测定其密实度变化,测试结果显示:桩间距为 1.4 m 的加固区,灰渣的干重度从 8.0 kN/m^3 提高到 9.5 kN/m^3,相应的孔隙比从 1.54 降低到 1.14,把极松散的灰渣加固到紧密状态。桩间距为 1.6 m 和 1.8 m 的两个加固区,灰渣的干重度从 8.0 kN/m^3 提高到 9.0 kN/m^3,相对密实度提高到 0.48,即该两个加固区的灰渣层也可以加固到中等紧密状态。

(3)振冲法加固粉煤灰的机理:灰渣可以进行振冲加固的重要原因是,在振冲器激振下灰渣能产生液化达到重新固结密实。这种灰渣的人工液化重新固结原理与砂性土振冲加固原理相似。由于灰渣渗透系数低于砂性土,灰渣沉积层往往处于饱和状态,排水条件差,因而碎石桩促使超孔隙水压力消散的作用更显得重要。当振冲器在灰渣深处时,部分灰渣容易被振冲器的回水带到表面,在灰渣表面逐渐堆积起颗粒较细的灰渣沉积层,从而造成振冲加固后灰渣坝基表面抬高。

灰渣在振冲器的水平振动力作用下沿径向挤入孔壁,使灰渣密实,这个振动挤实作用与振冲法加固砂性土的作用相似,由于灰渣是水力冲填沉积物,天然密实度很低,孔隙比高达 1.5 以上,故灰渣的振动挤实作用比一般砂性土更为显著。本工程振冲孔距为 1.4 m 的加固区内挤实度达 18% ~20%。可以说,灰渣的振冲加固是振动挤实作用与人工液化重新固结密实作用的综合结果。

振冲加固灰渣,除可以提高灰渣密实度外,因为碎石桩的存在,还能改善灰渣的排水条件,使灰渣坝基的抗震性能大大提高。

第四节　施工技术管理

一、施工前的准备工作

(一)施工机具

振冲加固施工的主要机具包括振冲器、吊具及水泵(供水系统)。现分述如下。

1. 振冲器

振冲器的作用原理是利用电机(或水动机)旋转一组偏心块产生一定频率和振幅的水平向振力。压力水通过空心竖轴从振冲器下端喷口喷出。

振冲法加固砂土主要是以挤密为主。因此,在选用振冲器时应根据砂土的颗粒组成、加固深度以及密实度要求选用振冲器的功率。一般情况下,砂土颗粒越粗,加固深度越大,宜优先考虑采用大功率振冲器。

2. 吊具

振冲器的起吊设备主要有履带吊、自行井架式专用平车以及扒杆式吊具等。每种吊具各有其优点。其中,履带吊行动灵活,适用于周边环境复杂的施工现场;自行井架式专用平车可在专门的轨道上行驶,适于大面积加固施工场地;扒杆式吊具及专用吊具适应各种场地条件下施工,特别是在坝坡上施工采用此种吊具最为理想。

3. 辅助系统

每台振冲器各配一台水泵,如果有数台振冲器同时施工也可采用集中供水办法。水泵压力不宜低于0.5~1.0 MPa,供水量300~500 L/min。除上述主要机具外,其辅助设备还有送料系统(如手推车、装载机、皮带输送机等)和场地整平与碾压系统(推土机、振动碾等)。

4. 机具数量

设计者根据工程量及场地条件等,要对施工机具数量进行适当的估算。施工机具以一台套为一计算单位,计算其施工能力,再根据总工程量及施工进度的要求,估算出施工所需机具数量,并应根据机具数量核算施工所用电量和供水量。如现场电量与供水量不能满足要求,且增量有困难,只有以减少机具数量,延长工期,或增加每天的工作时间等方法来解决。

(二)备料

对松砂坝基或坝坡的振冲加固可填料亦可不填料。根据工程经验,填粗骨料比填细骨料效果要好,不填料的效果最差。如原坝料颗粒偏粗,又处于饱和状态,可采用不填料的振密法,仍然是经济有效的,如苏联在埃及阿斯旺高坝施工中对水下砂壳坝体即采用振密法,但其砂颗粒以符合一定的要求为宜。

(三)现场施工条件的准备

除做到施工现场的"三通一平",即水通、电通、料通和场地平整外,还有就是振冲加固法对现场清理的要求。

施工前应对现场进行调查、了解和清理,内容包括:①了解需加固工程的范围、深度及土质情况;②清理现场,对影响施工的障碍物,应予迁除,例如房屋、树木、高压线、电话线等;③应加固的坝基或坝坡内如有石块、废渣、树桩、混凝土桩等,应标明其位置或尽可能清除;④水、电、砂石料进场路线;⑤工地洪水、风雨、冰冻等情况;⑥加固区如果场地不平整,应进行平整,以便机具运行,并测出高程。此外,如果加固区为斜坡,要清理规则,测出断面图。然后再根据振冲机具的运行要求,随时清理出机具的运行道路和基础。

对储料场、仓库、道路、机械位置及供电供水的管线等应统筹布置。露天料场和仓库宜放在适当的位置。加固老坝应选择在坝的两端空地,其位置宜较高,将来送料时可自上而下,比较方便。运料、送料和机械移位的道路力求平、近,避免交叉。供电、供水的线路宜离开交通线一定的距离，避免碰撞。

（四）桩孔的放样

根据工程设置的坝轴基准点或基准线，在拟加固区，以平行和垂直轴两个方向，每隔10～20 m，设置固定桩一个，这些桩可兼作沉降和位移标，沿桩复核加固前的纵横断面。

在固定桩之间和加固区周边，根据设计要求，增设临时行距桩。行距桩距最外边振冲孔位约2 m。

临施工前，打上行距桩。随振冲进展，根据行距桩，按孔位放样，定出振冲孔位，其偏差不宜大于5 cm，并随即测孔口高程。如为正方形布孔，可在某振冲加固区的四周，各距振冲孔2 m处，打上行距桩和排距桩，即所谓龙门桩。临振冲前，根据行距桩和排距桩即可定出振冲孔位。

现场设置的基点桩应妥加保护，并应每10～15天校核一次。

（五）正式施工前的现场试验

如果设计单位提出要通过现场试验校核设计计算参数，则现场试验也应列入正式施工前的一项重要工作来进行。

现场试验除了能摸清加固效果，为验证设计计算参数提供依据之外，最直接的目的是确定正式施工时应采用的施工参数，如振冲留振时间、电流值及填料量等。另外，通过现场试验还能探明土层的物理力学性质，这一点非常重要。因为，天然土层常常是较复杂的。如砂层中常夹有厚度不等的黏土层，黏土层中又会夹有砂层，砂层中又常混夹着粗砂乃至砾石层等，这些情况在钻探中可能会遗漏，而这些复杂的地层情况恰恰是影响振冲施工顺利进行的重要因素。通过现场试验会得到探查，为施工时采取相应对策提供了依据。

二、施工工艺

施工前准备工作全部完成之后，即可进入正式施工阶段。振冲法施工，按施工方法不同可分成两大类：一是填料法施工，二是不填料法施工。现分述如下。

（一）填料法施工程序

振冲加固砂土或者黏性土都可采用填料法施工，但因其土性不同，施工方法也有些差别。下面分别加以介绍。

1. 填料法加固砂性土

填料法加固砂性土，以振冲密实为主要加固目的的施工工艺流程可用图3-5来描述。图3-5所示是制作一根桩的施工流程，一共分四步。

1）振冲器定位

有条件时，可在振冲点上安放钢护筒，使振冲器对准护筒的中心（安放钢护筒的目的是防止孔周围砂土塌陷影响制桩质量，主要用于振冲加固粉细砂坝体或坝基），放水，开电，此时要仔细检查水压、电压和振冲器的空载电流是否正常。

2）造孔

在粉细砂层中振冲，造孔时水压和水量都不必很大，因为这种砂层的漏水量不大。水量过大或压力太高必然会使孔口回水量增大，流速增高，从而将带出大量细颗粒使地面淤高，其结果只是增加了填料量，并不能真正收到挤密的效果。水压一般采用400～600 kPa，供水量一般采用200～400 L/min。在疏松粉细砂层中造孔比较容易，一般不会发生塌孔，虽然如此，造孔速度也不宜过快，一般控制造孔速度 1 ~ 2 m/min，使孔周围砂土有足够的振密时间。在施工过程中应根据具体情况及时调节水压和水量。此外，务必使振冲器自由悬垂，使造成的孔尽可能垂直。

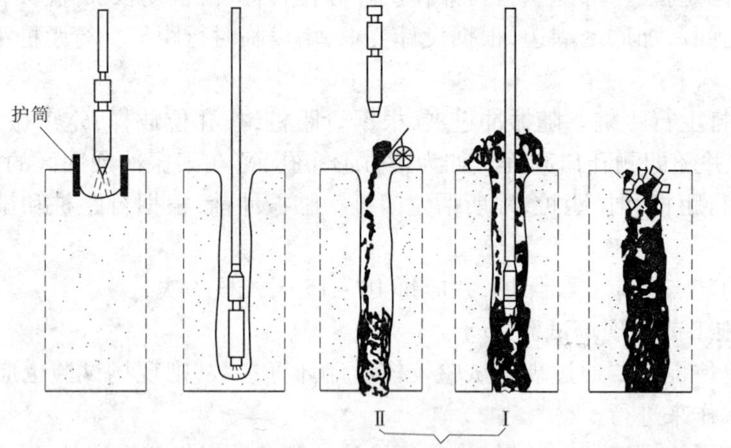

图 3-5　填料法施工流程图

3）填料、振密制桩

（1）连续喂料法（见图 3-5（c）Ⅰ）。孔底达到设计深度后，将水压和水量减少至维持孔口有一定量回水但没有大量细颗粒带走的程度。此时用装载机等运料工具将填料堆放在振冲器护筒周围。（人工或机械）填料在水平振动力作用下依靠自重沿护筒周壁下沉至孔底。这种造孔后不提出振冲器，在孔口投料的方法称为连续喂料法。填料后借振冲器的水平振动力将填料挤入周围土中，从而使砂层挤密。由于砂层逐渐变密，砂层抗挤入的阻力亦不断增大，这迫使振冲器输出更大的功率，引起电机电流值升高。当电流升高到规定的控制值时，将振冲器上提一段距离，继续进行投料挤密，如此逐段进行直至孔口。上提距离约为振冲器锥头的长度，即 30 ~ 50 cm。上提距离不宜过大，过大则容易发生振密不充分，甚至漏振。

（2）间断喂料法（见图 3-5（c）Ⅱ）。造孔后将振冲器提出孔口，直接往孔内倒入一批（人工或机械）填料，再将振冲器下降至孔底进行振密，如此反复进行直到全孔完成。

比较以上两种喂料方法，连续喂料法制成的桩体的密实度较均匀，间断喂料法的施工速度较快。但是，间断喂料法施工中如控制不好，比如振冲器未能沉到原来提起的深度，则容易发生漏振，造成桩体密实度的不均匀。

4）终孔、完毕、移位

制桩完毕后，先关电源，再关水，移至下一桩位制桩。

2. 填料法加固黏性土

填料法加固黏性土，以振冲置换为主要加固目的的施工工艺流程如下。

1）振冲器定位

这部分内容同填料法加固砂性土的定位。

2）成孔及清洗

一般使振冲器以 1 ~ 2 m/min 的速度在土层中徐徐下沉。注意振冲器在下沉过程中的电流值不得超过电机的额定值，一旦超过，必须减速下沉，或者暂停下沉，或者向上提升一段距离，借助高压水冲松土层后再继续下沉。在开孔过程中，要记录振冲器经各深度的电流值和时间。电流值的变化可定性地反映出土的强度变化。当振冲器达到设计加固深度以上30~50 cm时，开始将振冲器往上提，直至孔口。提升速度可增至5~6 m/min。如上所述将振冲器提降2~3次，如果孔口有泥块堵住，应将它清除。最后，将振冲器停留在设计加固深度以上30~50 cm处，借循环水使孔内泥浆变稀，这就是所谓的清孔。清孔时间1~2 min，然后将振冲器提出孔口，准备填料。

3）填料、振实制桩

清孔完毕，往孔内倒0.15~0.5 m^3 填料。将振冲器沉至填料中进行振实。这时，振冲器不仅使填料振密实，并且使填料挤入孔壁与土中，从而使桩径扩大。由于填料的不断挤入，这时振冲器电机的电流值迅速增大。当电流达到规定值时，认为该深度的桩体已经振密。如果电流达不到规定值，则需提起振冲器继续往孔内倒一批填料，然后再下降振冲器继续进行振密。如此重复操作，直到该深度的电流达到规定值为止。

重复上一步骤，自下而上地制作桩体，直到孔口。这样一根桩就做成了。关振冲器、关水、移位。

（二）不填料法施工程序

振冲法加固中粗砂或砂砾石坝基与坝体时，可采用不加填料的振密施工方法。即利用中粗砂或砂砾石自行塌陷代替外加填料。这一方法特别适用于振密坝体或人工回填与吹填的粗砂和砂砾石地基。使用这种方法振密水下回填料已成为一种新的筑坝工艺。

不填料振密施工工艺比较简单，其施工程序与填料法大体上相同，其关键技术主要是振密时的提升速度、每次提升的高度与留振时间等。具体做法是：当振冲器下沉到设计深度下30~50 cm，留振0.5~1 min再以1~2 m/min速度提升振冲器，每提0.5~1.0 m，留振0.5~1.5 min，留振时观察振冲器电流变化，如电流已达到设计要求，表明该深度砂土已被振密，可继续上提振冲器，如此重复，直到终孔。

（三）振冲孔施工顺序

当孔位布置好以后，其振冲施工顺序有三种方法：①顺打法；②跳打法；③围打法。

目前施工多采用顺打法，即依次序一个个打过去，这种方法对放样、机具移位、振冲施工等都比较方便。为了避免能量扩散，有人建议采用围打法，即先将振冲区四周两排孔振实，然后分块，由外向里振冲，这样产生的密实度较高，这种方法较适用于振密加固法（即不填料振密）。然而这种方法其放样、机具移位、振冲施工均比较麻烦，同时，考虑到振冲影响范围只有数米，每次振冲主要只影响附近的几个孔位，围得也不大，振密效果也不理想，因此也有采用跳打法的。所谓跳打法，即在纵横方向每隔一孔位振冲一孔，然后再补打第二排及其他孔位。

在坝坡上振冲时，应当先对坝脚部分进行振冲加固。在稳定坝脚后，再从下一行位向上一行位呈等腰三角形布置。

（四）表层（坝面）处理

振冲法加固坝体或坝基，不论土性如何，其表层0.5~1.0 m厚内，由于该处土体上覆压力小，施工时桩体的密实度或周围砂土的密实度很难达到要求，为此必须另行处理。处理的办法通常采用以下三种方法。

1. 逐层翻填

对水面以上的坝坡或坝基可进行逐层翻填，采用轻型振动机械压实，其铺砂厚度 30 cm 左右，在施工时都需充分浇水，具体施工方法需按照现行《碾压式土石坝施工技术规范》进行。

2. 重锤夯实方法

早在 20 世纪 50 年代，我国大伙房水库和瓯江水电站的土坝工程中就研究试用了重型夯锤夯实砂砾料的施工方法，并取得了较好的效果。

3. 振动碾压

在大型工程或有条件的情况下，可以采用振动碾，对坝面进行振动碾压处理，比较迅速。

振动碾按照移动方式分拖式、自行式和手扶式。拖式振动碾一般均用履带式拖拉机牵引作业。它具有结构简单、重量大、振动力大、生产率高等优点，其压实影响深度可达 1 m，是值得采用的机具。自行式振动碾具有体积小、重量轻、使用方便等特点，要求压实面尽量平整，其压实影响深度可达 80 cm。手扶式振动碾主要用于狭窄场面，其压实影响深度为 30 ~ 50 cm。

三、施工质量控制

所谓施工质量控制，就是对施工中振密电流值、冲头留振时间以及每根桩填料量的控制，即施工三要素的控制。

(一) 留振时间

留振时间是指振冲器在孔中每提升一段距离后停住振动所需的时间，很显然，留振时间与振冲器的下降和提升速度有关。当下沉或提升速度较大时，那么留振时间就应当长些，反之，则可短些。

振冲规范建议振冲器下沉速度宜控制在 1 ~ 2 m/min 内。在实践中应根据被加固的坝基与坝体的土质情况灵活掌握。在振冲规范中，对振冲器提升速度没有明确规定，只提出了每次提升高度不宜超过 30 ~ 50 cm。留振时间应以振密电流是否达到规定值来控制。

在这里要指出下面的特殊情况。即在振冲加固饱和砂土时，由于在振冲作用下砂土发生液化，强度降低，振密电流往往只有 35 A 左右（指 30 kW 振冲器），如果硬性规定振密电流一定要达到某一数值，有时留振时间再长也难以达到要求。在这种情况下，工程上一般采用定时的办法，即规定留振时间不得少于 30 ~ 60 s。

(二) 振密电流

所谓振密电流（也称密实电流）是指振冲器停止下沉或提升，固定于某一点振动一定时间后（如 5 ~ 10 s 以上），振冲器上所指示的稳定的电流值。施工时一定要把振密电流值与振冲器刚接触填料的一瞬间的电流值区分开来。瞬时电流值有时可高达 100 ~ 120 A。此刻振冲器应停止下沉，电流值会逐渐变小。可见，瞬时电流并不真正反映填料的密实程度。简言之，密实电流是指振冲器在留振时间里电流的稳定值，这一稳定电流才能代表填料的密实程度。

密实电流值在规范 JGJ 79—91 中规定通过现场试验来定出。在实践中一般规定密实电流为振冲器空载电流再加上 10 ~ 15 A（指 30 kW 振冲器）。实践经验表明，一根桩从上到下各段空载电流是变化的，那么密实电流也应是变化的，这在实际施工中是很难掌握的。因此，在实际施工中一般要求把密实电流从上到下规定成统一的标准，如加固黏性土做碎石桩时 30 kW 振冲器密实电流定为 50 ~ 60 A，75 kW 定为 80 ~ 120 A，100 kW 定为 120 ~ 140 A 等，只有这样方能便于实施，既简单也能保证做桩的质量。

（三）填料量

在振冲施工工艺中已谈到，对于不同的土质，有不同的填料方法，无论采用何种填料工艺，其最终都应达到设计所要求的填料量。在振冲加固土石坝体或砂砾石坝基时，一般多采用连续喂料法施工，这时只能控制每一孔的总填料量，无法控制每米的填料量。当采用间断法喂料加固黏性土地基时，一定要控制每一段桩体的填料量。一方面，填料时要注意填料不宜过猛，原则上要“少吃多餐”，也就是说要勤加料，每次不宜加得太多，这样做填料能比较顺畅地下到预定的深度。另一方面，是在制作深处桩体时，为达到规定的电流值所需的填料远比制作其他部位桩体时多，有时深层部位桩体填料量可占整根桩总填料量的 1/4 ~ 1/3。这是因为初始阶段加的料有相当一部分从孔口向孔底下落过程中被粘留在各深度的孔壁上，只有少量能落到孔底。我们习惯上称这种现象为“先护壁、后制桩”。因此，在黏性土地基中制桩时，最好能通过现场试验摸索出最优的填料工艺。

（四）控制施工质量三要素之间的关系

以上所述的留振时间、振密电流和填料量就是所谓的控制施工质量的三要素。多年的实践已经表明，振冲施工要使每段桩体同时都达到规定值，有时是有一定困难的。对于不同的土质应侧重于以某一个或两个指标为控制值，其他指标为参考值。比如，振冲加固饱和中砂或中粗砂坝体或坝基，并且用粗砂做填料，此时，由于砂土振冲瞬时液化，振密电流往往只有 35 A 左右（指 30 kW 振冲器）。在这种情况下，应主要以留振时间与填料量两个指标作为主要控制指标，振密电流只能作为参考指标。由此可见，一般情况下，控制施工质量三要素应能同时满足，但必须联系具体工程地质情况，抓住主要方面，才能高质量、高效率完成制桩工作。

第五节　施工质量的检验与验收

一、施工质量检验的目的

振冲加密土石坝坝体与坝基属于隐蔽工程。由于振冲法的施工技术特点，决定了其施工质量与人为因素有很大的关系，在施工中稍有不慎或疏忽就会给施工质量带来很大影响。目前尚无很严格的规程和方法来控制施工质量。因此，对施工质量或称加固效果都应通过必要的手段进行检验。在规范 JGJ 79—91 中专门设有“质量检验”一节。检验的目的主要有两个：首先，通过检验对加固效果进行综合评价；其次，通过检验可对工程设计参数进行校核与必要的修正。

二、施工质量检验方法及评价

（一）查验有关施工质量的技术文件

有关施工质量的技术文件包括以下几方面：①振密（不填料施工）和制桩记录以及制桩一览图，要求记录准确无误，并仔细核对留振时间或填料、桩长、桩位等，发现有不合要求者作标记,以便进行统计分析;②查验总的来料量以便核对制桩用料是否真实;③对填料材质进行必要的强度、级配与含泥量试验。

(二)现场查验及测试

1. 现场查验

(1)在查验有关施工记录的基础上,必须进行现场查验,其查验内容如下:实地测量桩位,对那些偏桩、不符合设计标准的桩,提出处理办法,查出漏桩必须补打或采取有效的补救措施。

(2)结合工程情况,必要时可进行现场开挖,查验桩径及填料情况。

2. 现场测试

测试是施工质量检验的主要内容。通过测试可以较直观地反映实际的加固效果。在规范中对质量检验作了较明确的规定,主要内容如下。

(1)原位密实度与标贯测试:对振冲加固土石坝坝基与坝体,现场测试通常主要是测定坝体或坝基的相对密实度或标贯击数,如遇黏性土亦可进行静力触探试验。现场原位密实度测试可用物探法进行。水位以上部分还应尽量用灌砂法。有困难时,可采用环刀法,其勘探方式通常采用井探或槽探。标贯和静触是检验土石坝振冲加固效果的重要手段之一。它不受水位的限制,同时操作方便,应用很广。

现场测试工作量应根据工程场地条件而定。检验点应选择在有代表性的或土质较差的部位进行。测点应放在桩与桩中心或振冲点与振冲点中间处。检验点数量可按每100~200个桩或振冲点选取1~2孔,总数不得少于3孔。

(2)物探测试:必要时可采用剪切波与瑞利波法对加固后的地层进行波速测试,以此来判别加固层的土性变化,为综合评价加固效果提供依据。

(三)综合评价

当完成了有关施工质量技术文件查验和现场查验与测试工作之后,对振冲加固施工质量与加固效果应当有了较深入的了解,在此基础上,对加固工程作出如下的评价。

1. 对质量和及格率作出评价

对施工实际桩长、桩径、桩位、填料量等项硬指标作出计算统计,进而对制桩的质量差异及合格率作出评价。

2. 对各项物理力学性指标进行评价

对现场各项测试数据,按有关技术规范进行整理分析,判定加固后坝体或坝基的各项物理力学性指标是否达到设计要求。对那些不符合要求的各项数据应进行分析,找出原因,提出补救办法。如确属施工质量造成的,又无可替代的补救办法,应坚决返工直至满足要求为止。

三、加固工程的最终验收

(一)验收应具备的基本条件

1. 验收的文件齐全

验收的文件必须齐全、完整,它包括以下几方面:

(1)设计文件:包括工程地质报告、桩位图及施工技术要求等。

(2)施工单位交验的文件:包括施工合同书、开工报告、制桩(振冲点)施工的原始记录、竣工报告(包括自检与有关试验报告)以及决算书等。

(3)检测方面的文件:包括检测委托书、检测计划、检测的原始记录、检测报告(如组织了鉴定要提交鉴定意见)等。

2. 补救措施完成

施工单位已完成指定的补救措施的施工,并经验收合格。

3. 施工机械退场完毕

施工单位的所有大型施工机械退场完毕。

(二)办理交接手续

在已具备了验收条件并进行验收后,即可办理交接手续。在交接手续完成后,从法律上讲,施工单位对所承担的加固工作的责任将被解除。但是,因为自然条件的复杂性,虽经过现场查验、检测等各种手段来评价加固质量,往往还会出现一些遗漏事宜。一旦出现验收中没有发现的新问题,需要进行某些补救措施时,施工单位应当本着对工程负责的精神积极配合解决。

(三)长期观测工作

振冲加密坝体与坝基技术是一项较新的技术。无论是理论研究,还是加固工艺及其机具设备都还在发展中,因此进行长期观测,积累工程实践资料对发展这项技术是十分重要的,特别是对那些重要的土石坝工程更应给予足够的重视。专家建议,用振冲法加密坝基或坝体的水利工程设施应设置长期观测点,其测点数量应根据具体工程而定。观测的主要项目是,在工程运行期坝基或坝体的变形随使用荷载变化而变化的情况。这样,既积累了资料,又能起到促进监测工程安全运行的作用。

第四章　深基坑支护技术

第一节　概　述

随着社会的发展,人口的增加,建筑行业的发展及人们对居住环境要求的不断提高,建筑物越来越呈现出向高空和地下发展的趋势。这势必伴随着产生深基础基坑开挖的一系列设计、施工等问题。因为不仅在地下商场、地铁车站、地下人防及地下排水系统等地下建筑的施工中大量采用先开挖后覆盖式施工,而且在高层建筑中,由于结构或建筑方面的需要也要求采用深基础,也就是同样要求在施工过程中进行深基坑的开挖。

对于浅基础,由于埋深较浅,一般在小范围内进行垂直或放坡开挖即可解决问题,不存在深基坑开挖中所涉及的设计、施工问题;而对于深基础,由于基坑深度较大,有的甚至深达几十米,如果放坡开挖一则需要很大的施工用地,二则土体稳定性不易保证,因而在大中城市中多数情况下条件是不允许的,另外,这样还存在着许多诸如边坡失稳、流砂等问题不易解决,且土方开挖量亦增大很多的问题。因而,除了在非软土地区、地下水位深、施工场地空旷等特别条件下,对于深基坑是不能进行放坡开挖的,而要采取垂直开挖,并且利用支护体系来保证垂直开挖过程的正常进行。

深基坑开挖支护体系的功能总体来说是保证施工正常进行及基坑周围建筑物及设施的安全。具体归纳起来有以下几点:

(1)保证边壁土的稳定性;

(2)采用支护体系的基坑可垂直开挖,节省了施工空间及土方施工量;

(3)支护墙体打入地下水位以下,可使地下水在土中渗流的路线加长,降低水力坡度,从而防止流砂、管涌等现象的产生,而且对于可挡水的支护墙体还可以起到阻水墙的作用;

(4)对于基坑周围的建筑物及设施可以起到支护作用,防止由于开挖基坑造成周围结构的过大变形,从而保证周围建筑物及设施的安全、正常使用;

(5)如果支护墙体采用地下连续墙,还可以作为地下结构的永久性墙体。

第二节　基坑支护体系的类型及特点

基坑支护体系的基本型式是支护墙体加支撑(或拉锚)系统。根据其作用方式的不同可基本分为板式支护体系和重力式支护体系两类。

板式支护体系支护墙体一般挡土宽度较小,承受弯曲作用,由支撑(或拉锚)系统与支护墙体共同受力,比较常用的板墙包括钢板桩、钢筋混凝土板桩、H 型钢加木挡板墙、钻孔灌注桩排墙、地下连续墙及 SMW 支护结构等型式;重力式支护体系常用深层水泥搅拌桩组成的格栅型坝体作为支护墙体,依靠其自重维持土体的平衡。

一、支护墙体的类型及其特点

不同的支护墙体类型具有不同的结构特点，因而也就具有不同的适用范围，因此在进行基坑支护体系设计和布置时应根据实际工程条件和其特点选择最适合的支护型式，以求达到最佳施工效果。

（一）钢板桩

钢板桩在工程中应用时，常用的包括槽钢钢板桩和热轧锁口钢板桩两种。

1. 槽钢钢板桩

槽钢钢板桩是一种简易的钢板桩支护墙体，由槽钢正反扣搭接或并排而成，如图 4-1 所示。

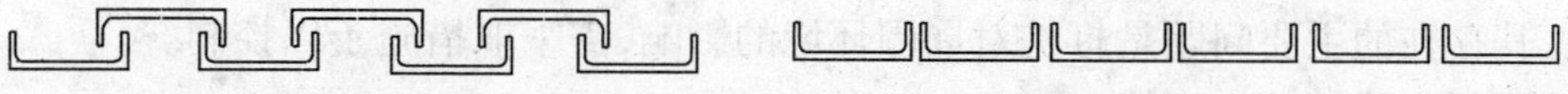

(a)正反扣搭接　　(b)并排布置

图 4-1　槽钢钢板桩

槽钢钢板桩的特点：

（1）槽钢具有良好的耐久性，基坑施工完毕回填土后可将槽钢拔出回收再次使用；

（2）施工方便，工期短；

（3）它不能挡水和阻挡土中的细小颗粒，在地下水位高的地区需采取隔水或降水措施；

（4）其抗弯能力较弱，多用于深度不超过 4 m 的较浅基坑或沟槽，它的顶部宜设一道支撑或拉锚；

（5）支护刚度小，开挖后挠度变形较大。

2. 热轧锁口钢板桩

热轧锁口钢板桩的形式有 U 形、Z 形、一字形、H 形和钢管组合形等。在建筑施工中常用 U 形和 Z 形，基坑开挖深度很大时才用 H 形或组合形，如图 4-2 所示。其支护特点为：

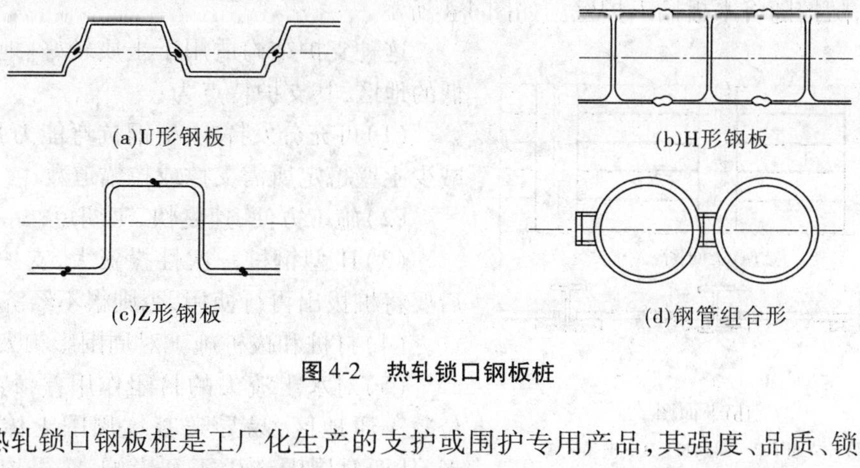

(a)U形钢板　　(b)H形钢板

(c)Z形钢板　　(d)钢管组合形

图 4-2　热轧锁口钢板桩

（1）热轧锁口钢板桩是工厂化生产的支护或围护专用产品，其强度、品质、锁口精度等质量能够得到保证，可靠性高；

(2)钢板桩具有良好的耐久性,可回拔修正再行使用;

(3)施工方便,速度快,工期短;

(4)一般可同多道钢支撑配合使用,可适用于较深基坑;

(5)支护刚度比灌注桩、地下连续墙小,开挖后墙身挠度变形大,不利环境保护;

(6)具有一定挡水能力,但在高水位软土质地区,在施工中需注意锁口处防渗,以防止水土流失引起周围土层移动变形;

(7)打、拔桩时有振动和噪音,拔桩时易带土,处理不当会引起周围地层移动;

(8)在土质坚硬密实或含有很多漂石地区,打桩施工困难。

(二)钢筋混凝土板桩

钢筋混凝土板桩是一种传统的支护结构,其截面带企口,有一定的挡水作用,如图4-3所示。过去在地下连续墙,灌注桩挡墙尚未发展之前,除应用钢板桩外,普遍采用钢筋混凝土板桩。其存在的主要问题是打桩对周围环境的影响,需采取措施予以控制。

钢筋混凝土板桩的支护特点:

(1)施工方便,速度快,打桩后可立即开挖,工期短;

(2)与地下连续墙相比其造价低,经济效果较为显著;

(3)支护强度高,刚度较大,变形小;

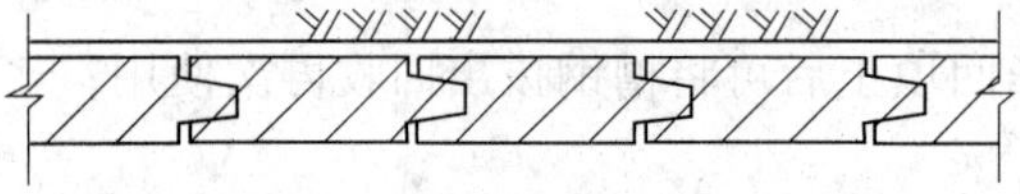

图4-3 钢筋混凝土板桩

(4)打设于地下室外墙轴线外侧,可作为浇筑混凝土的外模板,甚至作为地下室复合壁式外墙的一部分;

(5)打桩时的振动、挤土及噪音对周围环境影响较大,从而不适合在建筑物及地下管线密集的城区使用;

(6)接头处企口具有一定的防水效果,但在高水位软土质地区,仍需注意防止接头处的漏水所引起的水土流失现象;

(7)在硬土层中打设施工困难,不适合应用。

(三)H型钢木挡板

H型钢木挡板作为支护墙体是沿基坑周围先间隔一定距离打下H型钢,然后在土体开挖过程中,随挖随将木板插入护壁。如图4-4所示。

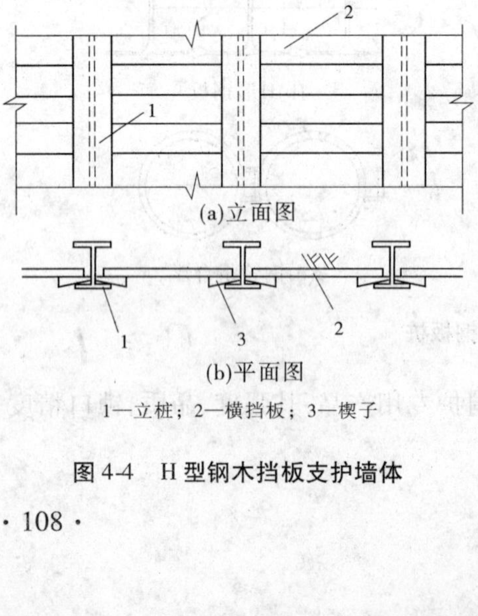

1—立桩;2—横挡板;3—楔子

图4-4 H型钢木挡板支护墙体

这种支护结构适用于土质较好、地下水位较低的地区,其支护特点为:

(1)可充分发挥H型钢抗弯能力强的特点,减少土壁稳定所需支撑或拉锚道数;

(2)施工方便,速度快,工期短;

(3)H型钢桩一次性投资大,支护工程完毕后要将桩拔出再行使用,否则很不经济;

(4)打桩和拔桩施工对周围影响大;

(5)对水土流失的封闭作用差,特别在高水位软土质地区,易导致基坑周围土体的较大变形,从而对周围产生不利影响,需采取隔水或降水措施。

（四）钻孔灌注桩

在我国，钻孔灌注桩排桩式挡土墙最早在北京、广州、武汉等地使用，以后逐渐推广到沿海软土地区。近年来，通过上海等地的大量基坑工程实践，以及随着防渗技术的提高，钻孔灌注桩挡土墙的适用范围逐渐扩大，再加之利用钻孔灌注桩作为主要受力构件的组合支护型式的推出和发展，使得钻孔灌注桩排桩式挡墙已成为应用非常广泛的一种支护墙体型式，如图 4-5 所示。

钻孔灌注桩支护墙体的特点：

(1) 施工时无振动、噪音等环境公害，无挤土现象，对周围环境影响小；

(2) 墙身强度高，刚度大，支护稳定性好，变形小；

(3) 当工程桩也为灌注桩时，可以同步施工，从而施工利于组织，方便，工期短；

(4) 桩间缝隙易造成水土流失，特别是在高水位软黏土质地区，需根据工程条件采取注浆、水泥搅拌桩、旋喷桩等施工措施以解决挡水问题（见图 4-5）；

(5) 适用于软黏土质和砂土地区，但是在砂砾层和卵石中由于施工困难应慎用；

(6) 桩与桩之间主要通过桩顶冠梁和围檩连成整体，因而相对整体性较差。当在重要地区、特殊工程及开挖深度很大的基坑中应用时应仔细、慎重。

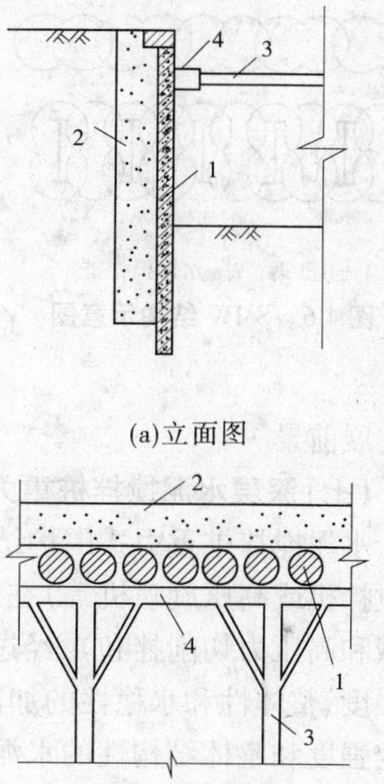

(a)立面图

(b)平面图

1—灌注桩；2—水泥搅拌桩挡水帷幕；3—支撑；4—围檩

图 4-5　钻孔灌注桩挡土墙结合水泥搅拌桩挡水布置示意图

（五）地下连续墙

地下连续墙最早于 1950 年出现在意大利，用于大坝或贮水池的防渗墙，之后地下连续墙的建造技术在世界各地获得推广。我国于 1958 年开始采用排桩式地下连续墙作为水坝防渗墙。近 10 多年来，地下连续墙技术在工程实践中和理论研究上都获得了很大的成就。

地下连续墙作为深基坑开挖施工支护墙体，其特点表现为：

(1) 施工时噪音低，振动小，能够紧邻相近建筑物和地下管线施工，施工时对周围环境的影响小；

(2) 地下连续墙墙身刚度大，强度高，整体性好，因而结构和地基变形都较小，可用于重要地区特殊工程及超深基坑的支护结构；

(3) 地下连续墙为钢筋混凝土整体连续结构，耐久性好，防渗能力强，既可挡土又可挡水；

(4) 其为现场浇筑，故可根据需要形成直线形或折线形壁板式，还可以施工成 T 形、Π 形等特殊形式，以增加支护刚度、强度及稳定性；

(5) 它可结合逆作法施工，以提高支护质量，缩短工期，并作为主体结构的地下室外墙或其一部分；

(6) 其施工工艺较为复杂，施工质量依赖于成熟的工艺和完善的组织管理，另外，废泥浆处理不当会造成环境污染；

(7)相对其他支护墙体形式，其造价昂贵，因此在采用时需经过技术比较，确认是经济合理、因地制宜时才可使用。

(六)SMW 支护结构

在水泥搅拌桩内插入 H 型钢或其他种类的受拉材料，形成受力和防水的复合结构，在日本称为 SMW 工法，见图 4-6。SMW 支护结构将支承荷载与防渗结合起来，同时具有受力和防渗两种功能，近年来国内开始使用于开挖深度 6 ~ 10 m 的基坑，在日本结合多道支撑已应用于开挖深度达 20 m 的基坑。

在水泥搅拌桩中插入的受拉材料常用 H 型钢，有时也应用钢管、拉森钢板桩等。SMW 支护结构的支护特点主要为：

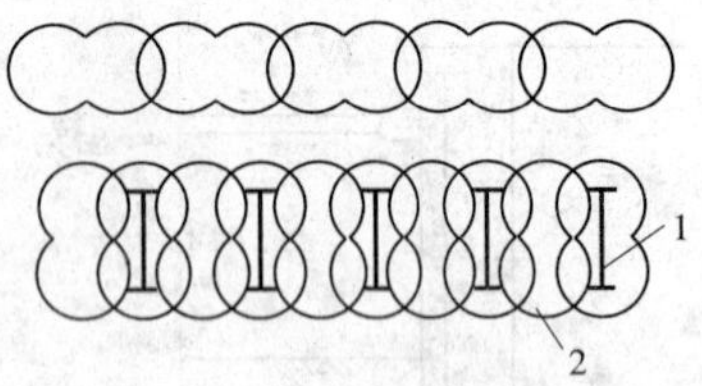

1—H型钢；2—水泥搅拌桩

图 4-6　SMW 结构示意图

(1)施工时基本无噪音，对周围环境影响小；

(2)结构强度可靠，凡是适合应用水泥搅拌桩的场合都可使用，特别适合于以黏土和粉细砂为主的松软地层；

(3)挡水防渗性能好，不必另设挡水帷幕；

(4)可以配合多道支撑应用于较深的基坑；

(5)此工法在一定条件下可代替作为地下围护的地下连续墙，如果能够采取一定的施工措施成功地回收 H 型钢等受拉材料，其费用则大大低于地下连续墙，因而具有较大的发展前景。

(七)深层水泥搅拌桩重力式支护墙体

水泥搅拌桩重力式围护结构是利用水泥系材料为固化剂，通过特殊的拌和机械(如深层搅拌机或高压旋喷机等)在地基土中就地将原状土和固化剂(粉体、浆液)强制拌和(包括机械和高压力切削拌和)，经过土和固化剂或掺合料产生一系列物理化学反应，形成具有一定强度、整体性和水稳性的加固土圆柱体。施工时将圆柱体相互搭接，连续成桩，形成具有一定强度和整体结构性的水泥土壁墙或格栅状墙，用以维持基坑边坡土体的稳定，保证地下室或地下工程的施工及周边环境的安全(见图 4-7)。

1. 水泥土桩重力式结构的特点

(1)最大限度地利用了原地基土；

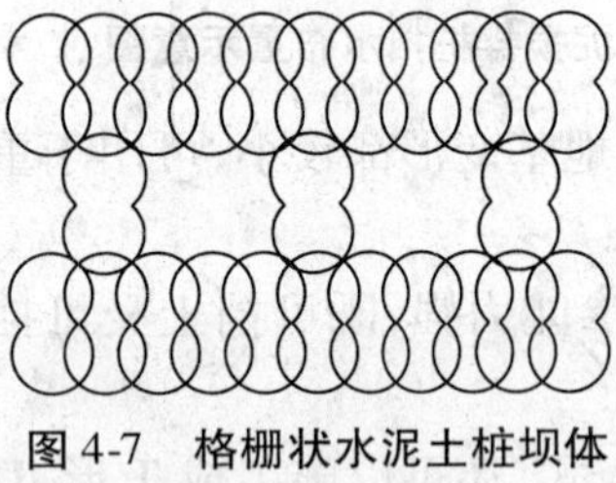

图 4-7　格栅状水泥土桩坝体

(2)搅拌时无侧向挤出、无振动、无噪音和无污染，可在密集建筑群中进行施工，对周围建筑物及地下管道影响很小；

(3)根据围护结构的需要，可灵活地采用柱状、壁状、格栅状和块状等结构型式；

(4)与钢筋混凝土桩相比，可节省钢材并降低造价；

(5)不需内支撑，便于地下室的施工；

(6)可同时起到止水和挡墙的双重作用。

2. 水泥土桩重力式结构的适用范围

1)地层条件

国内外大量试验和工程实践表明，水泥土桩除适用于加固淤泥、淤泥质土和含水量高的黏土、粉质黏土、粉土外，对砂土及砂质黏土等较硬质的土质的适应性也已逐渐被挖掘出来，但对泥炭土及有机质土应慎重对待。

2)场地周边环境

以水泥土桩作为围护结构必须满足周边施工场地较宽敞的条件,而由于水泥土桩施工无噪音、无泥浆废水污染、无振动、无土体侧向挤压、无隆起及无排土弃土等,故被广泛用于旧城改造的建筑密集场地。

3)适用基坑开挖深度

对于软土地区的基坑支护,一般支护深度不大于6 m,对于非软土地区基坑的支护则支护深度可达10 m,作为止水帷幕则受到垂直度要求的控制。

二、支撑(拉锚)系统的形式及其特点

(一)支撑系统

支撑结构是承受围护墙体传递来的土压力、水压力等外荷载的结构体系,其组成包括支撑、立柱、围檩等构件。

支撑系统的结构型式特点根据其所用材料和布置形式的不同而不同。

1. 支撑

1)按材料划分

深基坑开挖围护体系的支撑系统所用材料可以采用木材、钢筋混凝土和钢材等,其中常用的是钢筋混凝土和钢材两种。

a. 钢筋混凝土支撑

钢筋混凝土支撑是目前应用较为广泛的一种支撑材料形式,特别在我国沿海的软土质地区。

b. 钢支撑

钢支撑常用的有热轧型钢、H型钢和钢管等,其中热轧型钢由于截面较小,多用于开挖规模不大的基坑或沟槽等;对于深大基坑的钢支撑则多用H型钢或钢管支撑。

钢筋混凝土支撑和钢支撑各有其优劣之处,因而适用范围不同。在实际工程设计时,需各取所长,扬长避短,综合优化,以求最佳。

2)按布置形式划分

根据支撑在坑内的布置形式,一般包括对撑、角撑和钢筋混凝土环梁支撑以及边桁架、对撑桁架等组合形式,如图4-8所示。

a. 对撑

对撑的布置适合于平面形状较为规则的基坑。利用基坑的对称性将支撑对顶于基坑两对侧。对于长条形基坑采用对撑最为有利,如图4-8(a)的中间部分。对撑可布置于撑在两长边上。当基坑的长宽比不是很大时,需要将两个方向的对边都布置对撑,这时支撑布置成井格形。

b. 角撑

角撑即是将支撑布置于基坑相邻两边,与墙体形成一定角度,如图4-8(a)两侧角的支撑即为角撑。角撑在布置上可使基坑留出较大的空间以方便挖土施工作业,而且在一些平面形状较为复杂的基坑局部布置角撑可以弥补对撑在局部的不足,当基坑长宽比较大时,基坑短边可利用角撑进行支撑。

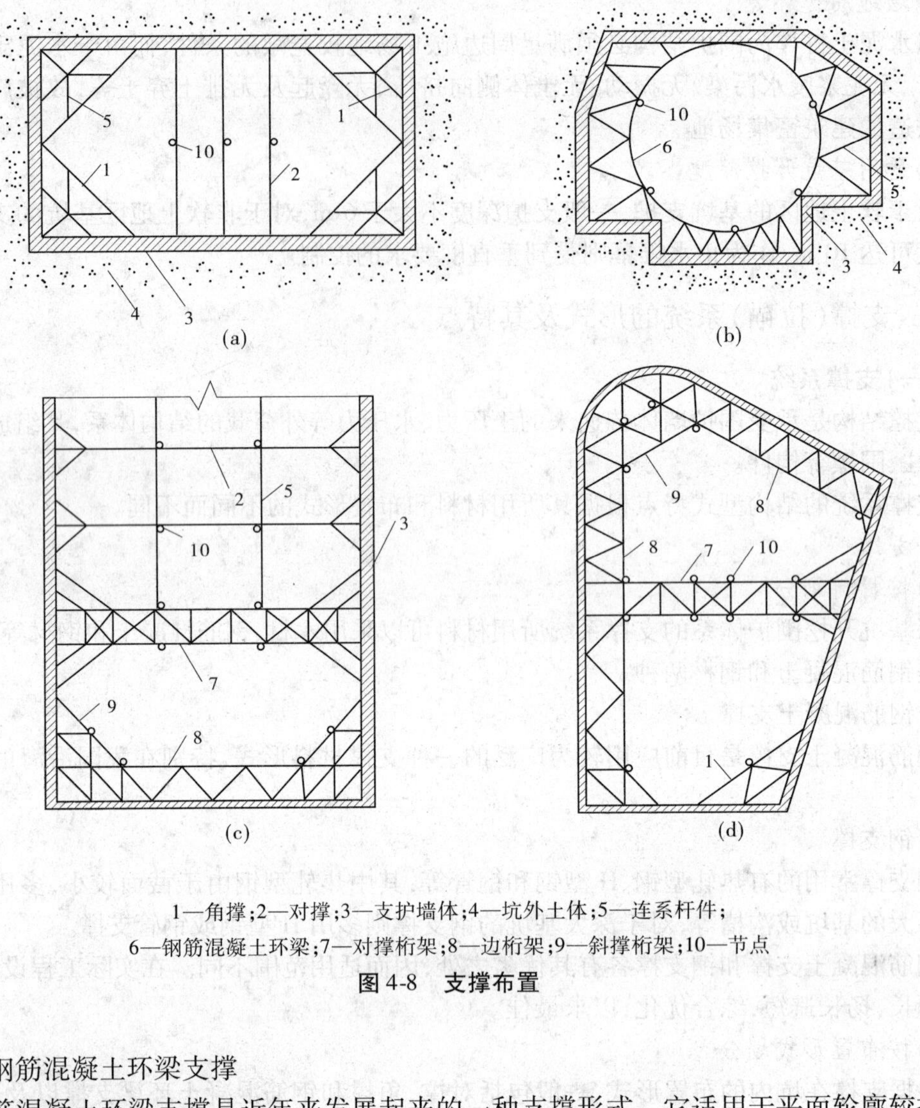

1—角撑;2—对撑;3—支护墙体;4—坑外土体;5—连系杆件;

6—钢筋混凝土环梁;7—对撑桁架;8—边桁架;9—斜撑桁架;10—节点

图 4-8　支撑布置

c. 钢筋混凝土环梁支撑

钢筋混凝土环梁支撑是近年来发展起来的一种支撑形式。它适用于平面轮廓较接近正方形的基坑,如图 4-8(b)所示,对于长方形轮廓的基坑可结合对撑或采用双圆环梁形式,当基坑有圆弧段时可结合入环梁内,使圆弧段成为钢筋混凝土环梁的一部分。此种支撑形式在上海已被多次应用于超大型基坑的支撑系统,环梁直径已达近百米。实践证明,它具有强度高、刚度大、整体性和稳定性高的特点,能够保证基坑开挖所要求的安全及变形控制的需要;充分利用了钢筋混凝土抗压强度高的特点,在设计上可避免混凝土受拉;为大面积开挖土方,大体积出土施工提供了大空间的挖土施工作业条件。

d. 组合桁架

对于平面形状比较复杂的基坑,可以采用钢筋混凝土组合桁架作为平面内支撑系统。根据组合桁架的布置位置及布置形式,可分为对撑桁架、斜撑桁架及边桁架等,如图 4-8(c)、(d)所示。

在支撑平面内需要留设较大作业空间时,宜采用组合桁架支撑形式组成平面支撑体系,充分利用钢筋混凝土支撑平面布置灵活、各构件间节点可靠、整体性强等特点,从而使各构件共同作用,协调受力,组成强度高、刚度大的支撑系统。

2. 立柱

当基坑的平面尺寸较大时,需布置支撑立柱来支持水平支撑系统的自重,同时还可以防止支撑弯曲,在一定程度上起到缩短支撑的计算长度,防止支撑失稳破坏的作用。

支撑立柱通常采用钢立柱。由于在基坑开挖结束、浇筑底板的时候支撑立柱一般不能拆除,所以立柱最好做成格构式,以利于底板钢筋的通过,否则必须截断底板钢筋或在立柱侧壁上穿洞,而造成不必要的麻烦。

3. 围檩

围檩的作用为将支护墙体上所承受的土压力、水压力等外荷载传递到支撑上,从受力上来看,它是一种受弯剪的构件,围檩的另一个重要作用是加强支护墙体的整体性,将支护墙体的各施工单元组成一个整体而共同受力。因而,增强围檩的刚度、强度对加强整个支护体系的刚度、强度及稳定性具有重要意义。特别是采用钢板桩、混凝土板桩及钻孔灌注桩等排桩式支护墙体时,由于桩间未形成咬合搭接的整体,因而通过大截面的围檩将各单桩连成整体可有效地提高支护墙体的整体性。即使对于整体性较好的地下连续墙,一般也要求在支撑处设置围檩,以防止支撑直接撑在地下连续墙上而可能产生的局部剪坏。

围檩常用的有钢围檩和钢筋混凝土围檩。钢围檩多用 H 型钢或双拼槽钢等,通过设置在支护墙体上的钢牛腿或墙体内预埋吊筋予以固定。钢筋混凝土围檩常与钢筋混凝土支护墙体整浇成一个整体,必要时辅以吊筋固定。

(二)拉锚系统

当施工场地周围条件许可,而且工程地质条件较好时,可以采用坑外拉锚形式形成对支护墙体的支撑作用。相对于坑内支撑系统而言,坑外拉锚不占坑内施工场地,从而大大方便了挖土的施工作业,这对于加快施工速度,提高施工效率都是十分有利的。

拉锚的形式包括土层锚杆、锚碇拉锚及锚桩拉锚。

1. 土层锚杆

1)土层锚杆的构造

土层锚杆是一种新型的受拉杆件型式,它的一端与支护墙体相连接,另一端锚固在土体之中,将支护墙体通过围檩或直接传来的荷载通过拉杆传递到处于稳定土层中的锚固体上,再由锚固体将传来的荷载分散到周围稳定的土层中去。

锚固支护结构的土层锚杆,通常由锚头、锚头垫座、支护结构、钻孔、防护套管、拉杆、锚固体、锚底板等组成,如图 4-9 所示。

a. 锚头

锚头的作用是将拉杆与挡土结构联结起来,使墙体所受荷载可靠地传递到拉杆上去。

根据拉杆所用的型式不同,锚头装置的型式亦不同。钢筋锚杆、多根钢束锚杆和钢绞线、钢丝索锚杆各有其相应的锚头装置。

b. 拉杆

拉杆的作用是将来自锚杆头部的荷载传递给锚固体。拉杆是锚杆的主要受拉构件,从锚杆头部至锚固体尾端的全长即是拉杆的长度。根据主动滑动面,拉杆的全长包括自由段(非锚固段) l_f 和锚固段 l_A 两部分,如图 4-9(b)所示。非锚固段长度 l_f 的长度即处于主动滑动区内锚杆的长度，锚固段长度 l_A 为处于稳定土层内锚杆的长度，应根据每根锚杆承受的抗拔力来决定。

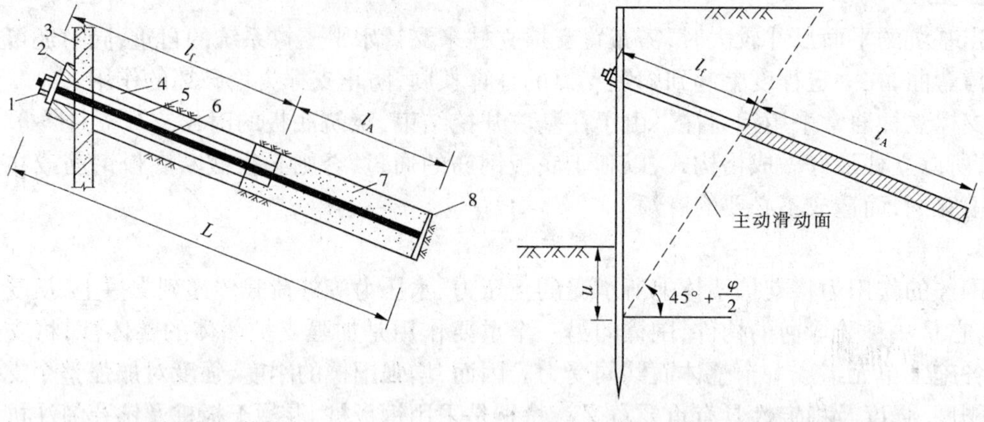

(a)土层锚杆的构造　　(b)土层锚杆的自由段与锚固段的划分

1—锚头；2—锚头垫座；3—支护结构；4—钻孔；
5—防护套管；6—拉杆（拉索）；7—锚固体；8—锚底板；
l_f—自由段（非锚固段）；l_A—锚固段

图 4-9　土层锚杆

根据设计所需抗拔力的大小及工程条件，拉杆的材料可选用普通钢筋（常用螺纹变形钢筋），直径 $\phi22\sim\phi40$ mm，单根或点焊成束，亦可采用钢丝束或钢绞线等。

c. 锚固体

锚固体是锚杆尾端的锚固部分，通过锚固体与土体之间的摩擦力作用，将力传至地层。锚固体能否保证挡土构筑物的强度和稳定性要求是锚固技术成败的关键。

2）锚杆的类型

如图 4-10 所示，根据锚头的形成方式和形态的不同，锚杆可分为以下三大类型。

a. 普通锚杆

如图 4-10（a）所示，由钻孔机钻孔，埋入拉杆后以低压（0.3～0.5 MPa）向孔内注入水泥浆、水泥砂浆等形成圆柱体，适用于拉力不高的临时性土层锚杆。

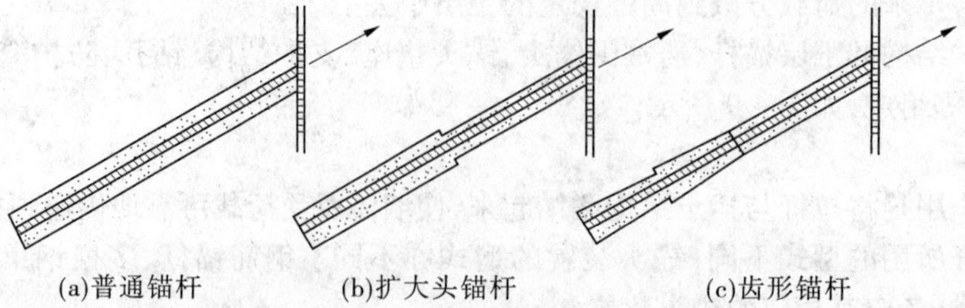

(a)普通锚杆　　(b)扩大头锚杆　　(c)齿形锚杆

图 4-10　锚杆的基本类型

b. 扩大头锚杆

如图 4-10（b）所示，由旋转式钻机或回转式冲孔机成孔，成孔后高压（2～5 MPa）注入浆液，在土层中形成扩大区，适用于抗拔力要求较高的工程。

c. 齿形锚杆

如图 4-10（c）所示，采用特制扩孔机械，通过中心杆压力将扩张式刀具缓缓张开，在孔眼内沿长度方向扩一个或几个扩大头的圆柱体，然后注浆形成，适用于砂土和黏性土，可以达到较高的抗拔力。

3）土层锚杆拉锚系统的特点

（1）土层锚杆系统位于坑外，因而基坑的土方开挖十分方便；

（2）可以施加预应力，对控制挡土墙位移有一定作用；

（3）无坑内支撑、立柱等的阻碍，地下室施工方便，同时也可省却拆撑、换撑等工序；

（4）基坑周边地层需保证足够的空间以利土层锚杆的施工；

（5）首层土锚要有足够的覆盖土层厚度以保证一定的抗拔力，不能直接布置于浅层；

（6）适用范围较广，但对于较弱土层需注意土体流变造成的锚杆位移，必要时需多次张拉以控制挡土墙的变形和位移。

2. 锚碇、锚桩拉锚

锚碇、锚桩拉锚称为锚拉结构，即在挡土墙顶部向后一定距离设置锚碇或锚桩，用拉杆与挡土墙拉结以确保基坑支护的安全。其特点为：

（1）拉锚系统位于坑外，方便基坑土方开挖施工；

（2）地下室结构施工方便，无换撑、拆撑等施工工序；

（3）基坑周边需有足够场地，以保证锚碇或锚桩处于稳定地层范围内；

（4）可以施加预应力以控制变形；

（5）施工方便，造价亦较便宜；

（6）在软黏土质地区需注意土体流变造成的挡墙位移，必要时可多次拉紧拉杆以控制变位的发展；

（7）拉杆只能位于较浅土层，不能用于多层锚拉结构的下层拉杆。

第三节　基坑支护体系施工

一、钢板桩施工

（一）常用钢板桩的种类及钢板桩打设前的准备工作

1. 种类

钢板桩支护由于其施工速度快、可重复使用，因此在一定条件下使用会取得较好的效益。常用的钢板桩有 U 形和 Z 形，其他还有直腹板式、H 形和组合式钢板桩。

国产的钢板桩只有鞍Ⅳ形和包Ⅳ形拉森式（U 形）钢板桩。其他还有一些国产宽翼缘热轧槽钢用于不太深的基坑作为支护应用。

2. 打设前的准备工作

钢板桩的设置位置应便于基础施工，即在基础结构边缘之外应留有支、拆模板的余地。特殊情况下如利用钢板桩作箱基底板或桩基承台的侧模，则必须衬以纤维板（或油毛毡）等隔离材料，以利钢板桩拔出。

钢板桩布置的平面位置,应尽量平直整齐,避免不规则的转角,以便充分利用标准钢板桩和便于设置支撑。

对于多层支撑的钢板桩,宜先开沟槽安设支撑并预加顶紧力(约为设计值的50%),然后再挖土,以减少钢板桩支护的变形。

1)钢板桩的检验与矫正

用于基坑临时支护的钢板桩,主要进行外观检验,包括表面缺陷、长度、宽度、厚度、高度、端头矩形比、平直度和锁口形状等的检验。对桩上影响打设的焊接件应割除;如有割孔、断面缺损应补强。若有严重锈蚀,应量测断面实际厚度,以便计算时予以折减。当误差超过规定时,则在打设前应予以矫正。

2)施工围檩安装

为保证沉桩轴线位置的正确和桩的竖直、控制桩的打入精度、防止板桩的屈曲变形和提高桩的贯入能力,一般都需要设置一定刚度的、坚固的导架,亦称施工围檩。

导架通常由导梁和围檩桩等组成,它的形式,在平面上有单面和双面之分,在高度上有单层和双层之分。一般常用的是单层双面导架。围檩桩的间距一般为2.5~3.5 m,双面围檩之间的间距一般比板桩墙厚度大8~15 mm。

3. 沉桩机械的选择

打设钢板桩可用落锤、汽锤、柴油锤和振动锤。前三种皆为冲击打入法,用此法时,为使桩锤的冲击力均匀分布在板桩断面上,保护桩顶免遭损坏,在桩锤和钢板桩之间应设桩帽。桩帽有各种规格可进行选用,如无合适的型号,可根据要求自行设计和加工。

用振动锤沉设钢板桩是很适宜的。它亦可用于拔桩。

(二)钢板桩的打设方法

钢板桩通常有以下三种打设方法。

1. 单独打入法

此法是从一角开始逐块插打,每块钢板桩自起打到结束,中途不停顿。因此,桩机行走路线短,施工简便,打设速度快。但是,由于单块打入,易向一边倾斜,累计误差不易纠正,壁面平直度难以控制。一般在钢板桩长度不大(小于10 m)、工程要求不高时宜采用此法。

2. 围檩插桩法

采用围檩支架作板桩打设的导向装置(见图4-11)。围檩支架由围檩和围檩桩组成,在平面上分单面围檩和双面围檩,高度方向有单层和双层之分;在打设板桩时它起导向作用。双面围檩之间的距离,比两块板桩组合宽度大8~15 mm。

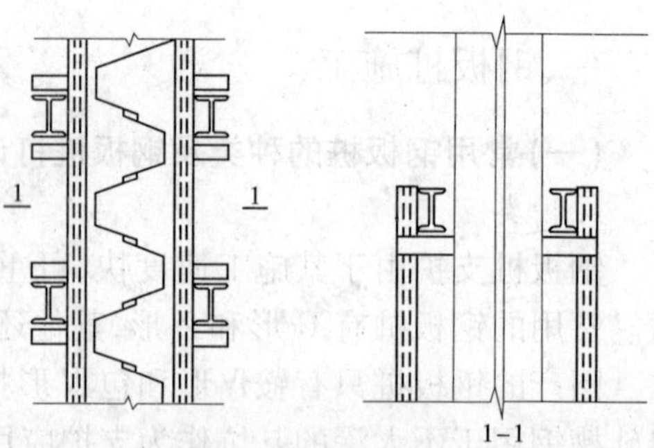

图4-11　围檩打桩法

3. 分段复打桩

此法又称屏风法,是将10~20块钢板桩组成的施工段沿单层围檩插入土中一定深度形成较短的屏风墙,先将其两端的两块打入,严格控制其垂直度,打好后用电焊固定在围檩上,然后将其他的板桩顺序以1/2或1/3板桩高度打入。此法可以防止板桩过大的倾斜和扭转,防止误差积累,有利实现封闭合拢,且分段打设,不会影响邻近板桩施工。

(三)钢板桩的拔除

基础施工完成后,需进行钢板桩的拔除,以便修整后重新使用。

1. 拔桩方法

钢板桩运用较早,拔桩方法也较成熟。不论何种方法都是从克服板桩的阻力着眼。根据所用机械的不同,拔桩方法分为静力拔桩、振动拔桩和冲击拔桩三种。

静力拔桩所用的设备较简单,主要为卷扬机或液压千斤顶,受设备及能力所限,这种方法往往效率较低,有时不能将桩顺利拔出,但成本较低。

振动拔桩是利用机械的振动,激起钢板桩的振动,以克服板桩的阻力,将桩拔出。这种方法的效率较高,由于大功率振动拔桩机的出现,使多根板桩一起拔出有了可能。

冲击拔桩是以蒸汽、高压空气为动力,利用打桩机的原理,给予板桩向上的冲击力,同时利用卷扬机将板桩拔出。这类机械国内不多,工程中不常运用。

板桩拔出时会形成孔隙,必须及时填充,否则极易造成邻近建筑或地表沉降。为使填充效果更好,可采用膨润土浆液填充,也可跟踪注水泥浆。

拔出的板桩应及时清除土砂,涂以油脂。变形较大的板桩需调直。完整的板桩要及时运出工地,堆置在平整的场地上。

2. 控制拔桩对周围环境不利影响的措施

拔桩时对周围环境产生不利影响的因素主要是振动及拔桩带土引起的土体流失,为控制其不利影响,可采取以下措施:

(1)事先在钢板桩上涂抹润滑剂,以降低拔桩时的摩阻力;

(2)拔桩时间隔拔桩或分组拔桩,以减少对土体的扰动;

(3)桩侧土体采取加固措施,以争取时间填充拔桩后留下的桩孔缺口;

(4)在黏土层中拔桩施工时采取边振边拔的方法,以减少桩身上的带土量;

(5)拔桩施工的同时,在所留桩孔内边拔边灌黄砂,填充缺口;

(6)对于重要工程,事先在桩侧埋入注浆管,边拔边灌浆以填充缺口。

二、水泥搅拌桩及 SMW 工法施工

深层水泥搅拌桩重力式支护体系常采用水泥搅拌桩搭接而成的格栅型坝体,是采用水泥作为固化剂,通过特制的深层搅拌机械,在土层中将土体和水泥强制搅拌成水泥土,利用水泥和土体之间所产生的一系列物理—化学反应,使软土硬化成具有一定强度和整体性的挡土、防水墙体。

(一)施工机械

我国自行设计和制造的搅拌桩专用施工机械目前较常用的有三种型号:①SJB 系列深层搅拌机;②GZB－600 型深层搅拌机;③GPP－5 型深层喷射搅拌机。

SJB 系列深层搅拌机是采用水泥浆为固化剂,也可以用水泥砂浆或掺入粉煤灰等工业废料作为固化剂。GZB－600 型是单搅拌轴、叶片喷浆式搅拌机,只能以纯水泥浆为固化剂,不能用其他固化剂。GPP－5 型是粉体喷射式搅拌机,主要以水泥粉或石灰粉为固化剂,它也可和灰浆泵相连而用水泥浆搅拌。

1. SJB 系列深层搅拌机

该机型是由江苏江阴市振冲机械制造有限公司生产,目前生产的机型及主要技术参数

见表 4-1。

表 4-1 SJB 系列深层搅拌机主要技术参数

项目	型号		
	SJBF37	BSJB37 – Ⅲ	SJBF45
电机功率(kW)	2 ×37	2 ×37	2 ×45
搅拌轴转速(r/min)	42.6	42.6	40
额定扭矩(N·m)	2 ×7 880	3 ×5 200	2 ×10 000
搅拌轴头数	2	3	2
一次处理面积(m×m)	0.8	0.406	0.85
搅拌头直径(mm)	2 ×ϕ700	3 ×ϕ440	2 ×ϕ760
最大搅拌深度(m)	18	18	25

SJB 系列深层搅拌机的主要构成:它主要由吊篮、定滑轮组、电机、减速器、搅拌轴、搅拌头、输浆管、单向阀、保持架等组成。搅拌机与配套设备的组装如图 4-12 所示。

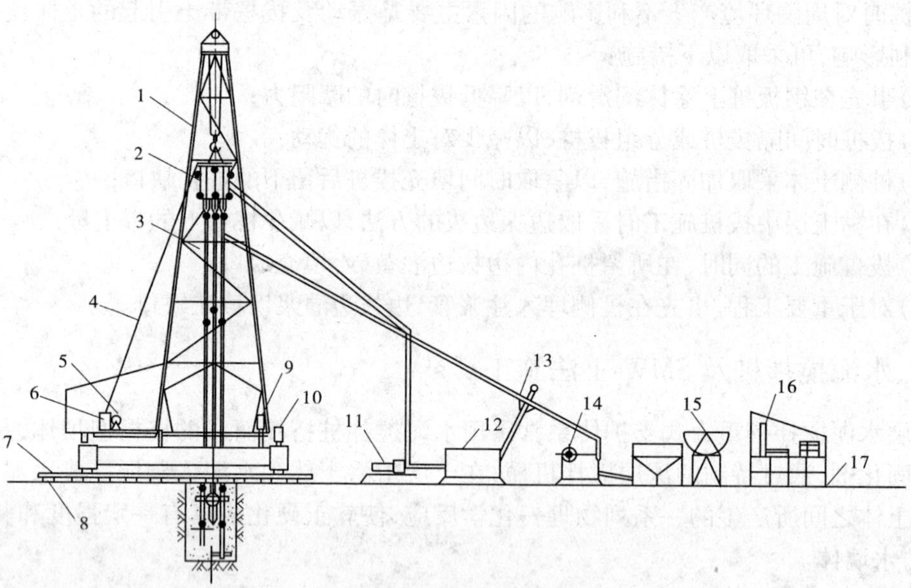

1—桩架;2—搅拌机;3—导向管;4—电缆;5—卷扬机;6—电气控制箱;7—道轨;
8—枕木;9—横向行走驱动装置;10—纵向行走驱动装置;11—冷却泵;12—贮水池;
13—三通调压装置;14—灰浆泵;15—灰浆拌制机;16—磅秤;17—工作平台

图 4-12 SJB 系列深层搅拌机与配套设备

2. GZB –600 型深层搅拌机

GZB –600 型深层搅拌机主要由下列各部分组成:两台 30 kW 电机、减速器、搅拌轴、输浆管和搅拌头等。GZB –600 型深层搅拌机与配套设备的组装如图 4-13 所示。

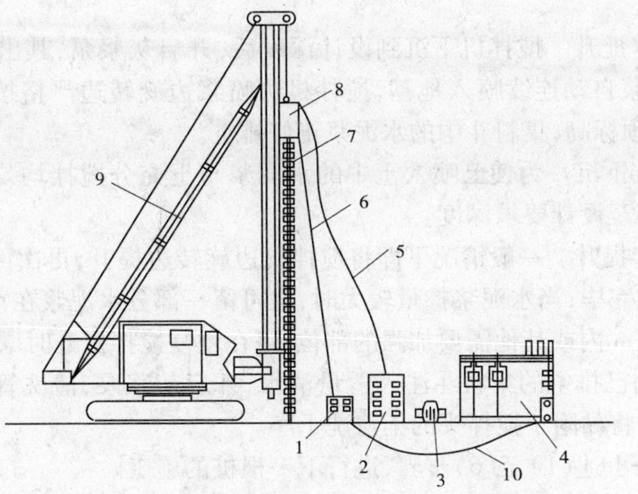

1—流量计;2—控制柜;3—低压变压器;4—PM2－15 泵送装置;5—电缆;
6—输浆胶管;7—搅拌轴;8—搅拌机;9—打桩机;10—电缆

图 4-13 GZB－600 型深层搅拌机与配套设备

(二)施工工艺

1. SJB 系列深层搅拌机

施工工艺顺序如图 4-14 所示。

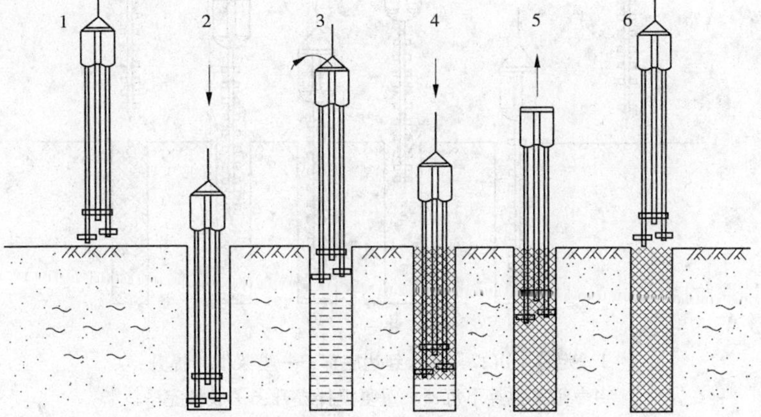

1—定位下沉;2—沉入到达底部;3—喷浆搅拌提升;4—重复搅拌下沉;5—重复搅拌提升;6—完毕

图 4-14 SJB 系列深层搅拌机施工工艺

(1)定位。用起重机悬吊深层搅拌机到达桩位并对中,当地面高低不平时,应使起重机保持平稳。如用桩架在轨道上就位,轨道应不断按要求移动调整。

(2)搅拌下沉。搅拌机冷却水循环正常后,启动搅拌机电机,放松起重机或桩架的钢丝绳,使搅拌机沿导向架切土搅拌下沉,将土搅松,下沉速度由电机的电流监测表控制,工作电流不应大于 10 A,如下沉速度太慢,可从输浆系统补给清水以利钻进。

当搅拌机下沉至一定深度时,即开始按预定掺入比和水灰比拌制水泥浆,并将水泥浆倒入集料斗备喷。

(3)喷浆搅拌提升。搅拌机下沉到设计深度后,开启灰浆泵,其出口压力保持在0.4 ~ 0.6 MPa,使水泥浆自动连续喷入地基,搅拌机边喷浆边旋转边严格按已确定的速度提升,直至设计要求桩顶标高,集料斗中的水泥浆正好排空。

(4)重复搅拌下沉。为使已喷入土中的水泥浆与土充分搅拌均匀,再次将搅拌机边旋转边沉入土中,直至设计要求深度。

(5)重复搅拌提升。一般情况下即将搅拌机边旋转边提升,再次回至设计桩顶标高,并上升至地面,制桩完毕;当水泥浆掺量较大时,也可留一部分水泥浆在重复搅拌提升时喷用;对桩顶以下2 ~ 3 m内或其他需要加强的部位,可在重复搅拌提升时增喷水泥浆。

(6)清洗。向已排空的集料斗注入适量清水,开启灰浆泵,清洗管道中残留水泥浆,直至基本干净,同时将黏附于搅拌头的土清洗干净。

(7)移位。按上述(1)至(6)步骤,进行下一根桩的施工。

2. GZB - 600型深层搅拌机

GZB - 600型深层搅拌机也以水泥浆为固化剂,其工艺顺序与SJB系列大致相似,所不同之处在于,SJB系列采用中心管输浆,而GZB - 600型则用叶片喷浆,如图4-15所示。

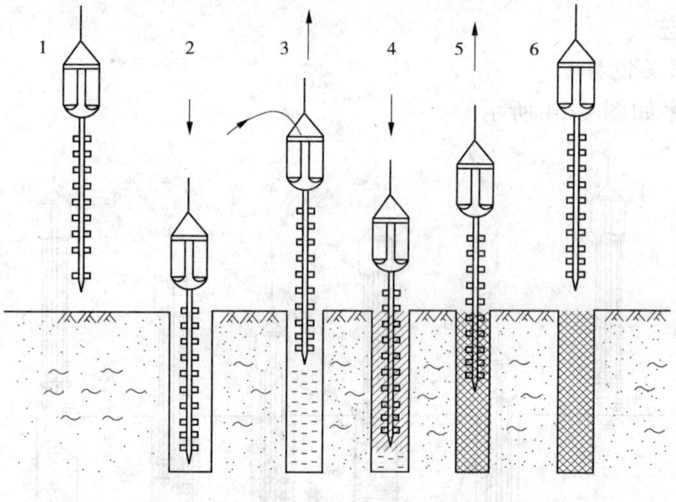

1—定位下沉;2—沉入到达底部;3—喷浆搅拌提升;
4—重复搅拌下沉;5—重复搅拌提升;6—成桩完毕

图4-15 GZB - 600型深层搅拌机施工工艺

3. SMW工法搅拌机施工工艺

该工法是以前述的三轴型或多轴型搅拌机在现场向一定深度进行钻掘,同时在钻头处喷出水泥固化剂而与地基土反复搅拌,在各施工单元间采取重叠搭接施工,然后在水泥土混合体未结硬之前插入H型钢或钢筋笼作为其加劲材料,至水泥土结硬,便形成一道有一定强度和刚度的、连续完整的、无接缝的地下墙体。

三、土层锚杆施工

土层锚杆施工包括钻孔、安放拉杆、压力灌浆和张拉锚固。在开工之前还需进行了解土层分布、地下水状况、周围环境情况及编制土层锚杆施工组织设计等准备工作。

一些特殊的土层锚杆,施工前还可能另有其他要求,都需根据具体情况做好准备工作。

(一)钻孔

土层锚杆的钻孔工艺,直接影响土层锚杆的承载能力、施工效率和整个支护工程的成本。钻孔的费用一般占成本的30%以上,有时甚至超过50%。钻孔时应注意尽量不要扰动土体,尽量减少土的液化,要减少原来应力场的变化,尽量不使自重应力释放。

土层锚杆钻孔用的钻孔机械,按工作原理分,有旋转式钻孔机、冲击式钻孔机和旋转冲击式钻孔机三类。主要根据土质、钻孔深度和地下水情况进行选择。

(二)安放拉杆

土层锚杆用的拉杆,常用的有钢管(钻杆用做拉杆)、粗钢筋、钢丝束和钢绞线,主要根据土层锚杆的承载力及现有材料的情况来选择。承载力较小时,多用粗钢筋;承载力较大时,多用钢绞线。

土层锚杆的长度一般都在 10 m 以上,有的达 30 m 甚至更长。为了将拉杆安置在钻孔的中心,防止自由段产生过大的挠度和插入钻孔时不搅动土壁;对锚固段,还为了增加拉杆与锚固体的握裹力,所以在拉杆表面需设置定位器(或撑筋环)。钢筋拉杆的定位器用细钢筋制作,在钢筋拉杆轴心按 120°夹角布置(见图 4-16),间距一般为 2 ~ 2.5 m。定位器的外径宜小于钻孔直径 1 cm。

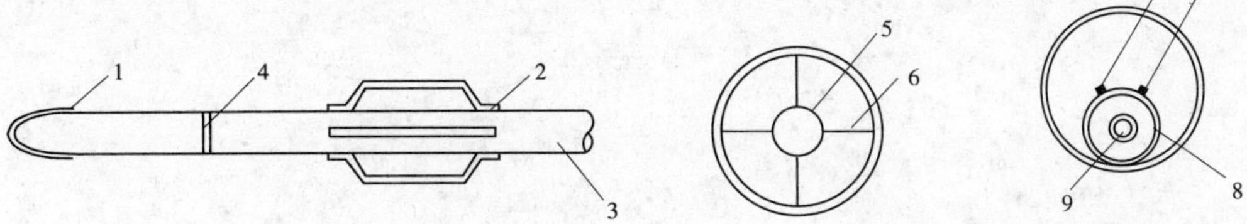

(a)中国国际信托投资公司大厦用的定位器　(b)美国用的定位器　(c)北京地下铁道用的定位器

1—挡土板;2—支承滑条;3—拉杆;4——半圆环;5—ϕ38 钢管内穿 ϕ32 拉杆;
6—35 × 3 钢带;7—2ϕ32 钢筋;8—ϕ65 钢管,l = 60,间距 1 ~ 1.2 m;9—灌浆胶管

图 4-16　粗钢筋拉杆用的定位器

钢丝束拉杆的锚固段亦需用定位器,采用撑筋环,如图 4-17 所示。钢绞线拉杆需用特制的定位器。

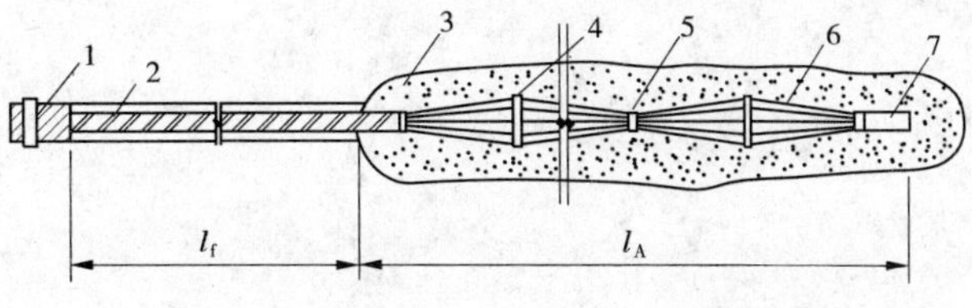

1—锚头; 2—自由段及防腐层; 3—锚固体砂浆;
4—撑筋环; 5—钢丝束结; 6—锚固段的外层钢丝; 7—小竹筒

图 4-17　钢丝束拉杆的撑筋环

对于拉杆,为防止地下土体、地下水对其的腐蚀,应做好相应的防腐处理。

(三)压力灌浆

压力灌浆是土层锚杆施工中的一个重要工序。灌浆的浆液为水泥砂浆(细砂)或水泥浆。水泥一般不宜用高铝水泥。选定最佳水灰比亦很重要,要使水泥浆有足够的流动性,以便用压力泵将其顺利注入钻孔和钢拉杆周围。同时,还应使灌浆材料收缩小和耐久性好,所以,一般常用的水灰比为0.4~0.45。

(四)张拉锚固

土层锚杆灌浆后,待锚固体强度达到80%设计强度以上,便可对锚杆进行张拉和锚固。张拉前先在支护结构上安装围檩。张拉用设备与预应力结构张拉所用设备相同。

从我国目前情况看,钢拉杆为变形钢筋者,其端部加焊一螺丝端杆,用螺母锚固。钢拉杆为光圆钢筋者,可直接在其端部攻丝,用螺母锚固。如用精轧螺纹钢筋,可直接用螺母锚固。张拉粗钢筋用一般的单作用千斤顶。

钢拉杆为钢丝束者,锚具多为镦头锚,亦用单作用千斤顶张拉。

第五章　高效钢筋和预应力混凝土技术

第一节　高效钢筋

随着我国人民生活水平的不断提高,要求建筑业提供舒适的、明快的空间和灵活多变的平面组合,以满足生活和工作的多种需要。普通混凝土框架结构由于跨度小、柱网密,往往无法满足多种功能的需要。此时,预应力技术应运而生,它能解决工程中的许多难题。这一技术的广泛应用,需要高效钢筋的配合使用,多年来,我国建筑用钢筋一直是以20MnSiHRB335级钢筋(俗称Ⅱ级钢筋)为主。这种钢筋的主要不足表现为:强度较低,生产质量保证率低,较多的应变时效性和抗震性能低等。为了克服Ⅱ级钢筋的不足,高效钢筋成为混凝土结构的主导型钢种。

一、HRB400级钢筋

(一)HRB400级钢筋的主要性能特点

HRB400级钢筋是指屈服强度为400 MPa,抗拉强度为570 MPa的钢筋,大量试验和使用结果表明,HRB400级钢筋具有以下性能优点:

(1)强度高,延性好,与HRB335级钢筋相比,强度提高了20%,同条件下可节约钢材10%~18%。

(2)性能稳定,钢筋应变时效敏感性低,安全储量大。

(3)强屈比高,$\sigma_b/\sigma_s>1.25$,抗震性能好。

(4)脆性转变温度低。在-40 ℃条件下进行拉伸试验,试样断裂时均为塑性断口。

(5)高应变性,有利于提高工程结构抗地震破坏能力。

综上所述,HRB400级钢筋符合建筑钢筋"高强度、高延性、高黏性"的"三高"发展方向。

(二)HRB400级钢筋的工程应用方法

1.施工中的一般代换方法

对于原设计为Ⅰ、Ⅱ级钢筋的梁、柱,其纵向受力钢筋若用HRB400级钢筋,可等强度转换为:Ⅰ级钢筋面积×210/360=HRB400级钢筋总面积;Ⅱ级钢筋面积×310/360=HRB400级钢筋总面积。在代换时,必须注意结构要求,即满足缝宽度和构件挠度要求。

2.HRB400级钢筋的连接

规范规定,HRB400级钢筋连接方式的顺序为机械连接接头、绑扎搭接接头和焊接接头;同时规定,轴心受拉及小偏心受拉杆件的受力钢筋不得采用绑扎的搭接接头;受拉钢筋直径大于28 mm、受压钢筋的直径大于32 mm时,不宜采用绑扎的搭接接头。

HRB400级钢筋连接的基本要求是:接头宜设置在受力较小处,且依据其连接的可靠程度,分别规定了连接接头的设置位置和接头钢筋的面积百分率的要求。HRB400级钢筋与

Ⅱ级钢筋的连接方式及要求完全相同。

二、冷轧带肋钢筋

冷轧带肋钢筋是将热轧圆盘条利用冷轧工艺生产的一种三面或两面带有月牙形横肋的钢筋。生产的钢筋直径多为4～12 mm（每0.5 mm进级），其强度级别分为550 MPa、650 MPa、800 MPa、970 MPa及1 170 MPa。其中，550级钢筋主要应用于钢筋混凝土结构中受力主筋、预应力混凝土结构中非预应力钢筋以及板类构件的配筋，也可用做箍筋和构造钢筋；650级钢筋直径为4～6 mm，适用于中小型预应力构件的受力主筋，亦可替代光面冷拔低碳钢丝；800级钢筋直径为5 mm，由热轧低合金钢盘条轧制而成，可用做预应力构件的主筋；970级和1170级钢筋用高碳钢盘条轧制而成，主要用做预应力构件的主筋。

（一）冷轧带肋钢筋的优点

冷轧带肋钢筋在现浇混凝土结构中可取代Ⅰ级钢筋，在预应力混凝土构件中是冷拔低碳钢丝的更新换代产品。通过试验比较及工程应用，其优势越来越明显。冷轧带肋钢筋的优点主要表现在以下几个方面。

1. 钢材强度高，经济效益显著

550级冷轧带肋钢筋应用于现浇混凝土楼、屋盖中时，由于其设计强度较光面Ⅰ级钢筋提高了71%，可节约钢材35%～40%；600级钢筋用于预应力空心板中，与甲级Ⅱ级组冷拔低碳钢丝相比，平均节约预应力钢筋13%左右，每立方米混凝土构件可节省水泥40 kg，经济效益非常显著。

2. 钢筋的黏结锚固性能优良

冷轧带肋钢筋用于构件中，由于其表面横肋的存在，使得钢筋与混凝土的黏结面积加大，黏结锚固强度提高，改善了混凝土构件的裂缝状态；从根本上杜绝了冷拔钢丝的沾油滑丝问题，提高了构件端部的承载力和抗裂能力；尤其在挤压成型的空心板中使用时，避免了构件端部预应力冷拔钢丝的回缩现象，从而提高了构件的强度。

3. 钢筋伸长率较大，具有良好的塑性

冷轧带肋钢筋的伸长率较其他冷加工钢筋高，如：650级和800级冷轧带肋钢筋的伸长率 $\delta_{100} \geqslant 4\%$，比甲级冷拔低碳钢丝 $\phi5$ 的伸长率（$\delta_{100} = 3\%$）高，它们的使用可以改善预应力构件的延性和抗冲击性能；550级冷轧带肋钢筋的最大均匀伸长率在25%以上。冷轧带肋钢筋良好的塑性，在混凝土连续板的设计中，可以考虑塑性内力重分布，从而提高材料的使用率。

（二）冷轧带肋钢筋的工程应用

1. 冷轧带肋钢筋在现浇混凝土结构中的应用

550级冷轧带肋钢筋目前已较多地应用在住宅、写字楼、学校、医院、商场以及一些构筑物中。与光面Ⅰ级钢筋相比，其设计强度提高了71%。当供货方按工程需要定尺下料、直条供应时，工程中可省去弯钩，减少现场加工废料。上述两大优势可节省钢材用量达38%左右，为工程节约了大量的投资。由于钢筋表面带有横肋，增强了钢筋与混凝土的黏结锚固性能，明显地改善了构件的裂缝状态，使得裂缝变得细而密，从而提高了混凝土的耐久性能。经过冷加工后的钢筋，平直度好且富有弹性，不易发生局部弯折，这为施工中浇筑混凝土提供了很大的方便。基于上述特点，550级冷轧带肋钢筋在现浇混凝土结构中的应用范围越来越大,主要用做现浇楼板、屋面板的主筋和分布钢筋以及梁、柱的箍筋,也可以用做圈梁、构造柱、剪力柱、剪力墙中的暗梁、暗柱的箍筋以及剪力墙墙面的分布钢筋(底部加强区除外)。特别是用做框架柱端加密区的箍筋时,其最小体积配筋可减少15%,便于混凝土的浇筑。当冷轧带肋钢筋用做钢筋深加工产品,尤其是制成焊接网后,其优点更为突出,经济效益也更显著。

值得注意的是,由于冷轧带肋钢筋是经过冷加工强化的、没有明显屈服点的“硬钢”,其延性等终究不如热轧的“软钢”,因此一般认为,冷轧带肋钢筋不宜用做地震作用下、对钢筋延性要求较高的框架梁、框架柱及圆梁的纵向筋。

2. 冷轧带肋钢筋在预应力构件中的应用

冷轧带肋钢筋代替冷拔低碳钢丝制作预应力空心板技术在国内已得到广泛的普及,在上下水管和预应力电杆中的使用也逐步获得推广。

据不完全统计,在ϕ1 200~2 400 mm的排水管道中用应力冷轧带肋钢筋来替代冷拔低碳钢丝,可节约钢材10%~31%,平均省钢达18%;在预应力电杆生产中,若以每根电杆平均用钢30 kg计算,一年全国的钢筋总用量约达20万t以上,这为推广冷轧带肋钢筋技术提供了广阔的空间。在预应力混凝土电杆标准图集中,650级和800级钢筋已用做长度6~10 m的环形预应力混凝土整根锥形电杆的配筋;直径为4.2~4.8 mm、强度为1200级的冷轧带肋钢筋已用在长度为7~12 m的预应力电杆中。

三、高强度预应力钢材

随着多层、高层及大跨度建筑的不断兴建,后张预应力技术的飞速发展,对预应力构件所使用的钢材的品质要求也越来越高。预应力钢筋的强度已从1470级逐步提高到目前的2000级,松弛率从Ⅰ级普通松弛改进为Ⅱ级低松弛,并制作出特殊情况下采用的预应力钢筋,如镀锌钢绞线、环氧涂层钢绞线等。

目前,工程中常用于后张预应力工程的预应力钢材主要有钢绞线及钢丝两种,从节约材料、降低成本的角度出发,又以高强度、低松弛的1860级钢筋为主。

(一)高强钢丝

高强钢丝是用优质高碳盘条经处理后,冷加工制成的,根据其加工的不同要求,可分为冷拉钢丝、消除应力钢丝、刻痕钢丝、低松弛钢丝和镀锌钢丝等。

(1)冷拉钢丝。经过冷拔后直接使用的钢丝,其特点是冷拔后的钢丝存在残余应力,屈强比低,伸长率小。常用于强度要求不高的构件中,如压力水管道、电杆等。

(2)消除应力钢丝(也称矫直回火钢丝)。钢筋冷拔后,经高速旋转矫直、辊筒矫直,并经回火(350~400 ℃)处理的钢丝,属于普通松弛级钢丝。其特点是消除了钢丝冷拔时产生的残余应力,提高了钢丝的比例极限、屈强比和弹性模量,改善了钢丝的塑性。常用于房屋、桥梁、市政工程及水利工程中。

(3)刻痕钢丝。通过冷轧或冷拔方法使钢丝表面产生周期变化的凹痕或凸纹的钢丝,其特点是,不仅具有消除应力钢丝的优点,其表面的凸纹或凹痕还可增加钢丝与混凝土的握裹力。一般有两面刻痕或三面刻痕钢丝,见图5-1。常用于先张法预应力混凝土构件中。

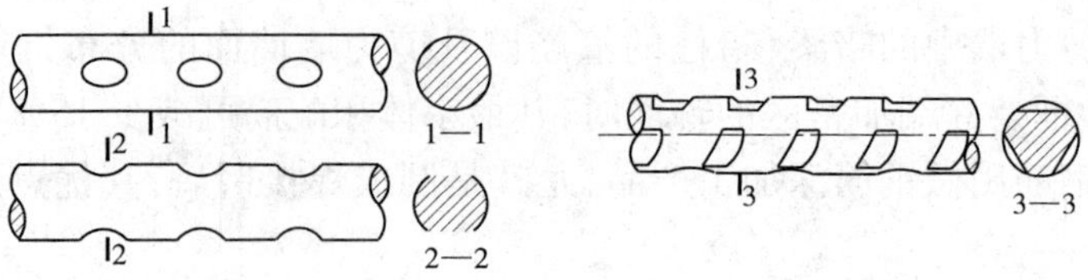

图 5-1　刻痕钢丝的外形

(4)低松弛钢丝(也称化学稳定化处理钢丝)。即将冷拔后的钢丝在张力状态下经回火处理所得的钢丝。其特点是弹性极限和屈服强度高,应力松弛率大大降低;钢丝的综合经济效益好,但单价较贵。常用于房屋、道路、桥梁、市政工程及水利工程中。

(5)镀锌钢丝。用热镀或电镀方法在表面镀上锌层的钢丝。其特点是,不仅具有低松弛钢丝的优点,而且抗腐蚀性能强,但价格较高。主要用于悬索桥和斜拉桥的拉索以及环境条件恶劣的工程结构拉杆。

(二)钢绞线

钢绞线是目前预应力工程中使用最多的预应力钢材,它由多根高强度钢丝以一根直径稍粗的钢丝为轴心,沿同一方向扭转,并经低温回火处理而成。按照不同的方法,工程中常见的钢绞线的类型有以下几种。

(1)按钢丝数量分为:1 ×2 钢绞线、1 ×3 钢绞线和 1 ×7 钢绞线,如图 5-2 所示,其中以 1 ×7 钢绞线最为常用,1 ×2 钢绞线、1 ×3 钢绞线一般用于先张法预应力混凝土构件中。

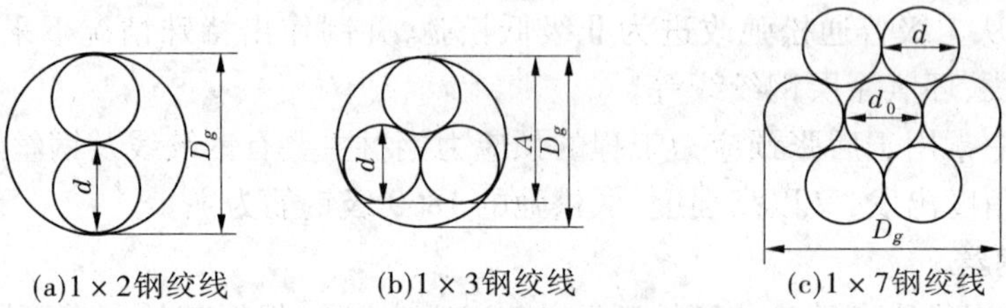

图 5-2　预应力钢绞线截面图

(2)按施工工艺分为:有黏结钢绞线、无黏结钢绞线、缓黏结钢绞线及体外预应力钢绞线束。无黏结钢绞线主要用于平板及跨度中等大小的框架梁中;有黏结钢绞线则主要用于大跨度框架梁及承受动荷载的构件中;体外预应力钢绞线束主要用于体育场馆、建筑物加固等特殊构筑物中;缓黏结钢绞线目前正处于研制、试应用阶段。

(3)按深加工工艺分为:普通松弛钢绞线、低松弛钢绞线、镀锌钢绞线、模拔钢绞线及环氧涂层钢绞线等。

(4)按强度级别分为:1470 级、1570 级、1670 级、1720 级、1860 级、2000 级等。

目前,国内常用的为 1860 级低松弛钢绞线,主要应用于重要的桥梁、高层建筑和大型公共建筑中,是现代预应力混凝土首选的高效钢材。

第二节 高效预应力混凝土技术

一、高效预应力混凝土技术概况

高效预应力混凝土结构是在高强度混凝土(一般混凝土强度等级≥C30)结构中,通过预埋、张拉强度预应力钢材,在混凝土内预先建立储存压应力,以此来部分或全部抵消使用荷载作用下混凝土内部产生的拉应力,从而改善结构构件的裂缝变形性能,提高结构的耐久性。

(一)高效预应力混凝土结构的优点

1. 节约材料

混凝土结构抗拉破坏试验表明,普通混凝土构件的抗拉极限应变值只有0.1~0.5 mm,当其达到受拉极限时,受拉钢筋的应力只有20~30 N/mm^2(即20~30 MPa);混凝土开裂时钢筋的应力也仅为150~250 MPa,而钢筋的强度为Ⅰ级钢筋(235/370 MPa),Ⅱ级钢筋(335/510 MPa)。以上数据表明,当混凝土构件已产生受力破坏时,钢筋的抗拉作用尚未得到较好地发挥,从而造成钢材的浪费,对高强度钢筋来讲浪费尤其严重。

施工中当对构件施加预加压力后,不仅提高了混凝土抗拉能力,同时,由于预应力钢材强度较高(常用的预应力钢筋抗拉强度标准值f_{ptk} =1 860 MPa),约为普通钢筋的4倍,故在同样荷载条件下可节约大量钢材。另外,采用高强度钢材和高强度等级混凝土后,可以减小结构断面尺寸,减少混凝土的用量,达到减轻结构自重的目的。

2. 控制挠度,提高耐久性能

由于预应力作用构件上产生的反拱往往与荷载作用于构件上所造成的挠曲变形相反,与普通混凝土结构的构件相比,叠加后的总挠度较小,甚至可能为零,因而构件的裂缝可以得到有效控制,结构的耐久性得到显著地提高。

3. 服务于建筑发展,效益显著

建筑业是我国国民经济的重要支柱产业之一。普通混凝土结构由于跨度小,柱网密,往往无法满足多种功能的需要,造成建筑投入使用后往往受到许多的限制。预应力混凝土正以其跨度大、自重轻、节约建筑材料、节省建筑层高、改善建筑与结构功能等突出的优点,迎合了近代建筑结构的发展趋势,该技术在我国的快速发展和应用,解决了工程中的许多难题,其综合经济效益和社会效益显著。

(二)我国预应力混凝土技术发展现状

预应力混凝土技术经过半个世纪的发展,目前在世界范围内已成为土木工程建筑中一种十分重要的结构材料,其应用范围也日益扩大,它已经由以往的单层、多层房屋、公路、铁路桥梁、轨枕、电杆、压力水管、储罐、水塔等的应用扩大到高层建筑、地下建筑、高耸结构、水工建筑、海洋结构、机场跑道、核电站压力容器及大吨位船舶等方面,且已越来越被广大工程技术人员所接受。

经过数十年的发展,我国预应力技术取得了巨大的进步,主要体现在以下几方面。

1. 原材料性能较好

预应力钢材由过去强度低、品种杂、质量不稳定、供不应求的现象转变成强度逐渐提高、品种规格齐全、质量优异的高效预应力钢筋,满足了设计、施工等技术要求;高性能混凝土的开发利用，使得预应力混凝土结构整体质量得到极大地提高，极大地满足了设计、施工和使用的特殊要求，它们都为预应力混凝土技术的应用和发展提供了良好的物质保障。

2. 关键技术水平提高

大吨位张拉用千斤顶和锚、夹具的研制成功及使用，较好地解决了预应力施工工艺中的关键技术，保证了预应力技术的应用和发展。

3. 规范规程已基本配套

《混凝土结构设计规范》、《无黏结预应力混凝土结构技术规程》、《预应力钢筋锚具、夹具和连接器》等国家产品标准和应用技术规程，及《无黏结预应力钢筋专用防腐润滑脂》、《预应力用液压力千斤顶》等一批国家及地方技术规程和产品标准也已基本配套到位，满足了工程需要，使预应力各项技术有章可循。

4. 建造了具有国际先进水平的预应力混凝土结构

应用预应力混凝土技术，我国已建设了一批具有国际先进水平的预应力混凝土工程。如：柱网尺寸最大的南京国际展览中心工程（柱网尺寸 25 m×27 m）；层数最多的广东国际大厦主楼（63 层）；最高的青岛中银大厦（241 m）；采用竖向预应力技术的上海东方明珠电视塔（高 450 m）；我国第一座特大型三跨连续钢箱梁预应力悬索桥的厦门海沧大桥（全长 5 926.527 m，其中悬索主桥跨度 1 108 m）；其他还有中华世纪坛，中国科技馆新馆，杨浦、南浦大桥，秦山核电站预应力混凝土安全壳，珠海机场候机楼及首都国际机场新航站等建筑工程，这说明我国的预应力混凝土技术已达到了一个相当高的水平。

（三）我国预应力技术尚存的不足

虽然近年来，预应力混凝土技术在我国得到了较快地发展和应用，但与国际先进水平相比，仍存在着一定差距，主要表现在以下方面。

1. 总体设计水平偏低

就全国范围来看，多数设计单位和设计人员尚未掌握预应力混凝土结构设计特点，预应力设计人员匮乏，设计理论尚待完善；现有的预应力混凝土房屋建筑标准化、产业化程度较低，经济效益高的特点表现不突出。

2. 结构型式单一，造价偏高

我国现有的预应力房屋建筑结构型式大都沿用了传统的普通钢筋混凝土结构型式，设计中未充分考虑预应力混凝土的特点，没有在柱网及结构布局上作相应的调整变化，使得建筑结构型式比较单一，建筑外观单调，用钢量大，造价偏高。

3. 施工工艺水平有待提高

预应力混凝土施工中涉及大量的专用设备及专门工艺，如：各类张拉千斤顶、墩头器、制管机、灌浆机、穿束机、无黏结筋涂包、端部密封装置等。同时，这些设备的使用也要求操作者具有相当的专业知识及技术，而我国目前预应力施工尚处于劳动密集型的低效状态，施工操作人员理论水平参差不齐、技术水平低，且设备的工艺水平较低，其适用性、耐久性和配套性能均较差，限制了该技术的普及应用。

4. 产业化程度低

由于我国没有针对预应力的较为完善的质量标准，而地方行业标准又有着较大的差异，使得预应力混凝土构件产生的工厂化、产业化水平较低，从而造成预应力混凝土构件生产规模小，施工专业化程度低。

二、高效预应力技术发展展望

（一）应用预应力技术的必然性

（1）随着我国人口的增加及人们生活水平的提高，对各种建筑的要求也逐步提高。采用预应力技术将有利于高层、大跨建筑的顺利实现，极大地提高建筑的多种功能。

（2）大型公共建筑如会展中心、电视塔、航空港等的大量涌现，为预应力技术的应用提供了用武之地。

（3）新建、扩建、改建的工业建筑及大量的道桥交通工程和水利工程、海洋钻井平台的建设等，都必然采用先进的预应力技术来保证其建设。

（4）我国 20 世纪 50 年代前后建造的建筑基本上已进入维修加固期，预应力加固技术必将与其他加固工艺共同承担起这一重任。

（二）预应力混凝土技术的发展展望

（1）设计理论将有重大进展，预应力混凝土结构的可靠性、耐久性和经济性将更为协调。目前，我国预应力混凝土房屋建筑设计水平普遍偏低，设计理念尚存在着一定的偏颇。如结合预应力混凝土特点对结构的整体布局、概念设计、方案对比、综合技术经营效益的分析研究较薄弱；设计理论上过分强调了裂缝对耐久性的危害，对某些预应力结构的抗裂要求过严；结构分析时，常常将普通钢筋混凝土结构的设计准则不恰当地套用到预应力混凝土结构中。上述问题的存在，较大地损害了预应力技术在工程中的普及，影响了该技术的健康发展。因此，设计理论的尽快完善与提高，设计队伍的壮大和设计水平的提高，已成为当前普及推广应用该技术的当务之急。

（2）预应力工艺需进一步完善，专用产品质量有待提高。尽管我国已能大批量生产高强钢材、锚具和各类预应力混凝土用专用机具，但就总体来看，其质量的稳定性、耐用性及配套性以及预应力工艺水平还不太高，这需要我们广泛地吸收国外的先进经验，提高自己的施工水平。

（3）预应力技术应用向专业化、大型化、集团化和国际化方向迈进。我国目前的预应力施工水平尚处于初级阶段，专业化施工水平不高，施工操作人员技术水平差距大，造成产品质量保证率偏低。因此，应大力发展大型专业预应力工程公司，促进其产业化生产，提高工程质量和降低成本，增大集团竞争能力，适应市场的国际化趋向。

三、有黏结预应力混凝土技术简介

（一）技术特点及适用范围

1. 技术特点

（1）施加预应力能控制构件的裂缝，提高结构的整体性能和刚度，减小挠度，发挥高强材料的特性，使构件截面尺寸减小，自重减轻，为发展重载、大跨度、大开间结构体系创造了条件。

（2）采用后张法，大型构件可分块制作，现场拼装，利用预应力钢筋连成整体，加大了施工灵活性，方便了长途运输。

（3）后张法施工可以适应外荷载弯矩图形的要求，充分发挥预应力钢筋的强度。

（4）与钢结构相比较，其维修费用低，具有耐久性好和节约钢材、木材等特点。

2. 适用范围

(1)大跨度预制预应力混凝土屋面梁、屋架、吊车梁等工业厂房构件。

(2)大跨度预应力混凝土现浇框架、连续梁及井式梁等预应力混凝土结构。

(3)预应力简支桥梁、连续桥梁等大跨度桥梁结构。

(4)水工结构、核电站安全壳、电视塔、圆形贮池与筒仓等大型特种结构,以及预应力岩土锚杆。

(二)主要技术内容

1. 工艺原理

有黏结预应力混凝土是在结构、构件或块件体制作时,在需放置预应力钢筋的部位预先留出孔道,待混凝土达到设计强度后,在孔道内穿入预应力钢筋,施加预应力后,进行孔道灌浆,张拉力由锚具传给混凝土构件,并在其内产生预压力,用以改善全部荷载作用下构件的受力状态,推迟拉应力的出现,限制裂缝的形成和扩展。

2. 工艺流程及操作要点

1)工艺流程

有黏结预应力混凝土工艺流程如图 5-3 所示。

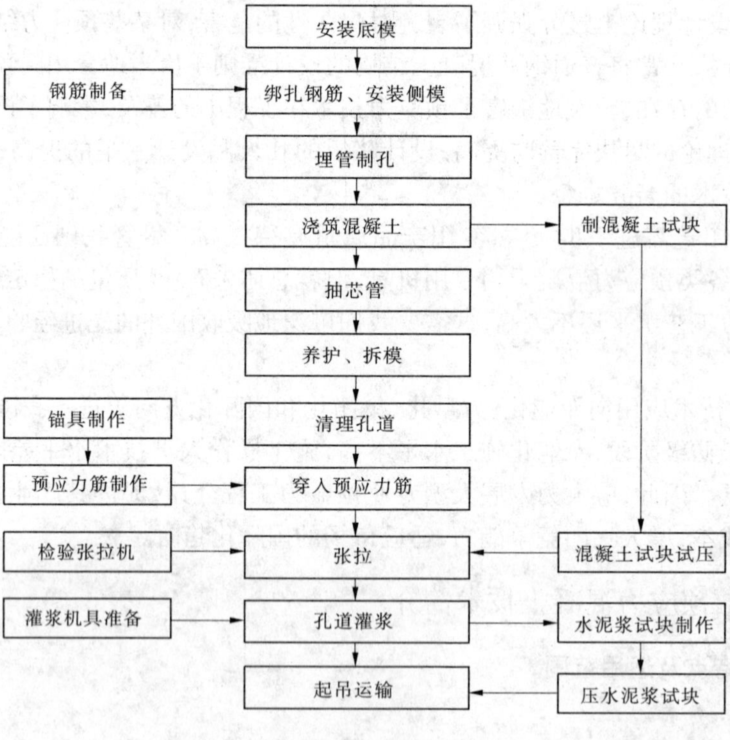

图 5-3 有黏结预应力混凝土工艺流程

2)操作要点

a. 预应力筋制作

(1)钢丝下料与编束。钢丝下料时如发现钢丝表面有电接头或机械损伤,应随时剔除。钢丝下料可用钢管限位法或用牵引机在拉紧状态下进行。为保证钢丝束两端钢丝的排列顺序一致,穿束与张拉时不致紊乱,每束钢丝都必须进行编束。编束方法按所用锚具形式确定。

(2)钢丝镦头。ϕ^s5 钢丝的镦头，采用 LD10 型钢丝冷镦器。切筋应保证钢丝切口平整。冷镦头要求头型圆整、不偏歪，外观、尺寸、强度符合要求。

(3)钢绞线下料与编束。钢绞线下料时，应将钢绞线盘卷装在铁笼内，且应从盘卷中央逐步抽出。钢绞线下料应用砂轮切割机切割，不得采用电弧切割。钢绞线编束时，应先将钢绞线理顺，再用 20 号铁丝绑扎，间距 1 ~ 1.5 m，并尽量使各根钢绞线松紧一致。

(4)钢绞线固定端锚具组装。挤压锚具组装采用 YJ4S 型挤压机并按其操作注意事项进行。压花锚具成型采用压花机并按其操作程序进行。

b. 留孔

预应力筋的孔道可采用钢管抽芯、胶管抽芯和预埋管等方法成型。对孔道的基本要求是：孔道的尺寸和位置正确，孔道应平顺，接头不漏浆，端部预埋垫板应垂直于孔道中心线等。

钢管抽芯法用于留设直线孔道；胶管抽芯法可用于留设直线、曲线及折线孔道。这两种方法主要用于预制构件，管道可重复使用，成本较低。

预埋管法可采用薄钢管、镀锌钢管与波纹管（金属波纹管或塑料波纹管）等。用金属波纹管留孔，一般均用于采用钢绞线或钢丝作为预应力筋的大型构件或结构中，可直接将下好料的钢绞线、钢丝在孔道成型前就穿入波纹管中，这样可省掉穿束工序，亦可待孔道成型后再进行穿束。

对连续结构中多波纹曲线束，且高差较大时，应在孔道的每个峰顶处设置泌水孔；起伏较大的曲线孔道，应在弯曲的低点处设置排水孔；对于较长的直线孔道，应每隔 12 ~ 15 m 设置排气孔。泌水孔、排水孔、排气孔及灌浆孔的制作方法如下：在波纹管上开洞，然后将一块特别的带嘴塑料弧形接头板用铅丝同管子绑在一起，再用塑料管插在嘴上，并将其引出构件顶面，一般应高出混凝土顶面至少 500 mm。接头板的周边可用宽塑料胶带缠绕数层封严，或在接头板与波纹管之间垫海绵垫（见图 5-4）。泌水孔、排气孔必要时可考虑作为灌浆孔用。

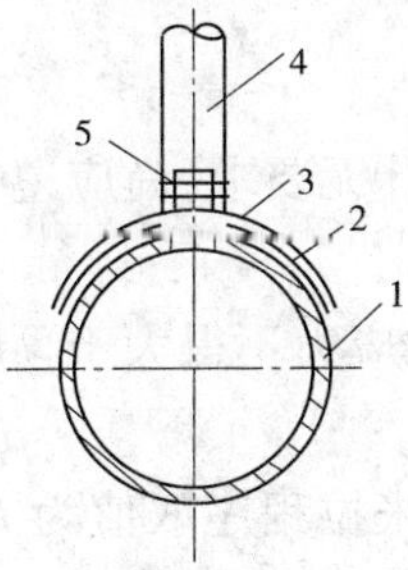

(a)连接图

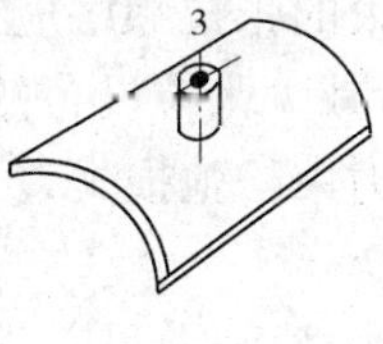

(b)弧形压板

1—波纹管；2—海绵垫；3—塑料弧形压板；4—塑料管；5—铁丝扎紧

图 5-4　波纹管上开孔示意图

波纹管的连接可采用大一号的同型波纹管，接头管的长度：管径为 $\phi40 \sim \phi65$ 时取 200 mm；管径为 $\phi70 \sim \phi85$ 时取 250 mm；管径为 $\phi90 \sim \phi100$ 时取 300 mm。管两端用密封胶带或塑料热缩管封口。

波纹管安装过程中应尽量避免反复弯曲，以防管壁开裂，同时还应防止电焊火花烧伤管壁。波纹管安装后，管壁如有破损，应及时用粘胶带修补。

c. 穿束

(1)先穿束法。按穿束与预埋波纹管之间的配合分为三种情况:先装管后穿束、先装束后装管和束与管组装后放入。后穿束法是在浇筑混凝土之后穿束。

(2)钢丝束应整束穿,钢绞线优先采用整束穿,也可用单根穿。穿束工作可由人工、卷扬机和穿束机进行。整束穿时,束的前端应装有特制牵引头或穿束网套;单根穿时,钢绞线前头应套上一个子弹头形的壳帽。

d. 张拉

(1)张拉设备及机具。配套张拉设备有油泵及千斤顶。机具有顶压器(液压和弹簧两种)、张拉杆、工具锚等。

(2)张拉依据和要求:

①设计单位应向施工单位提出预应力筋的张拉顺序、张拉值及伸长值。

②张拉时混凝土强度设计无要求时,不应低于设计强度的75%,并应有试验报告单。立缝处混凝土或砂浆强度如设计无要求,不应低于块体混凝土强度等级的40%,且不得低于15 MPa。

③对构件(或块体)的几何尺寸、混凝土浇筑质量、孔道位置及孔道是否畅通、灌浆孔和排气孔是否符合要求、构件端部预埋铁件位置等进行全面检查。

④高空张拉预应力筋时,应搭设可靠的操作平台。

⑤张拉前必须对各种机具、设备及仪表进行校核及标定。

⑥对安装锚具与张拉设备的要求,根据预应力束张拉锚固体系不同分别要求如下。

钢丝束镦头锚具体系:由于穿束关系,其中一端锚具要后装,并进行镦头。配套的工具式拉杆与连接套筒应事先准备好,此外,还应检查千斤顶的撑脚是否适用。

钢绞线束夹片锚固体系:安装锚具时应注意工作锚环或锚板对中,夹片均匀打紧并外露一致;千斤顶上的工具锚孔位与构件端部工作锚的孔位排列要一致,以防钢绞线在千斤顶穿心孔内打叉。

⑦工具锚的夹片,应注意保持清洁和良好的润滑状态。

⑧后张预应力束的张拉顺序应按设计要求进行,如设计无要求,尚应遵守对称张拉的原则,还应考虑到尽量减少张拉设备的移动次数。

⑨为减少预应力束松弛损失,可采用超张拉法,但张拉应力不得大于预应力束抗拉强度的80%。

⑩预应力筋的张拉操作程序,设计时松弛损失按一次张拉程序取值为$F_j \to 0$后锚固,F_j为预应力筋的张拉控制力;设计时松弛损失按超张拉程序,预应力筋的张拉程序宜为$1.03F_j \to 0$锚固。以上各种张拉操作程序,均可分级加载。

⑪多根钢绞线或钢丝同时张拉时,构件截面中断丝和滑脱钢丝的数量不得大于钢绞线或钢丝总数的3%,但一束钢丝只允许有一根。

⑫实测伸长值与计算伸长值相差大于10%或小于5%,应暂停张拉,在采取措施予以调整后,方可继续张拉。

⑬张拉后按设计要求拆除模板及支撑。

(3)张拉方式。张拉方式应根据设计要求进行选择,预应力筋张拉方式有以下几种:

①一端张拉方式。张拉设备放置在预应力筋一端的张拉方式。适用于长度≤30 m的

直线预应力筋与锚固损失影响长度 $L_f \geq L/2$（L 为预应力筋长度）的曲线预应力筋；如设计人员根据计算资料或实际条件认为可以放宽以上限制的话，也可采用一端张拉，但张拉端宜分别设置在构件的两端。

②两端张拉方式。张拉设备放置在预应力筋两端的张拉方式。适用于长度 >30 m 的直线预应力筋与锚固损失影响长度 $L_f < L/2$ 的曲线预应力筋。当张拉设备不足或由于张拉顺序安排关系，也可先在一端张拉完成后，再移至另一端张拉，补足张拉力后锚固。

③其他张拉方式。针对不同结构型式和不同的结构设计要求，预应力筋还可采用分批张拉工艺、分段张拉工艺、分期张拉工艺、补偿张拉工艺等。这些工艺是为满足某一特定要求而设计的，此处不再细述。

e. 孔道灌浆

预应力筋张拉后，孔道应尽早灌浆，以免预应力筋锈蚀。

(1) 灌浆材料与设备要求。孔道灌浆一般采用水泥浆，空隙大的孔道，水泥浆中可掺入适量的细砂。水泥应采用普通硅酸盐水泥，水泥的标号不宜低于 32.5 级。配制的水泥浆或砂浆其强度均不应低于 30 MPa。水灰比一般宜采用 0.4 ~0.5，掺入适量减水剂时，水灰比可减小到 0.35；水及减水剂必须对预应力筋无腐蚀作用。

灌浆可采用电动或手动灌浆泵，不得使用压缩空气。灌浆用的设备包括：灰浆搅拌机、灌浆泵、储浆桶、过滤器、橡胶管和喷浆嘴。喷浆嘴必须接上阀门，以确保安全和节省灰浆。橡胶管宜用带 5 ~7 层帆布夹层的厚胶管。

(2) 灌浆工艺要求。灌浆前，首先要进行机具准备和试车。对孔道应进行检查，如有积水应用吹风排除。灌浆顺序宜先灌注下层孔道，后灌注上层孔道。灌浆工作应缓慢均匀地进行，不得中断，并应排气通顺。灌浆操作时，灰浆泵压力取为 0.4 ~1.0 MPa。孔道较长或输浆管较长时压力宜大些，反之可小些。灌浆进行到排气孔冒出浓浆时，即可堵塞此处的排气孔，再继续加压至 0.5 ~0.6 MPa，稍后再封闭灌浆孔。

灌浆应缓慢、均匀地进行。比较集中和邻近的孔道，宜尽量连续灌浆完成，以免串到邻孔的水泥浆凝固、堵塞孔道。不能连续灌浆时，后灌浆的孔道应在灌浆前用压力水冲洗通畅。孔道灌浆应填写施工记录。

f. 端部处理

(1) 每根构件张拉完毕后，应检查端部和其他部位是否有裂缝，并填写张拉记录表。

(2) 预应力筋锚固后的外露长度，不宜小于 30 mm。对于外露的锚具，需涂刷防锈油漆，并用混凝土封裹，以防腐蚀。

(3) 在桥梁结构中，锚头外要加锚罩，用水泥浆将锚头封死，并认真地灌封混凝土，在封端混凝土以外再加防水膜防水，以防止侵蚀介质从锚头部分侵入预应力筋。

四、无黏结预应力混凝土技术简介

(一) 技术特点及适用范围

1. 技术特点

(1) 提供了使用灵活的空间，为发展大跨度、大柱网、大开间楼盖体系创造了条件。

(2) 降低了楼层高度。与同类建筑工程的梁板结构相比，每层至少可节约层高 300 mm，在保持相同的建筑高度下，可较多地增加建筑面积，并可节约能源及经常性的管理费用。

(3)提高了结构整体性能和刚度。采用无黏结钢筋和普通钢筋混合配筋的原则,还可以提高无黏结预应力混凝土构件的延性。

(4)无黏结钢筋可曲线配置,其形状与外荷弯矩图形相适应,可充分发挥预应力钢筋的强度。

(5)设备管道及电气管线在楼板下可通行无阻,减少建筑、结构、设备的布局矛盾。

(6)无黏结钢筋成型采用挤出成型工艺,产品质量稳定,摩阻损失小,便于工厂化生产。

(7)省去了埋管和灌浆工艺,施工方便,缩短工期。

2. 适用范围

(1)多层及高层建筑大跨度、大柱网、大开间楼盖体系,如单向连续板、四边支承双向平板,柱支撑无梁式双向平板和密肋板等。

(2)现浇连续梁、框架及预制梁式结构。

(3)桥梁、飞机跑道、大型基础、筒壁结构、挡土墙的加固等设计允许的工程结构。当用于非正常使用环境条件下的结构时,应做特别的防腐蚀处理。

(二)主要技术内容

1. 工艺原理

无黏结预应力混凝土施工时,不需要预留孔道、穿筋、灌浆等工序,而是把预先组装好的无黏结筋在浇筑混凝土之前,同非预应力筋一道按设计要求铺放在模板内,然后浇筑混凝土。待混凝土达到强度后,利用无黏结筋与周围混凝土不黏结,在结构内可纵向滑动的特性,进行张拉、锚固,借助两端的锚具,达到对结构产生预加压应力的效果。

2. 工艺流程及操作要点

1)工艺流程

安装梁或楼板模板—放线—下部非预应力钢筋铺放、绑扎—铺放暗管、预埋件—安装无黏结筋张拉端模板(含打眼、钉焊预埋承压板、螺旋筋、穴模及各部位马凳筋等)—铺放无黏结筋—修补破损的护套—上部非预应力筋铺放、绑扎—自检无黏结筋的标高、位置及端部状况—隐蔽工程检查验收—浇灌混凝土—混凝土养护—松动穴模、拆除侧模—张拉准备—混凝土强度试验—张拉无黏结筋—切除超长的无黏结筋—安放封闭罩、端部封闭。

2)操作要点

a. 现场制作

(1)下料。无黏结筋的下料长度应按设计和施工工艺要求计算确定,应采用砂轮锯切割。

(2)制作固定端的挤压锚。制作固定端的挤压锚时,应遵循专项操作规定;在完成挤压后,护套应正好与挤压锚具头贴紧靠拢。

(3)使用连体锚作为张拉端锚具时,必须加套颈管,并切断护管,安装定心穴模。

b. 模板

底模板在建筑物周边宜外挑出去,以便早拆侧模。

c. 铺筋

(1)底模安装后,应在模板上标出预应力筋的位置和走向,以便核查根数并留下标记。

(2)为保证无黏结筋的曲线矢高要求,应合理编排非预应力底筋。

(3)无黏结筋的曲率可用马凳筋控制,间距为0.8~1.2 m。

(4)无黏结筋为双向配置时,必须事先编序,制定铺放顺序。

(5)无黏结筋与预埋电线管发生位置矛盾时,后者应予避让。

(6)在施工中无黏结筋的护套如有破损,应及时用塑料胶带包缠修补。

d. 端部节点安装

(1)固定端挤压式锚具的承压板应与挤压锚固头贴紧并固定牢靠。

(2)张拉端无黏结筋应与承压板垂直,承压板和穴模应与端模紧密固定。

(3)穴模外端面与端模之间应加泡沫塑料垫片,防止漏浆。

(4)张拉端无黏结筋外露长度与使用的千斤顶有关,应具体核定并适当留有余量。

e. 混凝土浇筑及振捣

混凝土浇筑时,严禁踏压、碰撞无黏结筋、支撑架以及端部预埋部件;张拉端、固定端混凝土必须振捣密实,以确保张拉操作的顺利进行。

f. 张拉

张拉依据和要求如下:

(1)设计单位应向施工单位提出无黏结筋的张拉顺序、张拉值及伸长值。

(2)张拉时,若混凝土强度设计无明显要求,应不低于设计强度的75%,并应有试验报告单。

(3)张拉前必须对各种机具、设备及仪表进行校核及标定。

(4)无黏结筋张拉顺序应按照设计要求进行,如设计无要求,可依次张拉。

(5)为减少无黏结筋松弛、摩擦等损失,可采用超张拉法。

张拉操作注意事项如下:

(1)张拉程序宜采用从零开始张拉,至1.03倍预应力筋的张拉控制应力直接锚固,同时校核伸长值。实际伸长值对计算伸长值的偏差应在+10%~-5%。

(2)张拉时要控制给油速度。

(3)无黏结筋曲线配置或长度超过40 m时,宜采用两端张拉。

(4)张拉前后,均应认真测量无黏结筋外露尺寸,并做好记录。

(5)无黏结筋张拉时,应逐根填写张拉记录,以备存档。

g. 端部处理

张拉后,应采用液压切筋器或砂轮锯切断超长部分的无黏结筋,严禁采用电弧切断。将外露无黏结筋切至约30 mm后,涂专用防腐油脂,并加盖塑料封端罩,最后浇筑混凝土。当采用穴模时,应用微膨胀细石混凝土或高标号砂浆将构件凹槽堵平。

第三节　预应力框架结构施工

框架结构主要包括框架梁、框架柱和楼板等。一般情况下,现浇预应力混凝土框架结构中,框架梁为预应力结构,采用后张法施工;框架柱一般是非预应力的,对顶层边柱,有时为了避免配筋过多,也有施加预应力的;楼板结构则根据情况,有时为无黏结预应力楼板,有时则为非预应力混凝土结构。本节主要介绍现浇整体预应力框架梁结构的施工。

一、预应力框架结构施工顺序

多层现浇预应力混凝土框架结构施工时，首先应安排好框架梁混凝土施工和预应力筋张拉两道工序之间的顺序关系。对框架混凝土施工与预应力筋张拉顺序，可分为逐层浇筑、逐层张拉和数层浇筑、顺向张拉等。

（一）逐层浇筑、逐层张拉

多层现浇预应力混凝土框架结构施工时，浇筑一层框架的混凝土，张拉一层框架梁的预应力筋，自下而上逐层完成的施工顺序称为逐层浇筑、逐层张拉，如图 5-5 所示。其施工顺序为：

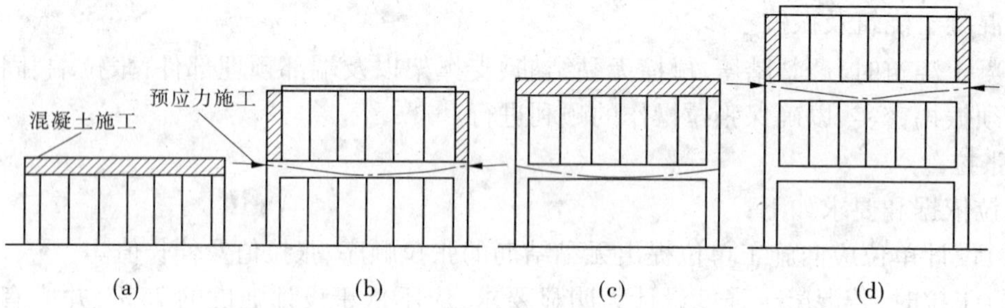

图 5-5　逐层浇筑、逐层张拉施工顺序示意图

（1）第一层框架柱及第二层框架梁混凝土施工，如图 5-5(a)所示。

（2）第二层框架柱混凝土施工及第三层框架梁支模、绑扎钢筋与孔道留设，如图 5-5(b)所示。第二层框架梁混凝土达到设计要求后，张拉该层框架梁预应力筋，孔道灌浆。

（3）第三层框架梁混凝土浇筑，如图 5-5(c)所示。第二层框架梁孔道灌浆强度达到设计要求后，拆除梁下的支撑与底模。

（4）第三层框架柱混凝土施工及第四层框架梁支模、绑扎钢筋与孔道留设，如图 5-5(d)所示。第三层框架梁混凝土强度达到设计要求后，张拉该层框架梁预应力筋，孔道灌浆。

重复进行以上过程，直至屋面梁施工完毕。

采用逐层浇筑、逐层张拉施工时，由于框架梁下支撑只承受一层施工荷载，预应力筋张拉后即可拆除，因此占用模板、支撑的时间和数量均较少。一般梁侧模板只需配置一套，梁底模及支撑需要配置两套。但是，预应力张拉专业队伍每层需要进场一次，花费时间较多。

采用上述施工顺序组织施工时，上层框架梁混凝土浇筑应在其下层框架梁预应力筋张拉后进行。每层框架梁混凝土浇筑后都必须养护到设计规定强度时方可张拉预应力筋。一般情况下，框架梁混凝土养护所需时间较长，所以对于平面尺寸不大的工程，每层框架梁混凝土养护与预应力筋张拉都要占用一些工期。对于平面尺寸较大的工程，则可划分施工段组织流水施工，以减少混凝土养护对工期的影响。

（二）数层浇筑、顺向张拉

多层现浇预应力混凝土框架结构施工时，在浇筑 2～3 层框架梁混凝土之后，自下而上（顺向）逐层张拉框架梁预应力筋的施工顺序称为数层浇筑、顺向张拉，如图 5-6 所示。主要施工顺序为：

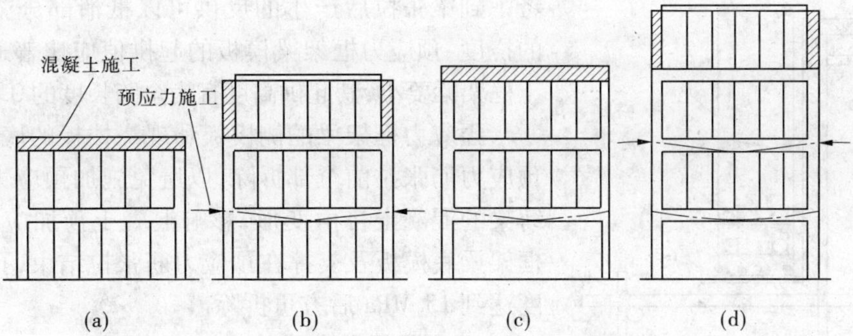

图 5-6 数层浇筑、顺向张拉施工程序示意图

(1)第一层框架柱至第三层框架梁混凝土施工,如图 5-6(a)所示。

(2)第三层框架柱混凝土施工及第四层框架梁支模、绑扎钢筋与孔道留设,如图 5-6(b)所示。第二层框架梁混凝土强度达到设计要求、第三层框架梁的混凝土也具有一定强度之后,张拉第二层框架梁预应力筋,进行孔道灌浆。

(3)第四层框架梁混凝土浇筑,如图 5-6(c)所示。第二层框架梁孔道灌浆强度达到设计要求后,拆除梁下的支撑与底模。

(4)第四层框架柱混凝土施工及第五层框架梁支模、绑扎钢筋与孔道留设,如图 5-6(d)所示。第三层框架梁预应力筋张拉。

按照以上施工顺序,依次完成全部工作。

采用数层浇筑、顺向张拉时,框架结构混凝土施工可按普通钢筋混凝土结构一样逐层连续施工,框架梁预应力筋张拉可错开一层,自下而上逐层跟着张拉。采用这种施工顺序,立体交叉作业,工作紧凑,可缩短工期,但占用支撑和模板较多。

由于下层框架梁预应力筋张拉后所产生的反拱,会通过支撑对上层框架梁产生影响,因此张拉时要求上层框架梁混凝土的强度应达到 C15 以上。

二、预应力混凝土框架梁施工

多层现浇预应力混凝土框架结构具有跨度大、柱距大、施工荷载大和高空张拉等特点。因此,预应力框架梁施工与普通钢筋混凝土框架相比,难度更大,施工技术要求更严。这里主要阐述预应力混凝土框架施工的特殊要求与方法。

(一)模板的安装与拆除

预应力混凝土框架梁由于梁的高度大、自重大、层高也较大,因此支模时,支架的承载力应能承受施工过程中可能出现的最大施工荷载,而且稳定性要好。应特别注意,框架梁底层梁模板支撑的地基必须稳定可靠,要做好地基处理,防止不均匀沉陷。

支撑方式有扣件式钢管排架、门式脚手架和可调独立支撑三种支撑方案,施工时可结合施工顺序、荷载的大小和支撑供应条件等进行选用。

安装预应力框架梁模板时,先在支架上安装好梁底模板和梁一边侧模板,并在其上按曲线坐标弹出波纹管的位置线,然后绑扎梁的钢筋骨架并安装波纹管,如图 5-7 所示。波纹管及钢筋骨架安装完毕,应对波纹管进行检漏试验,经检查无误后再安装梁另一侧模板。

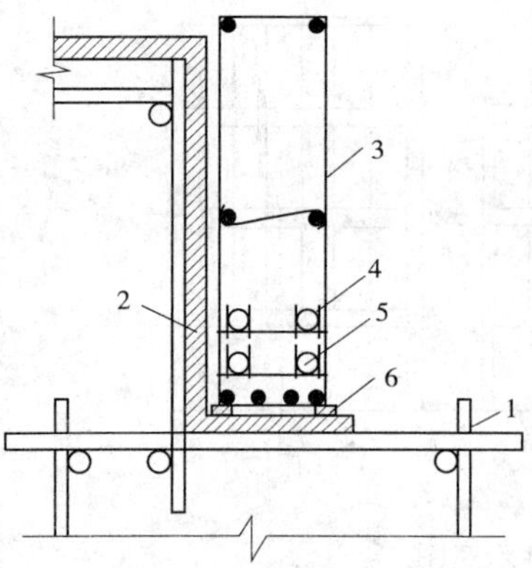

1—支架；2—模板；3—箍筋；
4—钢筋支托；5—波纹管；6—垫块

图 5-7　梁模板与波纹管的安装示意图

考虑到梁张拉后产生的反拱可以抵消部分梁自重产生的挠度，预应力框架梁模板的起拱值应比普通钢筋混凝土框架梁要小，其起拱高度宜为全跨长度的0.5‰～1‰。

预应力框架梁的侧模板和现浇楼板的底模板，应在预应力筋张拉前全部拆除，以避免施加预应力时模板束缚梁的混凝土自由变形，影响混凝土预加应力的建立。框架梁底模板及支撑在预应力筋张拉结束，孔道灌浆强度达到 15 MPa 后方可拆除。

(二)混凝土浇筑

预应力混凝土框架结构所采用的混凝土的强度等级宜为 C35～C40。预应力混凝土框架梁的高度较大，混凝土应分层浇筑，并用插入式振动器振实。混凝土振捣过程中，应特别注意振动器不得触及波纹管，以防止损坏波纹管而引起漏浆，堵塞孔道，给穿预应力筋带来困难。同时，在框架梁端部、梁柱节点处等关键部位，因钢筋密集，浇捣困难，宜用小直径(ϕ30)的振动棒或振动片，仔细振捣密实，切勿漏振，以免张拉时因梁端混凝土不密实，使预埋钢板凹陷，造成质量事故。

在框架梁浇筑过程中，为了防止波纹管偶尔漏浆引起孔道堵塞，应采用尼龙绳牵引通孔器(比孔道直径小 10 mm，长 30～70 mm 的铁块)在波纹管孔道内来回拉动。在浇筑混凝土前，预应力筋已穿入孔道时，则应利用已穿入的预应力筋来回抽动，以保证孔道畅通。在孔道最低处设置排水孔(一般灌浆孔兼排水孔)，混凝土浇筑完毕后，用高压水冲洗波纹管内壁，能有效清除孔道内的漏浆。

大面积框架梁与楼面混凝土浇筑时，可采用泵送混凝土，但应采取减少混凝土收缩的措施。

梁、柱混凝土应分开浇筑，施工缝一般留在梁下 20～50 mm 处和梁上 200～400 mm 处，后者是考虑到梁端预应力筋张拉时局部承压的需要。

预应力框架梁一般不允许留施工缝，楼面的施工缝可留在次梁的中间 1/3 跨中处。

(三)曲线预应力筋穿束

框架梁曲线预应力筋采用先穿或后穿，直接影响到施工顺序安排与留孔质量控制，应在施工组织设计中明确作出规定。一般情况下，框架结构的预应力筋束宜采用先穿法施工。

(四)曲线预应力筋张拉

在现浇后张预应力混凝土框架结构中，框架梁混凝土达到强度等级的 75% 以上，且不低于 C30 后，方可进行张拉。

对于单跨框架梁的曲线筋可采用一端张拉，该方法是在研究曲线预应力筋的孔道反摩擦损失与锚固损失的基础上进一步提出的。通过 12～24 m 单跨框架梁的抗裂度分析，对配置两束预应力筋(张拉端交错布置在两端)的梁，抗裂度影响甚微，对配置一束预应力筋的梁，支座处抗裂度下降仅为 1%～3%，一般仍能满足设计要求，必要时可采取超张拉措施，以提高固定端应力。目前，该技术在单跨框架梁中已得到广泛采用。

在张拉过程中应用超张拉回松技术可有效减少孔道摩擦损失，使预应力值沿长度方向分布较为均匀。该方法首先适当超张拉,可提高内支座处的应力,随后再回松,张拉端应力下降,使预应力筋沿梁的长度方向建立的应力比较均匀。

在单向预应力混凝土框架结构中,其张拉顺序一般宜对称于整个楼层进行。当现浇预应力框架结构梁的断面尺寸较大,楼面整体性好时,框架梁的张拉顺序也可按轴线顺序从一边向另一边推进,使张拉设备移动线路最短。

对每榀框架梁中预应力筋的张拉顺序,可自上而下或自下而上进行,应根据受力特点和安全施工等因素确定。由于框架梁的断面尺寸较大,混凝土的预压应力较小,楼板刚度较大,张拉端又在框架柱上,因此为便于施工,可采取按顺序一次张拉,即按顺序每一束一次拉足张拉力。

当框架结构的主次梁均采用预应力时,双向预应力框架梁的张拉顺序是先张拉次梁,后张拉主梁。如果先张拉主梁,往往会由于主梁反拱较大,使位于主梁跨中的次梁被抬起,造成次梁与模板支撑脱开,这时次梁尚未张拉,有可能产生裂缝。

预应力井式梁结构的张拉顺序,按双向对称进行。

第六章 盾构工程施工技术

第一节 概 述

一、盾构法基本概念

盾构法是在地面下暗挖隧道的一种施工方法。

当代城市建筑、公用设施和各种交通日益繁杂,市区明挖隧道施工,对城市生活的干扰问题日趋严重,特别在市区中心遇到隧道埋深较大,地质复杂的情况,若用明挖法建造隧道则很难实现。在这种条件下采用盾构法对城市地下铁道、上下水道、电力通信、市政公用设施等各种隧道建设具有明显优点。此外,在建造穿越水域、沼泽地和山地的公路和铁路隧道或水工隧道中,盾构法也往往因它在特定条件下的经济合理性及技术方面的优势而得到采用。

盾构法施工的概貌如图6-1所示。构成盾构法施工的主要内容是:先在隧道某段的一端建造竖井或基坑,以供盾构安装就位。盾构从竖井或基坑的墙壁开孔处出发,在地层中沿着设计轴线,向另一竖井或基坑的设计孔洞推进。盾构推进中所受到的地层阻力,通过盾构千斤顶传至盾构尾部已拼装的预制隧道衬砌结构,再传到竖井或基坑的后靠壁上,盾构是这种施工方法中最主要的独特的施工机具。它是一个能支承地层压力而又能在地层中推进的圆形或矩形或马蹄形等特殊形状的钢筒结构,在钢筒的前面设置各种类型的支撑和开挖土体的装置,在钢筒中段周圈内面安装顶进所需的千斤顶,钢筒尾部是具有一定空间的壳体,在盾尾内可以拼装一至二环预制的隧道衬砌环。盾构每推进一环距离,就在盾尾支护下拼装一环衬砌,并及时向紧靠盾尾后面的开挖坑道周边与衬砌环外周之间的空隙中压注足够的浆体,以防止隧道及地面下沉。在盾构推进过程中不断从开挖面排出适量的土方。

使用盾构法,往往需要根据穿越土层的工程地质、水文地质特点辅以其他施工技术措施。主要有:①疏干掘进土层中地下水的措施;②稳定地层、防止隧道及地面沉陷的土壤加固措施;③隧道衬砌的防水堵漏技术;④配合施工的监测技术;⑤气压施工中的劳动防护措施;⑥开挖土方的运输及处理方法等。

二、盾构法的主要优缺点

(一)盾构法的主要优点

盾构法的优点主要表现在以下几个方面:

(1)除竖井施工外,施工作业均在地下进行,噪音、振动引起的公害小,既不影响地面交通,又可减少对附近居民的噪音和振动影响;

(2)盾构推进、出土、拼装衬砌等主要工序循环进行,施工易于管理,施工人员也较少,劳动强度低,生产效率高;

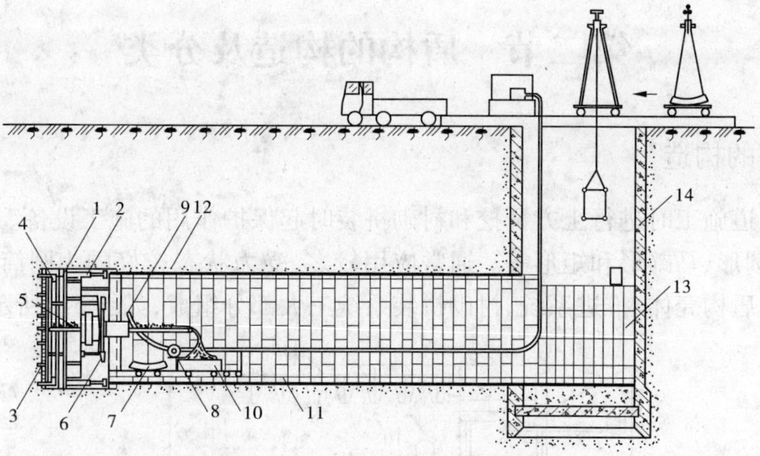

1—盾构;2—盾构千斤顶;3—盾构正面网格;4—出土转盘;5—出土皮带运输机;
6—管片拼装机;7—管片;8—压浆泵;9—压浆孔;10—出土机;
11—由管片组成的隧道衬砌结构;12—在盾尾空隙的压浆;13—后盾管片;14—竖井

图 6-1　盾构法施工概貌

(3)土方量外运较少;

(4)穿越河道时不影响航运;

(5)施工不受风雨等气候条件影响;

(6)隧道的施工费用不受覆土量多少影响,适宜于建造覆土较深的隧道。在土质差、水位高的地方建设埋深较大的隧道,盾构法有较好的技术经济优越性;

(7)当隧道穿过河底或其他建筑物时,不影响施工。

只要设法使盾构的开挖面稳定,则隧道越深、地基越差、土中影响施工的埋设物等越多,与明挖法相比,在经济上、施工上、进度上越有利。

(二)盾构法存在的不足

盾构法是一种安全而有效的施工法,但也不是万能施工法,不足之处表现在以下几个方面:

(1)当隧道曲线半径过小时,施工较为困难。

(2)在陆地上建造隧道时,如隧道覆土太浅,开挖面稳定甚为困难,甚至不能施工,而在水下时,如覆土太浅则盾构法施工不够安全,要确保一定厚度的覆土。

(3)竖井中长期有噪声和振动,要有解决的措施。

(4)盾构施工中采用全气压方法以疏干和稳定地层时,对劳动保护要求较高,施工条件差。

(5)盾构法隧道上方一定范围内的地表沉陷尚难完全防止,特别是在含水饱和、松软的土层中,要采取严密的技术措施才能把沉陷限制在很小的限度内,目前还不能完全防止以盾构正上方为中心土层的地表沉降。

(6)在饱和含水地层中,盾构法施工所用的拼装衬砌,对达到整体结构防水性的技术要求较高。

(7)用气压法施工时,在周围有发生缺氧和枯井的危险,必须采取相应的办法。

第二节　盾构的构造及分类

一、盾构的构造

盾构是隧道施工时进行土方开挖和衬砌拼装时起保护作用的施工设备。盾构按其外形有圆筒形、半圆形、马蹄形和矩形等。通常应用较多、受力状态较好的为圆筒形。盾构的基本构造主要由盾构壳体、推进系统、衬砌拼装系统三大部分组成，如图 6-2 所示。

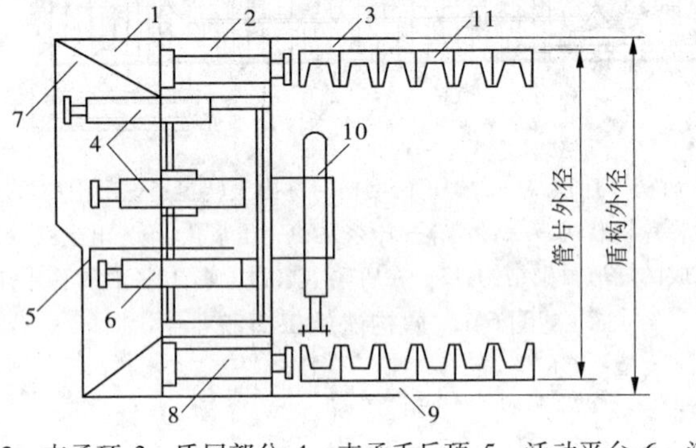

1—切口环；2—支承环；3—盾尾部分；4—支承千斤顶；5—活动平台；6—活动平台千斤顶；7—切口环；8—盾构推进千斤顶；9—盾尾空隙；10—管片拼装器；11—管片

图 6-2　盾构构造简图

(一)盾构壳体

盾构壳体由切口环、支承环和盾尾三部分组成，由外壳钢板将这三部分连接成整体。

1. 切口环部分

切口环部分位于盾构最前端，环内安装挖土设备，如泥水盾构中的切削刀盘、搅拌器及吸头，土压平衡式盾构的刀盘、搅土器和螺旋运土机的进口，水力机械化盾构中的冲水枪及吸泥口等。切口环又可作为保护罩，对工作面起支撑作用。

2. 支承环部分

支承环紧接于切口环后，处于盾构中部，是刚性较好的圆环结构。支承环为基本的承载结构，所有地层土压力、千斤顶顶力、切口、盾尾、衬砌拼装时传来的施工荷载等均由支承环承担。支承环的外沿要布置盾构液压推进千斤顶，如果盾构空间较大，所有液压、动力设备、操纵控制系统、衬砌拼装机等也要布置在支承环内；对中小型盾构，支承环内空间较小，可将部分设备放在盾构后面的车架上。当采用正面局部加压盾构时，由于切口环内压力高于常压，在支承环内还要布置人行加压与减压闸。

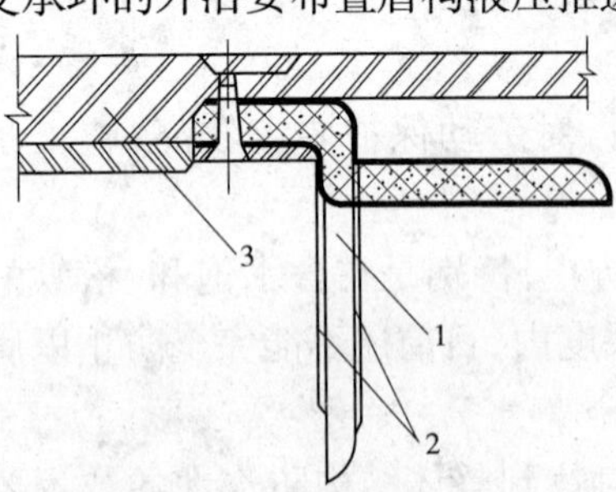

1—橡胶带；2—弹簧钢板；3—盾构壳体

图 6-3　盾尾密封部分

3. 盾尾部分

盾尾一般由盾构外壳钢板延伸而成，其主要作用是保护衬砌的拼装工作。为防止水、土和注浆材料从盾尾和衬砌之间的间隙进入盾构内，盾尾一般需要设置密封装置。盾尾密封装置如图 6-3 所示。

(二)推进系统

盾构推进系统由液压设备和液压千斤顶所组成。其液压系统控制示意图如图 6-4 所示。

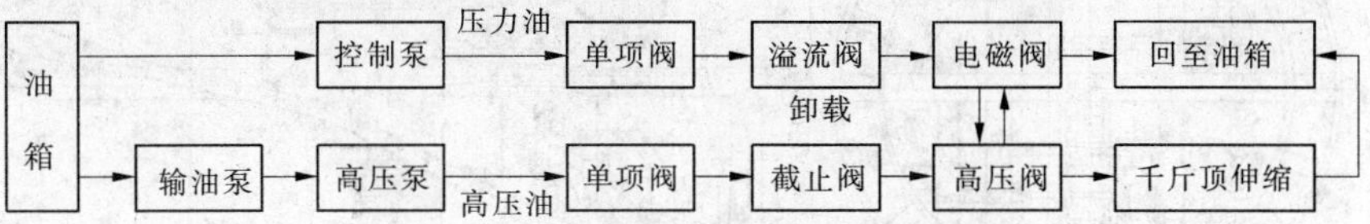

图 6-4　千斤顶液压系统控制示意图

(三)衬砌拼装系统

衬砌拼装系统常采用杠杆式拼装器,常以油压系统为动力。杠杆式拼装器由举重臂和驱动器两部分组成。举重臂主要用于完成衬砌的拼装工作,一般安装在盾构支承环上,也有一些与盾构脱离安装在后部车架上。小型盾构甚至将举重臂安排在平板车上。举重臂安装位置主要与设备类型和施工布置有关,可按具体情况确定。杠杆式拼装器的基本构造如图 6-5 所示。

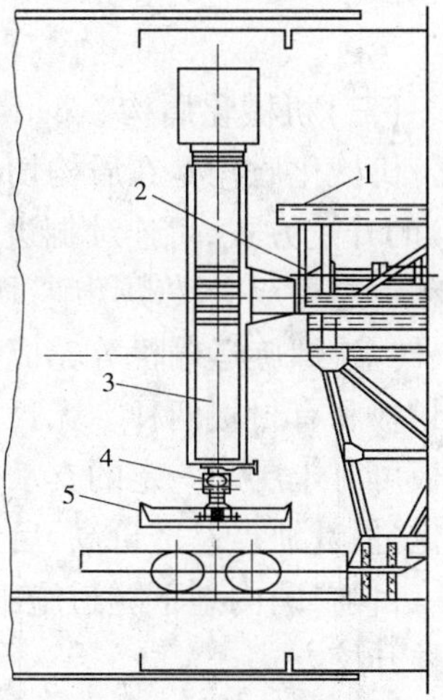

1—工作平台;2—旋转驱动装置;
3—举重臂;4—衬砌卡嵌装置;5—衬砌

图 6-5　杠杆式拼装器图

二、盾构的分类和开挖方法

按盾构的开挖方式、挡土方式和工作面加压方式可分为手掘式盾构、半机械化盾构和机械化盾构;按挡土方式又分为敞开式和密闭式;按工作面加压方式又分为气压式、泥水加压式、削土加压式、加水式、加泥式等。手掘式盾构和半机械化盾构均为敞开式(开胸式)开挖,机械化盾构属于密闭式(闭胸式)开挖。

(一)手掘式盾构

手掘式盾构是最老式的一种盾构,由人工挖土或出土,盾构顶部装有活动前檐以支护上部土体。其构造简单,施工方便,配套设备少,是造价最低的一种盾构。其开挖时可根据土质情况采用全部敞开开挖、正面支承开挖或随挖随撑三种方式。由于其开挖全部采用人工挖土和人工出土,劳动强度大,施工速度慢,当地质条件复杂时,还必须采用人工降水或加气压等措施才能进行施工,否则容易产生流砂、涌土等现象,危及工人和工程的安全。目前,在大型的隧道工程施工中较少采用,但在地质条件较好的小型隧道工程中仍有应用。

(二)半机械化盾构

半机械化盾构是在手掘式盾构上安装挖土装置和出土装置。挖土装置可安装反铲挖土机、螺旋切削机或两者兼有的混合式装置,若地层坚硬还可以安装软岩掘进机的切削头子。直径大于 5 m 时半机械化盾构可以加设工作平台分层施工。半机械化盾构与手工掘进式盾构相同,主要适应于地质条件较好的地层中掘进,其中反铲式挖土机适应于黏土和砂砾混合层,螺旋切削式挖土机适应于硬黏土和硬砂土层,混合式挖土机适应于自立性较好的地层。这种盾构机械化程度比手掘式盾构高,但制造费用又比机械化盾构低,是比较有发展前途的盾构之一,如图 6-6 所示。

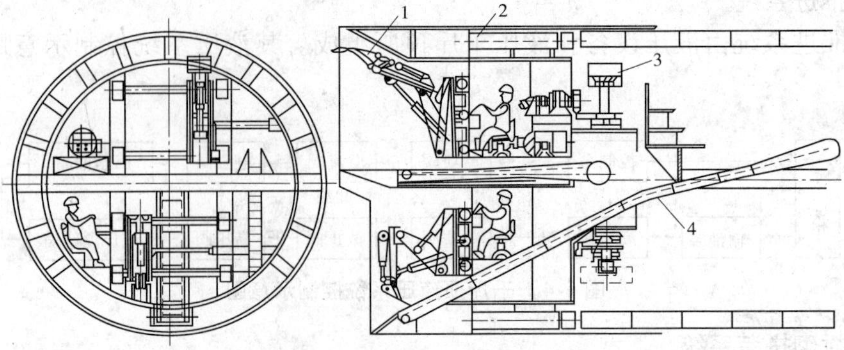

1—反铲挖土机;2—盾构千斤顶;3—杠杆式拼装器;4—皮带运输机

图 6-6　半机械化盾构

(三)机械化盾构

机械化盾构是在盾构切口环上装上与盾构直径相仿的全断面螺旋切削刀盘(俗称大刀盘)的开挖方式,可连续掘进进行挖土和土的运输。这种机械的大刀盘可在液压或电动机带动下进行双向转动切削,切削下来的土经刀盘上的预留槽口进入土舱,再经皮带机、刮板机、转盘、螺旋运输机等完成土的提升和转运。根据地质条件的不同,大刀盘可分为刀架间无封板和有封板两种。无封板适应于土质较好的情况,有封板适应于地质条件较差的情况,封板可对土层起一定的支承作用。机械化盾构可减轻工人的劳动强度,实现盾构施工的机械化,但其缺点是造价高,后续设备多,在弯道施工或纠偏时不如开敞式盾构方便。

目前,国内地下隧道施工时采用的局部气压盾构、泥水加压盾构、土压平衡盾构均采用这种开挖方式。

1. 局部气压盾构

局部气压盾构是在开胸式盾构的切口环和支承环之间装一道密封金属隔板,使开挖面和切口环之间部分形成一个局部密封舱,开挖时密封舱内灌入压缩空气,使开挖面和开挖设备处于压缩空气之内,从而保持开挖面的稳定。这种方法的优点是工人不在压缩空气舱内工作,与整个隧道施工段内加压的全气压盾构法施工相比,消除了压缩空气对人体的危害,有较大的优越性。但这种局部气压盾构还存在以下问题需要解决:

(1)局部密封舱的体积小,压缩空气体积小,遇到透气性较大的地层,空气损失量大,难以保持开挖面气压的稳定;

(2)盾尾密封装置不严密,压缩空气从盾尾内大量泄漏,对开挖面的气压稳定不利;

(3)密封舱内连续出土装置还存在漏气与寿命不长的问题。

2. 泥水加压盾构

泥水加压盾构是在开挖面的密封舱内注入泥水,用泥水压力代替空气压力和化学灌浆抵住开挖面的土压力,用全断面的机械化开挖代替人工开挖或半机械化开挖,用管道输送泥浆的方法代替提升机、皮带运输机等的出土,从而完成开挖掘进的全过程。如图 6-7 所示。

泥水加压盾构设有掘进管理、姿态自动计测、泥水输送、泥水分离和同步注浆等系统。掘进管理和姿态自动计测系统能及时反映盾构开挖面水压、送泥流量、排泥流量、送泥密度、排泥密度、千斤顶顶力和行程、刀盘扭矩、盾构姿态、注浆量和压力等参数,便于准确设定和调整各类参数。

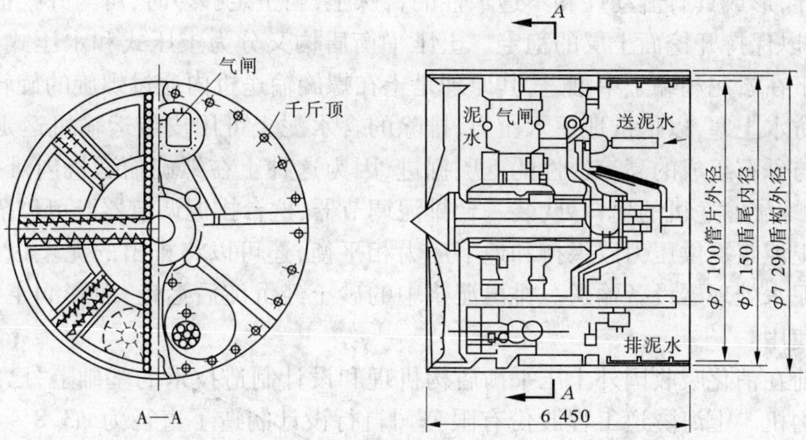

图 6-7　泥水加压式盾构示意图　（单位:mm）

我国广州地铁 1 号线工程于 1996 年引进 2 台 ϕ6. 14 m 泥水加压平衡盾构，掘进 5 852 m。掘进地层为粉细砂、中砂、粗砂、粉质黏土和风化岩。

上海隧道股份有限公司 2008 年研制的直径达到 11. 22 m 的泥水加压平衡盾构(是国家“863”科研项目)，运用在上海打浦路隧道复线工程施工中。

北方重工沈阳集团 2008 年研制生产 QJRN－112 泥水加压平衡盾构(直径 11. 182 m)，已成功运用在广深港铁路客运线隧道施工中。该机具有自主知识产权，填补国内空白，达到国际同类产品先进水平。

3. 土压平衡盾构

土压平衡盾构又称密闭式或泥土加压式盾构，是在局部气压盾构和泥水加压盾构的基础上发展起来的一种适应于含水饱和软弱地层中施工的新型盾构，如图 6-8 所示。

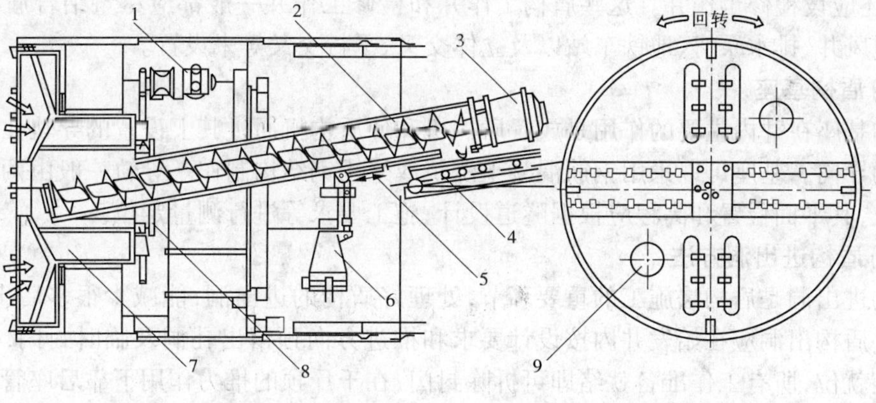

1—刀盘用油马达；2—螺旋运输机；3—螺旋运输机马达；4—皮带运输机；
5—闸门千斤顶；6—管片拼装器；7—刀盘支架；8—隔壁；9—紧急用出入口

图 6-8　土压平衡盾构示意图

该盾构的头部设有全断面切削刀盘，在切口环与支承环之间设有密封隔板，形成密封的泥土舱，当盾构向前推进时，由切削刀具切削下来的土体进入密封舱，由刀盘后面的搅拌叶进行强制搅拌,形成具有流动性和不透水性的特殊土,当土足够多时,可与开挖面上的土、水压力相抗衡,以保持开挖面土层的稳定。土压平衡盾构又分为土压式和水压式两种。土压式主要适应于在淤泥和黏土中掘进,其原理是土在螺旋输送机内通过螺旋的旋转产生压缩,形成连续的防水土塞,以抵抗地下水压力,排除的含水泥土可用皮带运输机运走;水压式主要适应于砂与砾石组成的高渗透性的土层掘进,因为这种土在螺旋输送机内难以形成防水土塞,所以在螺旋输送机的出口处,装一台排泥调节器,这台排泥调节器既可以隔离砾石,又可以给膨润土泥浆提供压力以保持和地下压力相平衡,还可以将排出的泥土以泥浆的形式向隧道外的泥水处理器设备输送。排出泥浆中的砂土经沉淀后运走,而膨润土泥浆需要回收重复循环使用。

我国目前在消化吸收国外土压平衡盾构机理和设计制造技术的基础上,已自行研制了土压平衡盾构机。上海隧道工程股份有限公司自行设计制造了直径为 ϕ3.8 ~ ϕ6.34 m 的土压平衡盾构掘进机。2000 年开工兴建的上海地铁明珠线二期区间隧道使用了 10 台 ϕ6.34 m土压平衡盾构施工。北方重工沈阳 2008 年生产的直径为 6.28 m 的土压平衡盾构机运用在沈阳地铁和武汉地铁施工中。

第三节　盾构工程施工

一、盾构工程施工的步骤

(一) 建造盾构工作井

盾构工作井主要建在盾构施工段的始端和终端,用以完成盾构的安装和拆卸工作。盾构工作井的长度要考虑在盾构前门拆除洞门封板和在盾构后面布置后座及垂直运输所需的尺寸,其宽度一般应比盾构直径大 1.6 ~ 2.0 m,以满足安装时铆、焊的要求。若盾构推进长度较长,还应设检修工作井。这些盾构工作井和检修工作井一般都应尽量结合盾构施工线路上的通风井、排水泵房、地铁车站以及立体交叉、平行交叉等来设置。

(二) 盾构基座

盾构基座在井内主要的作用是放置盾构机和使盾构机通过其上设置的导轨在施工前获得正确的导向。基座可以采用钢筋混凝土浇筑或采用钢结构制作。导轨一般由两根或多根钢轨组成,其平面位置和高程应根据隧道设计、施工要求等进行测量定位。

(三) 盾构进出洞方法

盾构进出洞是盾构法施工的重要环节,处理好盾构的进出洞,能减少很多后患,提高施工速度。盾构出洞应在始发井内按设计要求和推进方向预留出孔洞及临时封门,待盾构在井内安装就位,所有工作准备就绪即可拆除封门,在千斤顶的推力作用下靠后座管片的反作用力将盾构推入地层,如图 6-9 所示。

盾构出洞在可能产生流砂的地区,应在工作井外 20 m 左右的区段内采用井点降水处理或在工作井内采用气压帮助出洞施工。

盾构进洞应防止地下水和流砂涌入工作井,对土质较差的地段应采用降水、局部冻结或化学灌浆等方法改良土体,以减少水、土压力和稳定洞口土体。改良土体的范围,考虑管片壁后注浆的要求,一般为盾构长度与 3 环管片长度之和,如图 6-10 所示。

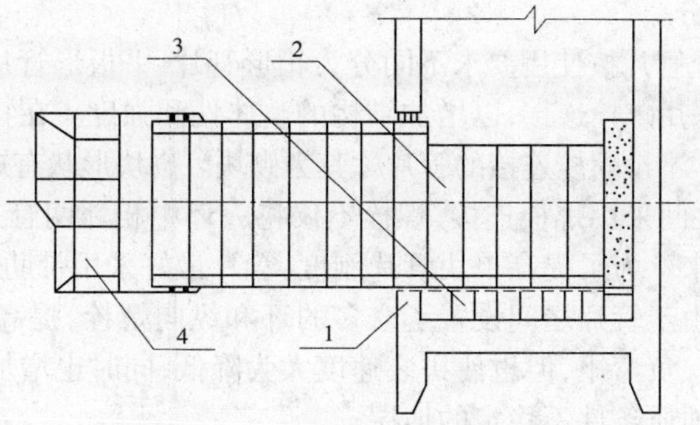

1—工作井;2—后座管井;3—盾构基座;4—盾构

图 6-9　盾构出洞示意图

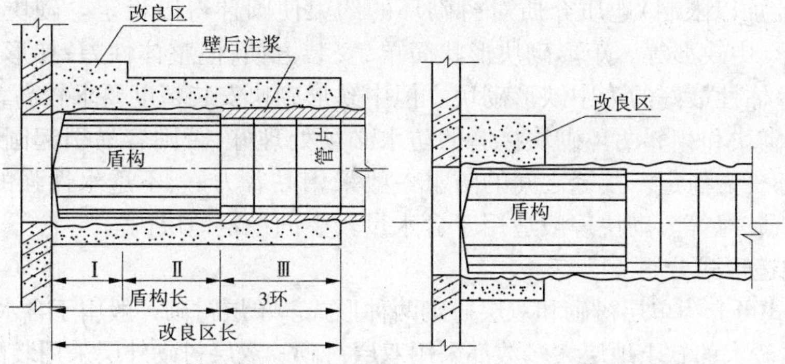

(a)砂土条件　　(b)黏土条件

图 6-10　盾构进洞示意图

二、盾构衬砌

盾构顶进后应及时进行衬砌工作,衬砌作用是:在施工过程中,作为施工临时支撑,并承受盾构千斤顶后背的顶力;盾构结束后,作为永久性承载结构,承受周围的水、土压力,同时防止泥、水的渗入,满足盾构内部的设计使用要求。盾构衬砌的分类如下。

(一)按材料分

(1)铸铁管片。主要采用球墨铸铁,其延性和强度接近钢材,耐磨性好,机械加工后精度也较高,能较好地防渗抗漏。缺点是抗拉强度远低于抗压强度,使用过程中易发生脆性破坏,机械加工量也大,价格昂贵,近年来已逐步由钢筋混凝土管片取代。

(2)钢管片。钢管片具有强度高、重量轻的优点,重量为同样尺寸的铸铁管片的40% ~ 50%。缺点是刚度小,耐锈蚀性差,机械加工量和钢材消耗量均较大,而且价格昂贵,一般采用较少。

(3)复合管片。外壳采用钢板制作,其内部浇筑钢筋混凝土,组成一复合结构,强度比钢筋混凝土管片高,刚度比钢筋混凝土管片大,重量比钢筋混凝土管片轻,金属消耗量比钢管片小。缺点是钢板耐蚀性差,加工较复杂。

(4)钢筋混凝土管片。钢筋混凝土管片具有强度高、耐腐蚀性好、适应性强等特点。在国内外盾构衬砌中已取代铸铁管片和钢管片。其中,以装配式钢筋混凝土管片使用最广泛。

(二)按结构型式分

装配式钢筋混凝土管片按使用要求不同分为箱形管片、平板形管片等几种结构型式。一般钢筋混凝土管片均采用螺栓连接,以增加结构的整体性和强度。在特定的条件下平板形管片也可不设螺栓连接。不设螺栓连接的管片称其为砌块。砌块形状有矩形、梯形、中缺形等。

(1)管片。管片之间采用螺栓连接,螺栓不仅将一环中相邻两管片连接起来,而且也将相邻两环管片连接起来。为了提高单块管片刚度,管片最好采用带肋的,每环管片肋数不应小于盾构千斤顶数。由于管片之间设置了众多的环和纵向螺栓,提高了钢筋混凝土衬砌的强度,可承受较大的正、负弯矩,但也使拼装速度大为降低,同时也增加了施工费用和衬砌费用。管片一般适用于地质条件不稳定的地层。

(2)砌块。要根据盾构直径和施工技术条件,确定每环的分块数。由于分块要求,使由砌块拼成的圆环(超过三块以上)成为一个不稳定的多铰圆形结构。衬砌结构必须通过变形后(变形量要加以限制)地质介质对衬砌环的约束使圆环得以稳定。砌块的形状一般可采用矩形、梯形、中缺形等。矩形砌块形状简单,安装方便,但整体性差;梯形砌块较矩形砌块整体性好;整体性最好的为中缺形砌块。但中缺形砌块安装精度要求较高,出现误差不易调整。一环中砌块和相邻两环砌块接缝的防水必须处理好,否则容易引起圆环变形量急剧增加,导致圆环丧失稳定。接缝之间的防水一般采用黏着力好、不透水性强的黏结剂,如沥青玛琋脂、环氧胶泥等。砌块一般适用于含水量较少的稳定地层内。

(三)按构造形式分

按构造形式可分为单层衬砌和双层衬砌两种形式。单层衬砌一般用于含水量较小的软土地层内,含水量较大的软土地层大多数都采用双层衬砌。双层衬砌外层采用装配式衬砌结构,内层采用素混凝土或钢筋混凝土结构。但采用双层衬砌增大了开挖断面,增加了出土量,同时也使工程成本大大增加。为降低工程成本,也可将外层衬砌作为施工临时支撑结构,这就降低了对外层衬砌材料的要求。在浇筑内层衬砌之前,首先对外层衬砌进行清理、堵漏,作一些结构处理后,再浇捣内层衬砌,并使外层衬砌和内层衬砌连成整体结构共同抵抗外荷载。

三、装配式钢筋混凝土管片

装配式钢筋混凝土管片目前应用十分广泛,其构造如下。

(一)环宽

环宽是指管片宽度。金属管片或钢筋混凝土管片环宽一般为500~1 500 mm,最常用的为1 200 mm。环宽过小,接缝数量增加,增加了防水困难;环宽过大,增加了盾尾长度,影响盾构的灵敏度,使盾构纠偏困难。一般来说,大隧道环宽可以比小隧道环宽大一些。

当盾构需要在曲线段上推进时,应增加楔形环,楔形环的锥度可按隧道曲率半径计算,见表6-1。

表6-1　管片环宽锥度

隧道曲率外径(m)	$D_{外}<3$	$3 \leqslant D_{外} \leqslant 6$	$D_{外}>6$
锥度	15~30	20~40	30~50

(二)分块

衬砌圆环的分块主要考虑管片制作、运输、拼装方便,也有少数从受力角度考虑。衬砌圆环分块对双线地下铁道可分为 8 ~ 10 块,单线地下铁道可分为 6 ~ 8 块,小断面隧道可分为 4 ~ 6 块。若从受力角度考虑可采用 4 等分管片,将接缝设在内力较小的 45°或 135°处,使衬砌有较好的强度和刚度。管片最大弧弦长度一般不宜超过 4 m,衬砌愈薄,长度愈短。

(三)封顶管片

考虑到施工方便和受力的需要,按隧道施工经验,一般宜采用小封顶形式。

封顶拼装方式有两种:一种为径向楔入;另一种为纵向插入。从受力角度来看,纵向插入形式较好,承受外载后,不易向内滑移,但结构复杂,制作拼装困难。某些隧道工程也有将封顶块置于 45°、135°以至 180°处的。

(四)拼装方法

管片拼装方法按结构受力要求分为通缝拼装和错缝拼装两种。通缝拼装要求所有管片纵缝要环环对齐。优点是拼装方便,衬砌环施工应力小,也容易对位。缺点是环面不平整时,误差容易积累,不易纠正。当采用较厚现浇防水材料时,更是如此。错缝拼装,即每一圆环的纵缝和相邻圆环纵缝错开 1/3 ~ 1/2 管片,为拼装方便,可采用楔形连接。

一般当结构设计需要利用衬砌本身来传递圆环内力时,宜采用错缝拼装。错缝拼装隧道整体性强,但环面不平整,易引起施工应力发生,环、纵缝相交处呈丁字型式,防水处理也较通缝拼装困难。所以,通常宜采用通缝拼装,以利于进行结构设计和防水处理。

管片拼装应符合下列要求:

(1)管片最大的弧弦长度不宜大于 4 m;

(2)管片应按拼装顺序分块编号;

(3)管片宜采用先纵向后环向的顺序拼装。其接缝宜设置在内力较小的 45°或 135°位置。

(五)环、纵向螺栓

为提高管片的整圆度和强度,管片宜采用环、纵向螺栓连接。环向螺栓按衬砌接缝内力要求,可设置成单排和双排。单排螺栓用于直径较小的隧道,螺栓孔设置在离管片内侧 1/3 厚度处。直径较大的隧道,按受力要求管片厚度也较大,宜在管片纵向缝上设置双排螺栓,外排抵抗负弯矩,内排抵抗正弯矩,每一排螺栓由 2 ~ 3 只螺栓组成。纵向螺栓要按管片和结构受力要求确定,其数量不一。纵向螺栓孔位置一般设在离隧道内侧管片厚度 1/4 ~ 1/3 处。环、纵向螺栓孔直径宜比螺栓大 3 ~ 6 mm,以便安装。

四、装配式衬砌防水

地下盾构工程施工最主要的就是衬砌防水问题。装配式衬砌宜采用防水混凝土制作,当工程处于侵蚀性介质中时,应采用相应的耐侵蚀混凝土或耐侵蚀的附加防水层。装配式衬砌按衬砌的构造形式不同,分为单层衬砌防水和双层衬砌防水两大类。不论采用单层衬砌防水或双层衬砌防水,管片防水技术均包括四项主要内容,即管片防水、密封垫防水、嵌缝防水和螺栓防水,如图 6-11 所示。

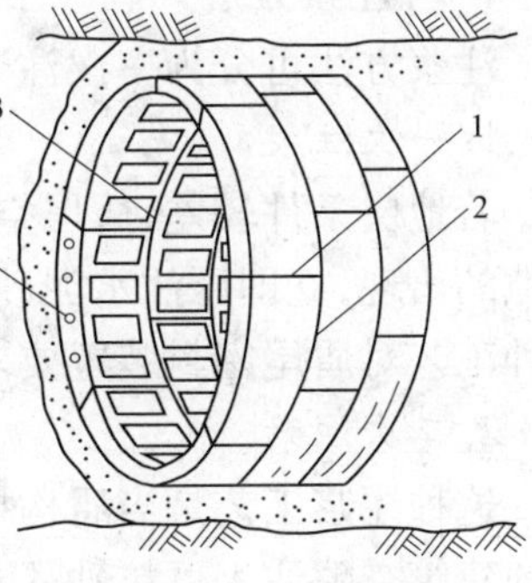

1—纵缝防水密封垫;2—环缝防水密封垫;
3—嵌缝槽;4—螺栓孔

图 6-11　管片防水部位示意图

(一)单层衬砌防水

单层衬砌防水的关键是防水接缝构造。防水接缝构造所选用的材料的性能和特点，直接影响到单层衬砌的防水效果，为保证单层衬砌的防水质量，除保证混凝土管片本身不漏水外，还应认真选择防水接缝材料。一般要求所选用的防水接缝材料要有较高的耐老化性能，在承受接头的紧固压力和千斤顶推力引起的往复变形后，仍有良好的弹性复原力、黏着力和防水性能。

单层衬砌除设密封条（垫）沟槽外，内侧还应加设嵌缝槽。嵌缝材料应具有弹塑性、收缩性小，与潮湿混凝土结合力强，便于施工等特性。单层衬砌防水接缝构造要求如下：

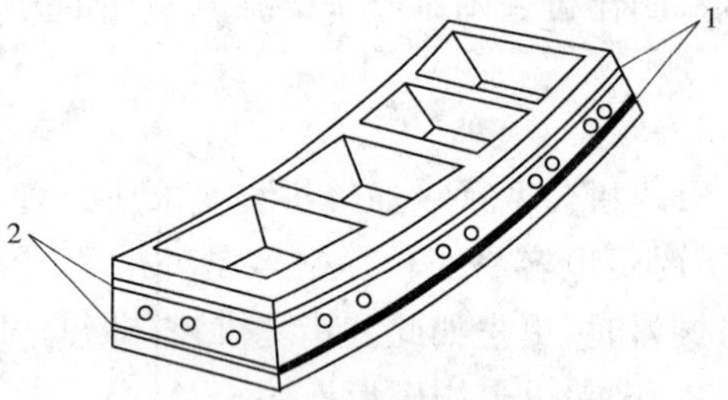

1—环缝密封垫；2—纵缝密封垫

图 6-12　单层衬砌防水构造示意图

（1）管片采用多道防线的防水结构型式，即在每一块管片上设置两道密封沟，管片内沿设置嵌缝槽，如图 6-12 所示。

将密封垫视为主要防线，如果防水效果优良，可省掉嵌缝工序或只进行部分嵌缝。

（2）密封沟内设置的防水密封垫，主要采用氯丁橡胶或丁苯橡胶制作。橡胶衬垫主要依靠相邻管片的接触压力挤密之后达到防水效果。一般要求橡胶衬垫有良好的弹性恢复能力，能够永久适应接缝的伸张变形，并具有足够的承压能力。

（二）双层衬砌防水

双层衬砌防水主要应解决好管片防水、防腐蚀和结构补强问题。双层衬砌防水，一般内侧要求附加防水层，即在管片内表面涂刷防水涂料或粘贴卷材防水层。如果管片接缝防水效果较好，也可不作附加防水层。当采用现浇钢筋混凝土作内衬时，在内层衬砌混凝土浇筑前，应将外层衬砌的渗漏水引排或封堵，内表面凿毛，并清理干净。

双层衬砌的管片、砌块至少应设置一道密封条（垫）沟槽。弹性密封条（垫）宜选择具有良好回弹性、耐久性、耐水性的橡胶类材料，其外形应与沟槽相一致。

五、衬砌壁后注浆

衬砌壁后注浆，就是当盾构衬砌完毕，及时将水泥浆、豆石混凝土、砂浆和聚氨酯等压入盾尾和衬砌之间的建筑空隙，以防止地表沉降，同时还可以改善隧道衬砌的受力状态。增强衬砌的防水功能。

（一）注浆方法

注浆方法可分为一次注浆法和二次注浆法两种，主要应根据地层条件选用。

1. 一次注浆

若地层条件较差，盾尾空隙一出现就易发生坍塌，宜采取一次注浆法。即随着盾尾建筑空隙的出现，立即压注水泥砂浆，并保持一定压力。一旦注浆出现故障，盾构也要暂停推进。这种工艺对盾尾密封装置要求较高，易产生盾尾漏浆，必须采取有效的堵漏措施。

2. 二次注浆

这种注浆工艺是当盾构推进一环后，立即用风动压注机通过管片的预留孔洞，向衬砌壁后的建筑空隙注入豆粒砂，防止地层的坍塌。继续推进数环（5 ~ 8 环）后，再用压浆泵将水泥类浆体注入砂间空隙，使之固结。

注浆压力是注浆施工中主要的控制指标，并根据地质和覆土厚度确定，当隧道覆土厚度为 6 ~ 10 m 时，压力一般控制在 0.5 MPa。

管片背后注浆的目的是使浆液充满管片背后的空隙，以达到防水和防止隧道结构及地面沉降的目的。由于在盾构掘进中，对周围的土体产生一定的扰动，因此在注浆时，不仅应考虑浆液要充满管片背后的空隙，同时还要渗透至周边的土层中，所以要求注浆量比计算的空隙要大些，根据上海地铁隧道盾构法施工的经验，一般为 130% ~ 180% 较为合适。

(二)注浆的材料

骨料——粒度适当的黄砂；

胶结料——水泥、石膏；

填充料——原状黏性土、磨细粉煤灰、石膏等；

润滑料——膨润土；

外掺剂——润滑剂、缓(促)凝剂。

注浆的浆液一般有豆石混凝土、水泥浆、砂浆和聚氨酯等，在粉性土中多采用稀软材料，而在砂土或砾石地层中多采用硬稠材料。

注浆的豆粒砂材料，常采用粒径为 3 ~ 5 mm 的石英砂或卵石，形成的孔隙率约为 69%。二次注浆宜采用以水泥为主要胶结材料的浆体，其配合比为水泥: 黄泥 = 1: 1(水灰比为 0.4)，或水泥: 黄泥: 细砂 = 1: 2: 2(水灰比为 0.45)。其延散度为 15 ~ 18 cm。

一次注浆可采用以水泥、黏土砂浆为主的注浆材料，如表 6-2 所示。

表 6-2　注浆材料配合比

材料名称	水泥 32.5 级	黏土	中砂	石灰浆	氯化钙	水
配合比(质量比)	100	100	200	5	35	120

这种浆体的延散度为 8 ~ 12 cm，初凝时间 4 h，终凝时间 24 h，终凝强度不低于 0.2 MPa。

为保证浆液质量，施工中应严格控制浆液配合比，特别是和易性适宜的浆液，易于压送，运输中不易离析、不沉淀、不堵管，能充分填实孔隙。在凝结时间上，需缓凝早强，缓凝可防止损坏盾尾密封装置，早强可使浆液不易流失。要达到以上质量标准，一般需要通过试验方能确定。

第七章　碾压混凝土技术

第一节　概　述

碾压混凝土筑坝出现于20世纪70年代。由于它将混凝土坝的修筑按土石坝的施工方法进行施工，使混凝土坝也可使用干硬性混凝土，采用近似于土石坝的铺筑方式，用强力振动碾进行压实。它是对混凝土坝柱状浇筑法的一项重大改进，具有节约水泥、降低水化热、施工设备通用性强、施工方法简单、速度快、可大大降低工程造价等优点，因而受到各国坝工界的广泛重视。据统计，迄至1998年年底，世界上已建、在建的碾压混凝土坝已达209座，这些坝的混凝土总土方量为72×10^6 m^3，其中碾压混凝土为47×10^6 m^3。碾压混凝土坝在世界各种不同气候条件的地区都得到了广泛应用。

1979年，我国开始研究碾压混凝土筑坝技术，在铜街子、厦门机场及沙溪口等工程进行现场试验后，于1986年建成我国第一座碾压混凝土重力坝——坝高56.8 m的坑口大坝。经过20余年的发展，截至2005年年底，我国已建成的碾压混凝土坝61座，在建的碾压混凝土大坝35座，拟建的碾压混凝土坝31座，围堰工程20座；已建成的主体工程的碾压混凝土体积1 400万m^3，在建的大坝工程碾压混凝土体积规模达1 800万m^3，围堰工程的碾压混凝土体积500万m^3。已建成的大坝中，坝高超过100 m的有10座，包括重力坝、拱坝等坝型。目前已建成的坝高132 m的沙牌拱坝为目前世界上最高的碾压混凝土三心重力拱坝。在建的龙滩大坝最终坝高216.5 m，是世界上最高的碾压混凝土重力坝。此外，利用碾压混凝土修建临时施工围堰，其效益更加明显。岩滩、隔河岩、水口、五强溪、三峡、大朝山等工程，都采用碾压混凝土围堰，总土方量已超过400万m^3，施工速度快，汛期围堰还可以过水。三峡工程三期碾压混凝土围堰高121 m，体积110万m^3，在一个枯水期内(4个月)完成，其小时浇筑强度达850 m^3/h，月最大浇筑强度达38.6万m^3/月，堰体月上升高度24 m，解决了施工难题。中国模式的碾压混凝土筑坝技术已被国际工程界公认处于国际领先地位。

一、我国碾压混凝土坝的技术特点及成就

我国碾压混凝土筑坝技术在降低水泥用量、高掺粉煤灰、大仓面、薄层、快速连续浇筑及充分体现其自身优越性的技术思想指导下，在坝工设计、原材料选用、施工工艺及机具配合、配套等方面取得了重要进展，形成了自己的特色，其主要特点表述如下。

(1)坝高超过100 m的碾压混凝土重力坝已建的有10座：江垭(128 m)、大朝山(118 m)、岩滩(111 m)、棉花滩(111 m)、水口(101 m)、索风营(121 m)、沙牌(132 m)、石门子(110 m)、蔺河口(100 m)和招徕河(107 m)；在建的有16座，其中龙滩大坝(216.5 m)为世界最高的碾压混凝土重力坝，这标志着我国不仅已经掌握了100 m级碾压混凝土坝的筑坝技术，而且正在向200 m级碾压混凝土筑坝平台攀登。

(2)碾压混凝土拱坝的设计、施工和科研工作取得了很大成效，已建成的有7座。

①贵州普定拱坝，高 75 m，于 1993 年建成，为当时世界最高的碾压混凝土拱坝。

②北方寒冷地区修建的温泉堡拱坝，高 49 m，采用土工膜防渗，坝内未设廊道。

③龙首拱坝，高 80 m，厚高比 0.17，建于 8 度地震区，最高气温 37.2 ℃，最低气温 -33 ℃。大坝处于西北内陆腹地，属大陆性气候，昼夜温差大，夏季酷热，雨量稀少，蒸发强烈，冬季严寒。

④石门子拱坝，坝高 110 m，坝址同样在高寒地区，年平均蒸发量 1 410 mm，多年平均最大风速 20 m/s，气候条件十分严峻。

⑤福建溪柄溪薄拱坝，高 63 m，厚高比仅为 0.19，于 1996 年建成，为当时世界上建成的第一座碾压混凝土薄拱坝。首次采用有止水设施的人工短缝释放拉应力。

⑥红坡拱坝，坝高 55.2 m，大坝采用全断面三级配碾压混凝土，蓄水后廊道内无明显漏水现象。

由上述情况可以看到，我国碾压混凝土拱坝已在设计技术、倒悬面施工、分缝、并缝、温控及防渗等方面都积累了宝贵经验。不难看出，我国碾压混凝土拱坝筑坝技术已居世界领先地位。

(3)可以在不同气候条件下施工，无论在亚热带还是北方寒冷地区都建有碾压混凝土坝，采用的施工方法、材料、结构也各有特色，例如采用高效缓凝减水剂、引气剂、抗冻剂、适应高温施工的外加剂，动态控制 *VC* 值，采用喷雾建立小气候等，以改善碾压混凝土的施工性能和物理力学性能。

(4)高掺粉煤灰及 PT 掺合料(凝灰岩和磷矿渣的的混磨料)，既可节约水泥，同时又可降低水化热，简化温控措施，方便施工。对用于碾压混凝土的水泥、砂石骨料以及外加剂也做了不少探索，积累了相当丰富的经验。

(5)在拌和、运输、摊铺、碾压成缝、防护及养护等工序上积累了丰富经验，逐步形成了一套成熟的设备、工艺和方法。例如交替翻升模板、负压溜槽、深槽胶带机、斜层平推铺筑法、变态混凝土、小型切缝机、200 m^3/h 连续搅拌机、高压水冲毛机、喷雾装置、保温模板及塑料保温被等设备以及施工方法、作业指导书和成套的质量管理文件等，都在施工中发挥了重要作用。

(6)在导流工程中采用碾压混凝土围堰，优越性显著，施工速度快，经济合理，如三峡、水口工程的纵向围堰，岩滩、隔河岩、大朝山等工程的横向围堰都采用碾压混凝土，汛期均允许过水。

(7)探索开发了多种上游面防渗技术，包括常态混凝土、沥青砂浆、钢筋混凝土面板、预制混凝土模板勾缝、PVC 塑料薄膜和二级配碾压混凝土防渗层等。其中以二级配碾压混凝土防渗层、全断面碾压技术最为经济、可靠。

(8)碾压混凝土筑坝技术在我国起步时，原水利电力部成立了碾压混凝土筑坝推广领导小组，组织有关科研、设计、施工单位进行攻关，编制了一些设计导则、试验规程及施工暂行规定。待积累经验后，逐步编制出《碾压混凝土坝设计导则》、《碾压混凝土试验规程》、《水工碾压混凝土施工规范》等，并适时进行修订，目前以上规程一般都已有新的修订版本。

二、碾压混凝土适用范围

碾压混凝土一般用于水利水电工程的拦河坝、临时施工围堰、土石坝护坡、防浪墙、加固和扩大溢洪道挡墙、导墙等,也可以应用于道路工程和其他建筑物基础,还可以用于机场跑道。

第二节 原材料选择及配合比

一、原材料选择

(一)水泥

凡是硅酸盐系列的水泥皆可用于配制碾压混凝土,水泥品种应根据设计要求通过试验进行选择;水泥强度等级不宜低于32.5 MPa;大体积碾压混凝土宜采用中低热水泥,碾压混凝土使用的水泥质量要求与用于常态混凝土的水泥质量相同。

(二)掺合料

为了改善碾压混凝土性能,节约水泥用量,降低水化热温升,在碾压混凝土中应掺用掺合料。

1. 掺合料分类

掺合料按其性能分活性和非活性两大类;按其形成分为天然、人工和工业废料三大类。

(1)粒化高炉矿渣、磷矿渣、火山灰质混合料、粉煤灰均可与水泥水化析出的氢氧化钙作用,称为活性掺合料,其余为非活性掺合料。

(2)天然掺合料有火山灰、凝灰岩、硅藻土、沸石岩等。

2. 掺合料的选择

(1)活性大、干缩小、需水量较小的掺合料可有效改善碾压混凝土的性能。粉煤灰资源广泛,宜优先选用球状颗粒较多、烧失量小、需水量较小的粉煤灰作为碾压混凝土掺合料。

(2)为了保证碾压混凝土质量,掺用的粉煤灰等级应不低于Ⅱ级,粉煤灰掺量一般占胶凝材料总量的30% ~70%,具体掺量应通过试验确定。掺用粉煤灰的方法有干法和湿法两种,采用哪种方法应视料源、拌和设备和质量而定。

(三)外加剂

为了改善碾压混凝土工作性能,提高混凝土抗冻、抗裂、抗渗性能,在碾压混凝土中应掺用符合工程要求的外加剂。外加剂掺量应通过试验并结合厂家推荐值进行综合确定。

碾压混凝土外加剂应根据地区、季节及作用不同来选择。

(1)对大体积及高温季节碾压混凝土施工应采用缓凝减水剂或缓凝高效减水剂。

(2)对有抗冻、抗渗要求的混凝土,应考虑掺用引气剂或引气减水剂,对有防冻或微膨胀要求的混凝土,还应掺用防冻剂或膨胀剂。

(四)粗骨料

粗骨料分为人工粗骨料、天然粗骨料和混合粗骨料三种。粗骨料质量应符合以下要求:

(1)质地坚硬,表观密度大,抗压强度适中。

(2)最大粒径适宜,既要考虑节约胶凝材料,又要考虑骨料分离情况并结合施工条件选择，碾压混凝土粗骨料最大粒径不宜超过 80 mm。

(3)级配连续。

(4)其他要求：粗骨料的其他质量要求见《水工混凝土施工规范》(DL/T 5144—2001)。

(五)细骨料

细骨料分为天然细骨料、人工细骨料和混合细骨料三种。细骨料质量应符合以下要求：

(1)质地坚硬，表观密度较大。

(2)颗粒级配良好，细度模数为 2.2～3.0。

(3)粒径小于 0.16 mm 颗粒的含量在 14%～22%。

(4)其他要求：细骨料的其他质量要求见《水工混凝土施工规范》(DL/T 5144—2001)。

(六)拌和用水

凡符合国家标准的生活饮用水，均可拌制碾压混凝土。天然矿化水，如化学成分符合要求也可使用，未经处理的工业废水、污水、沼泽水不得使用。碾压混凝土拌和用水质量标准与常态混凝土相同。

二、碾压混凝土配合比

碾压混凝土配合比设计的基本方法有绝对体积法、密度法和填充包裹法等。国内几个工程的碾压混凝土配合比见表 7-1。

表 7-1　国内几个工程的碾压混凝土配合比

序号	工程名称	外加剂	用水量 (kg/m³)	水泥 (kg/m³)	粉煤灰 (kg/m³)	水胶比	砂量 (kg/m³)	骨料			VC (s)
								5～20 mm	20～40 mm	40～80 mm	
1	天生桥	DH40 0.4%	77	55	85	0.55	756	439.5	586	439.5	10～25
2	岩滩	糖蜜 0.4%	90	55	104	0.57	759	447	596	447	10±5
3	锦江	糖蜜 0.4%	88	70	80	0.59	646	457	533	533	6～8
4	大广坝	糖蜜 0.3%	97	50	100	0.65	686	449	598	449	9
			102	50	100	0.68	680	443	591	433	9
5	水东	引气剂 0.1%	75	54	92	0.51	580	582	499	586	
			77	60	91	0.51	600	677	677	580	
6	观音阁	木钙 0.25% +	75	91	39	0.57	630	408	408	571	—
		AEA202 0.25%	70	91	39	0.57	529	409	409	572	15±5
7	百龙滩	HR3 0.13%	78	39	60	0.79	800	473	630	473	10～15
			95	88	115	0.47	900	526	788		10～15
8	石漫滩	木钙 0.25%	96	63	63	0.60	519	483	483	437	10±3
			92	92	92	0.50	647	723	723	—	9.5
9	大朝山	FDN 0.7%	87	67	101	0.50	839	440	440	586	5～10
		FDN 0.7%	94	94	94	0.50	850	712	712	—	
10	龙滩	木钙 0.3%	105	90	110	0.53	735	441	588	441	7
11	江垭	木钙 0.25%	87	59	95	0.56	656	459	613	459	10
		木钙 0.25%	94	81	98	0.53	726	709	581	—	8

第三节 施工准备

碾压混凝土施工准备工作可分为施工组织准备和仓块浇筑准备两个阶段。

一、施工组织准备

施工组织准备的主要内容是施工组织设计和混凝土配合比试验及试验块浇筑，应按施工组织设计和试验要求进行具体条件准备和展开工作。施工组织准备的过程如图 7-1 所示。

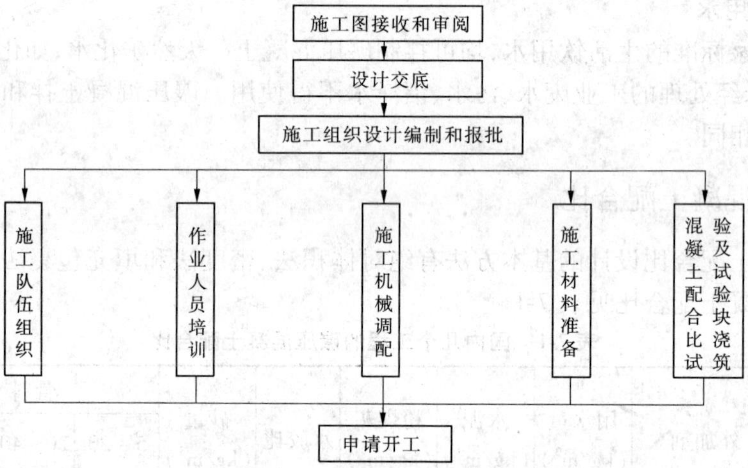

图 7-1 施工组织准备

碾压混凝土要实现快速施工，原材料供应、仓位准备（主要是模板安装）、碾压混凝土输送、机械设备配置等是主要环节。

（一）砂石及混凝土生产系统配置

1. 砂石骨料生产

原材料供应必须充分，尤其是用量较多的砂石骨料。为满足碾压混凝土高强度的填筑施工，原材料成品必须有足够的储备，一般备料量应经常保持日平均填筑工程量的 5 ~ 7 倍。

2. 混凝土生产系统配置

混凝土生产系统应根据高峰月混凝土浇筑强度配置。

碾压混凝土拌和时间较常规混凝土延长 30 ~ 60 s，在选择混凝土拌和设备时，应考虑拌和时间的延长对生产率的影响，一般按铭牌产量乘以 0.7 ~ 0.9 的系数即可，拌和能力配备必须满足施工需要并有一定的富余。

（二）混凝土运输设备配置

碾压混凝土常用的运输设备有自卸汽车、机车、吊机、胶带机、负压溜槽、斜面滑道等。运输设备及运输方式的选择不仅要满足施工强度需要，还要满足防止混凝土骨料分离的要求。相比较而言，汽车运输适应性强、机动灵活，可直接入仓，减少分离。其他运输工具一般采取组合运输方式，如机车与吊机组合、皮带机与溜槽组合等。自卸汽车、胶带机、负压溜槽等已成为碾压混凝土运输的主要手段。

运输碾压混凝土的设备必须同拌和楼生产能力、仓面铺筑能力相匹配。

(三)仓面资源配置

1. 仓面设备配置

仓面机械很多,有供料机械、摊铺机械、碾压机械、保温机械,还有切缝机械和冲毛机械。各机械的作业区域是随着供料铺料、碾压、保温、切缝、冲毛工序的完成而随时调换的。因此,必须根据工程实际,对作业分区图进行总体规划,并加强现场调度管理,避免各种机械作业的相互干扰和工序之间的脱节。仓面宜设专职指挥人员,统一指挥和协调仓面作业。

(1)平仓设备。碾压混凝土施工,大多采用大仓面通仓铺筑,应配备足够数量的平仓设备。平仓设备一般选用平仓机,也可采用大型推土机。

(2)碾压设备。宜采用自行式振动碾,质量 10 t 左右,频率 1 500 ~ 2 700 次/min,最好在 2 400 次/min 以上;边角部位可使用手扶式振动碾碾压。

常用设备配套数量见表 7-2。

表 7-2 常用设备配套数量 (单位:台)

仓面面积 (m^2)	层厚 (cm)	10 t 自卸汽车 运距(m)			平仓机	振动碾
		500 ~ 1 000	1 000 ~ 2 000	2 000 ~ 3 000		
<1 000	30	4 ~ 8	7 ~ 9	8 ~ 12	1	1 ~ 2
1 000 ~ 2 000	30	7 ~ 14	10 ~ 15	15 ~ 20	1 ~ 2	2 ~ 3
2 000 ~ 4 000	30	15	15 ~ 20	20 ~ 25	2 ~ 3	2 ~ 3
4 000 ~ 5 000	30	15 ~ 25	20 ~ 30	25 ~ 35	2 ~ 3	3 ~ 4
>5 000	30	宜采用分仓或斜层浇筑				

(3)冲毛设备。碾压混凝土施工层面普遍采用高压水冲毛机冲毛(最大工作压力 30 ~ 50 MPa),一般情况下,仓面面积在 2 000 m^2 以内的可配置 1 台冲毛机,仓面面积为 2 000 ~ 5 000 m^2 的配置 2 台,仓面面积在 5 000 m^2 以上的配置 3 台。

(4)切缝机。碾压混凝土坝的横缝,以往大多采用模板打孔形成。目前,高坝工程趋向使用切缝机。例如江垭工程采用 MPKHPQ13 型切缝机,棉花滩大坝采用 MPFQ－1 型切缝机,大朝山工程也采用切缝机。

(5)喷雾。当日照强烈、风速较大、湿度较低时,为保持湿润环境,常在浇筑仓面进行喷雾,以使碾压混凝土的 *VC* 值不要迅速增大,以免影响碾压和层面结合质量。喷雾一般由压缩空气和水混合喷射后形成。要根据不同施工季节和施工条件采用不同的喷雾方式。

(6)养护。碾压混凝土浇筑完成后要及时进行养护,养护方式有蓄水、喷水及流水等。供水管路的布设、需水流量及压力等需根据浇筑仓面进行统一设计。

(7)防护。在冬季及遇有寒潮冲击的条件下施工,必须注意碾压混凝土的保温工作,保护方法有设置保温模板、装设保温被、浇筑层顶面覆盖保温塑料布或保温被等,以防混凝土产生温度冲击裂缝。

(8)其他小型机具可根据工程经验配置。

2. 仓面人员配置

5 000 m^2 以内仓面单班人员配置见表 7-3。

表 7-3　5 000 m^2 以内仓面单班人员配置

工种	人数	工种	人数	工种	人数
平仓机驾驶员	2	振捣人员	约 3	质量控制人员	约 5
振动碾驾驶员	3	值班模板工	2	诱导员	约 2
切缝人员	3	值班电工	1	仓面指挥长	1
铺浆人员	约 3	配合人员	约 15	合计	约 40

3. 仓面材料配置

每一仓块碾压混凝土开浇前，所需要的砂石料、水泥、粉煤灰、外加剂等材料应有足够的储量。仓面所需要的模板拉条、隔缝材料、保温材料也应事先准备就绪，保温材料应按最大仓面需要量配置。

（四）仓面准备

1. 模板

模板安装是碾压混凝土快速施工的重要环节。从我国已施工的碾压混凝土工程来看，其模板安装对施工速度的影响是相当突出的。广西岩滩碾压混凝土围堰工程几乎每两天就有 3 ~ 6 h 的时间因安装模板而中断施工，有时因拆模板导致 2 ~ 3 d 的长时间间歇。可见模板安装对施工速度的影响是很大的，已经受到工程界越来越多的重视。国外为解决这个问题，有的采用减少模板安装工作量的措施，如美国和澳大利亚有三座全碾压混凝土坝，都采用背水面不立模板的施工方法。迎水面模板，有采用滑模施工的，也有采用悬臂钢桁架配钢筋混凝土面板的。目前，悬臂翻升钢模板已在国内得以广泛应用。我国的岩滩和隔河岩围堰工程，迎水面模板都采用组合钢模板配钢管（方钢）围令、仓内设水平拉条的悬臂模板型式。背水面台阶模板，清江隔河岩工程采用台阶组合钢模型式，岩滩工程采用重力式台阶混凝土预制模板，周转使用。棉花滩大坝上游立面采用悬臂翻升钢模板，下游坡斜面也采用小块悬臂翻升钢模板。

2. 钢筋

碾压混凝土坝体内的钢筋一般很少，只有廊道、电梯井等孔洞周边布有钢筋，这些钢筋应在碾压混凝土开仓前安装完毕。孔洞周边一般采用常态混凝土或变态混凝土与碾压混凝土同时浇筑。施工中应注意保护架立好的钢筋，避免在碾压混凝土卸料、平仓、碾压过程中损坏。钢筋的制作安装按照有关规范执行。

3. 预埋件

对于碾压混凝土坝中的钢衬、门槽、引水管等预埋工作应事先制定预埋方案，一般采用二期预埋和浇筑混凝土的办法。

（五）合理的施工布置

1. 拌和楼位置的选择

混凝土从拌和楼到浇筑仓面的运输，一般采用汽车或胶带机。碾压混凝土筑坝，由于其施工速度快、工期短，故应优先考虑使用汽车运输。当采用汽车运输时，拌和楼位置和浇筑仓面距离、高差都不能过大，下仓道路弯道要少，坡度要控制在5% ~10%，以便减少运输时间和提高运输能力。由于运输碾压混凝土的车辆较多，拌和楼卸料口附近的道路应比较宽畅和平坦。

2.汽车直接入仓的道路布置

一般根据地形条件进行布置，即按道路修筑工程量较小、修筑方便、速度快和汽车运输条件较好的原则布置。如清江隔河岩围堰工程，围堰下部及上部的汽车入仓道路为单线封闭式道路，中间部分成环形循环路。环形路干扰少，大大加快了混凝土的运输速度。岩滩围堰工程不能布置环形路，但上游围堰由于渣源充足(基坑开挖弃渣)，每5 m高差就布置一条路；下游围堰因渣源困难，只布置了3条汽车入仓道路，每条路控制浇筑高度分别为7.2 m、11.9 m和14.9 m。

3.吊机入仓的布置

吊机高程选择，应以不翻高或少翻高为原则。吊机翻高，影响混凝土浇筑的正常进行，不利于快速施工。吊机是否行走，则应根据线路修筑工程量大小和难易程度而定，一般应以能行走考虑。

二、仓块浇筑准备

每一仓块碾压混凝土浇筑前须制作一份浇筑要领图，将拟浇仓块的相关信息和施工要求标注在要领图中，如浇仓块的范围、桩号、高程、混凝土量、最大仓面面积、摊铺的条带布置、平仓碾压方向、止水设施、切缝、埋件、预留孔洞位置、变态混凝土施工要求、模板架立要求、混凝土入仓方式和浇筑方法，以及注意事项等。现场按照浇筑要领图的要求进行施工准备，验收合格后方可准予浇筑。

(一)模板吊装

目前国内碾压混凝土大坝为适应快速浇筑要求，普遍使用交替上升可调式悬臂模板，结构型式见图7-2，平面尺寸一般为3 m×3 m，单块重约1 t，一般在仓面配置小吨位吊车吊装，如3~5 t仓面吊或5~8 t汽车吊，吊装一块模板的时间一般需15~30 min。

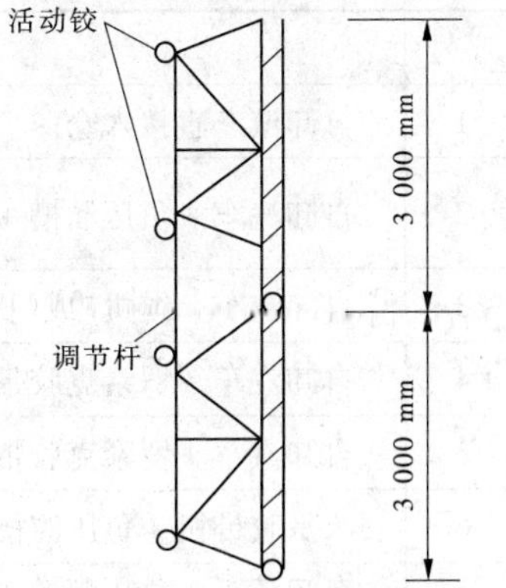

图7-2　交替上升可调式悬臂模板

(二)埋件安装

碾压混凝土埋件有观测仪器和电缆、止水片、分缝预制块、冷却管和灌浆管等。观测仪器和电缆一般采用在碾压完成后的混凝土体内挖坑埋设的方法，对没有方向性要求的仪器，坑槽深度以能埋设仪器和电缆即可；对有方向性要求的仪器，坑槽的深度应能保证在仪器安装就位后上部最少有20 cm厚的人工回填压实混凝土保护层。止水片安装一般采用钢筋架支撑保护，并在碾压混凝土施工过程中随时检查，发现损坏及时修复。分缝预制块一般在碾压混凝土拱坝中采用，预制块中设有灌浆管道，埋设时位置要准确，预制块两侧混凝土料摊铺时要均匀，防止预制块在施工中错位导致灌浆管路失效。冷却管和灌浆管都在碾压后的层面上埋设，管道埋设后应先铺盖混凝土料后才能允许设备行走，管道埋设的时间应满足碾压混凝土层间覆盖时间要求。

(三)切缝

碾压混凝土坝体中的伸缩缝一般采用切缝形成,切缝时间可在碾压前也可在碾压后,切缝前应先在伸缩缝两端的模板上放样,切缝时采用拉线方法控制缝距、方向及斜度,缝内按设计要求填充砂子、塑料纸或铁片等材料。

(四)变态混凝土施工

变态混凝土主要用于大坝上下游贴近模板面的部位、靠岸坡部位、止水埋设处、廊道及电梯井和其他孔口周边以及振动碾碾压不到的地方。变态混凝土应与碾压混凝土同步浇筑,并在两种混凝土初凝前振捣或碾压完毕。在止水埋设处的变态混凝土施工过程中,应采取措施支持和妥善保护止水材料,对该部位混凝土中的大骨料应人工予以剔除,振捣应仔细,以免产生渗水通道。变态混凝土浇筑有水平铺浆法和垂直注浆法两种施工方法:水平铺浆法按碾压层中加浆部位分类,有底部加浆、顶部加浆和中部加浆等不同方式;垂直注浆法是在一个碾压层混凝土摊铺后,均匀地在混凝土面上垂直造孔,然后将水泥粉煤灰净浆注入孔中的施工方法。变态混凝土中掺加水泥粉煤灰净浆的数量可通过试验确定,遵循便于振捣密实的原则,加浆量一般在4%~6%。

第四节　浇　筑

一、入仓方式选择

碾压混凝土的入仓方式应根据机械设备配制、施工布置特点和地形条件等综合因素进行选用。国内几个工程所用的碾压混凝土入仓方式见表7-4。

表7-4　国内几个工程所用的碾压混凝土入仓方式

序号	混凝土入仓方式	大坝名称
1	自卸汽车直接入仓	普遍适用
2	自卸汽车+负压溜槽+仓面汽车转料	棉花滩、大朝山、沙牌、龙首、汾河二库等
3	自卸汽车+缆机(或门机)	大朝山、龙首
4	自卸汽车+罗泰克胶带机(或再加仓面汽车转料)	大朝山
5	自卸汽车+罗泰克胶带机+负压溜槽+仓面汽车转料	大朝山
6	水平胶带机+负压溜槽+仓面汽车转料	江垭、山口
7	自卸汽车+负压溜槽+水平皮带机+垂直落料混合器(附抗分离装置)+仓面汽车转料	棉花滩
8	自卸汽车+垂直落料混合器(附抗分离装置)+仓面汽车转料	棉花滩
9	斜坡轨道车	普定
10	自卸汽车+胶带机+罗泰克胎带机+塔带机	三峡纵向围堰

运输混凝土的自卸汽车应保持整洁。采用自卸汽车直接入仓时,汽车入仓前应将轮胎冲洗干净。冲洗后,再经过一段距入仓口一般40~60 m长的脱水路段后入仓,以防止轮胎

将污物带入仓面。汽车在仓面上行驶应严格控制其行驶速度，一般在 10 km/h 之内，行车路线应尽量避开已铺砂浆或水泥浆的部位，并不得有急刹车、急转弯等有损碾压混凝土质量的操作。采用胶带机运输碾压混凝土时，应有防水分蒸发、水泥浆损失及骨料分离的设施，如遮阳棚、骨料抗分离装置等。

二、卸料与摊铺

（一）卸料

碾压混凝土采用大仓面薄层连续铺筑，碾压层厚度一般为 30 cm 左右。采用自卸汽车卸料时，一般采用退铺法两点叠压式卸料，按梅花形依次堆卸。为了减少骨料分离，自卸汽车应将混凝土料卸于铺筑层摊铺前沿的台阶上，再由平仓机将混凝土从台阶上推到台阶下进行移位式平仓（见图 7-3）。

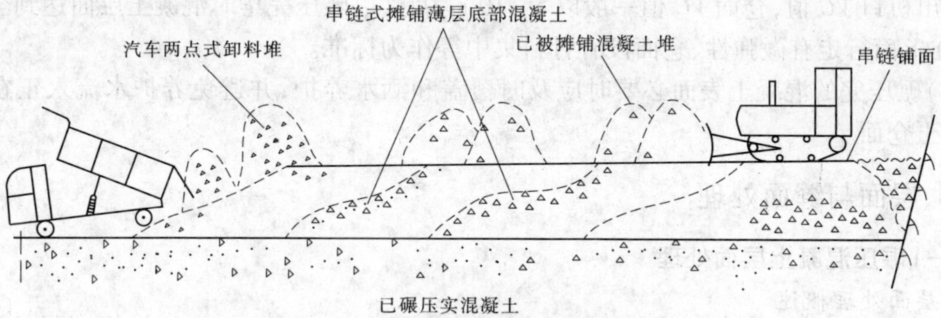

图 7-3　汽车两点叠压式卸料串链摊铺作业法示意图

按浇筑要领图的要求和逐层逐条带的铺筑顺序进行卸料，卸料尽可能均匀，料堆旁出现的分离大骨料，应由人工或用其他机械将其均匀地摊铺到未碾压的混凝土面上。

（二）摊铺

碾压混凝土摊铺一般采用串链摊铺作业法（见图 7-3），按条带台阶式薄层摊铺。条带方向按浇筑要领图摊铺均匀，每一碾压层平仓一次。要注意控制摊铺面积，要保证下层混凝土在允许层间间隔时间内得到覆盖。

棉花滩工程施工中执行如下规则：当仓面面积 $S<2\ 000\ m^2$ 时，采用平层碾压施工方式；当仓面面积 $S \geqslant 2\ 000\ m^2$ 时，采用斜层平推碾压施工方式，斜层平推铺筑的坡度一般为 1∶10～1∶20；每层摊铺厚度为 34～36 cm（压实后为 30 cm），根据周边所画平仓线进行拉线检查，如有超出规定值的部位必须重新平仓，局部不平的采用人工辅助铺平；预埋件如止水片（带）、观测仪器等周边应采用人工铺料，以免使预埋件损坏或移位。

三、碾压

（1）每个铺筑层摊平后，应按要求的碾压遍数及时进行碾压。碾压遍数应根据不同的工程特点、摊铺厚度和压实机械的激振力，通过试验确定，一般先无振碾压 2 遍，再有振碾压数遍，最后无振碾压 1～2 遍。

（2）对于上游面（或下游面）采用二级配碾压混凝土防渗的，该部位的碾压方向应垂直于水流方向，其余部位的碾压方向也宜垂直于水流方向。碾压条带间的搭接宽度应不小于 20 cm，接头部位应重叠碾压 1～3 m。

（3）每层碾压作业结束后，应及时按网格布点用核子密度计检测混凝土压实度、容重，所测容重低于规定值时，应立即重复检测，并按指示补碾，补碾后仍达不到要求的应挖除处理。

（4）控制振动碾的行走速度在1～1.5 km/h。

（5）控制碾压层间隔时间：连续上升铺筑的碾压混凝土层间允许间隔时间（指下层混凝土拌和物拌和加水时起到上层碾压混凝土碾压完毕为止）应小于混凝土初凝时间1～2 h；同时，混凝土拌和物从加水拌和到碾压完毕的历时应不大于2 h，若历时超过2 h，一般要加净浆碾压。

（6）如果由于气温、风力等因素的影响，碾压层面由于水分蒸发而致*VC*值太大，发生久压不会泛浆的情况时，应采取其他有效措施补碾，使碾压表面充分泛浆。

（7）对仓面的*VC*值应进行动态管理，根据现场的气温、昼夜、阴晴、湿度等气候条件适当调整出机口*VC*值，仓面*VC*值一般以5～10 s为宜，以碾压完毕时混凝土层面达到全面泛浆、人在上面行走有微弹性、仓面没有骨料集中等作为标准。

（8）碾压完的混凝土表面必要时应及时覆盖和洒水养护，并避免养护水流入正在施工的混凝土仓面。

四、层面与缝面处理

（一）碾压混凝土层面处理

1.层面处理概述

碾压混凝土坝施工存在着许多碾压层面和水平施工缝面，而整个碾压混凝土块体必须浇筑得充分连续一致，使之成为一个整体，不出现层间薄弱面和渗水通道。为此碾压混凝土层面、缝面必须进行必要的处理，以提高碾压混凝土层缝面结合质量。

2.处理方式

碾压混凝土层面处理的目的是要解决层间结合强度和层面抗渗问题，所以层面处理的主要衡量标准（尺度）就是层面抗剪强度和抗渗指标。不同的层面状况、不同的层间间隔时间及质量要求需采用不同的层面处理方式。一般常用的碾压混凝土层面处理方式如下。

（1）正常层面状况（即下层碾压混凝土在允许层间间隔时间之内浇筑上层碾压混凝土的层面）：

①避免或改善层面碾压混凝土骨料分离状况，尽量不让大骨料集中在层面上，以免被压碎后形成层间薄弱面和渗漏通道。

②如层面产生泌水现象，应采用适当的排水措施，并控制*VC*值。

③如碾压完毕的层面被仓面施工机械扰动破坏，应立即整平处理并补碾密实。

④对于采用上游二级配混凝土进行防渗的，其上游防渗区域的碾压混凝土层面应在铺筑上层碾压混凝土前铺一层水泥粉煤灰净浆或水泥净浆。

⑤碾压混凝土层面保持清洁，如被机械油污染的应挖除被污染的碾压混凝土。

（2）超过初凝时间的，但未终凝的层面状况按正常层面状况处理：铺设5～15 mm厚的垫层，如水泥砂浆、粉煤灰水泥砂浆或水泥净浆、水泥粉煤灰净浆。

（3）超过终凝时间的层面状况：超过终凝时间的碾压混凝土层面称为冷缝，间隔时间在24 h以内，仍以铺砂浆垫层的方式处理；间隔时间超过24 h，视同冷缝按施工缝面处理。

(4)为改善层面结合状况,还常常采用如下措施:

①在铺筑面积既定情况下提高碾压混凝土的铺筑强度。

②采用高效缓凝减水剂延长初凝时间。

③在气温较高时采用斜层平推碾压铺筑方式以缩短层间间隔时间。

④缩短碾压混凝土的层间间隔时间,使上一层碾压混凝土骨料能够压入下一层,形成较强的结合面。

⑤提高碾压混凝土拌和料的抗分离性,防止骨料分离及混入软弱颗粒。

⑥防止外来水流入层面,并做好防雨工作。

⑦冬季防冻,夏、秋季防晒。

3. 检验碾压混凝土层面质量的方法

检验碾压混凝土层面质量的简易方法为钻孔取芯样,对芯样获得率、层面折断率、密实度、外观等质量进行评定。通过芯样试件的抗剪试验得到抗剪强度和标号,通过孔内分段压水试验检验层、缝面的透水率。芯样直径一般为150 mm。

影响碾压混凝土缝面结合质量的主要因素有:碾压混凝土配合比、层间间隔时间、相对压实度、浇筑时的气温、层缝面处理质量以及碾压混凝土施工工艺等。

(二)碾压混凝土缝面处理

1. 缝面处理概述

碾压混凝土缝面处理是指对其水平施工缝和施工过程中出现的冷缝面的处理。碾压混凝土水平施工缝是指坝体施工完成一个碾压混凝土升程(例如3.0 m高)后而做一定(一般约3 d)间歇产生的碾压混凝土缝面。大坝碾压混凝土缝面是大坝的薄弱面,容易成为渗水通道,应认真严格处理,以确保缝面结合强度和提高抗渗能力。

2. 缝面处理

碾压混凝土缝面处理方法与常态混凝土相同,一般采用如下办法:

(1)用高压水(或风砂枪、机械刷)清除碾压混凝土表面乳皮,使之成为毛面(以露砂为准)。

(2)清扫缝面并冲洗干净,在新碾压混凝土浇筑覆盖之前应保持洁净,并使之处于湿润状态。

(3)在已处理好的施工缝面上按照条带均匀摊铺一层1.5~2.0 cm厚水泥砂浆垫层,然后再开始铺筑碾压混凝土。

五、碾压混凝土温控方法

(一)概述

碾压混凝土重力坝一般具有大仓面通仓薄层碾压、连续快速施工的特点,并且大量使用掺合料。由于坝体上升速度较快,难以通过浇筑层面散发热量,虽然水泥用量低,水化热温升较小,但温峰推迟,且一般不进行混凝土内部人工冷却降温。因此,在低温季节,内、外温差如果偏大就易产生较大的温度应力,引起表面裂缝。此外,碾压混凝土重力坝常在建基面上浇筑常态混凝土垫层,并停歇较长时间进行基础固结灌浆,更易产生裂缝。因此,碾压混凝土重力坝的温控工作虽没有常态混凝土复杂,但在施工过程中同样要采取相应的温控措施。碾压混凝土温控应根据不同的施工条件、气候、环境温度等选择合适的温控手段。

（二）温控方法

碾压混凝土施工宜在日平均气温3～25 ℃进行，当日平均气温高于25 ℃以及月平均气温高于容许浇筑温度时，如果继续施工，必须采取有效的降温措施；当日平均气温低于3 ℃或遇温度骤降时，应暂停碾压混凝土施工，并对坝面及仓面采取适当的保温措施。

碾压混凝土施工采用的温控方法主要有：

（1）采用低热或中热水泥，采用高效减水剂掺粉煤灰或其他活性材料等，以降低水泥用量、降低水泥水化热。

（2）合理分缝、分层、分块，薄层浇筑。

（3）降低碾压混凝土入仓温度和浇筑温度，可采用如下方法：①骨料预冷；②加冰或低温水拌和混凝土；③加高砂石骨料堆；④砂石骨料仓和胶带输送搭遮阳棚防晒；⑤碾压混凝土运输工具遮阳防晒，防止运输过程中温度急剧上升。

（4）必要时也可在坝体内预埋冷却水管进行初期人工冷却，以削减温峰。

（5）仓面喷雾降温。

（6）坝体表面防护，方法有：①采用保温模板；②覆盖保温材料，如2～3 cm塑料泡沫板等。

六、铺料容许间隔时间

碾压混凝土浇筑时应做到对进仓的料及时铺筑，亦即要做到边卸料、边摊铺、边碾压，形成流水作业，以保证混凝土拌和物从加水拌和到碾压完毕的历时不大于2 h。缩短这个时间将使 *VC* 值增大幅度趋缓，有利于碾压密实，并使浇筑效率提高。

七、异种混凝土浇筑

异种混凝土结合，即不同类别的两种混凝土相结合，如碾压混凝土与常态混凝土的结合、变态混凝土与常态混凝土的结合等。

（1）常态混凝土与碾压混凝土交叉施工，按先碾压后常态的步骤进行。两种混凝土均应在常态混凝土的初凝时间内振捣或碾压完毕。

（2）对于异种碾压混凝土结合部，采用高频插入式振捣器振捣后，再用大型振动碾进行骑缝碾压2～3遍或小型振动碾碾压25～28遍。

八、变态混凝土浇筑

在碾压混凝土中加入水泥粉煤灰净浆并用振捣器振捣密实的混凝土称为变态混凝土。加浆方式可在碾压混凝土摊铺之前、摊铺中或摊铺之后加入。变态混凝土与碾压混凝土可同步或交叉浇筑，并应在两种混凝土规定时间内振捣或碾压完毕。

变态混凝土的加浆量应根据试验确定。棉花滩工程变态混凝土的加浆量为4%～6%，采用顶部造孔加浆方式，采用 ϕ100 mm高频振捣器或 ϕ50 mm软轴式振捣器振捣密实。靠岸坡部位在铺筑混凝土前应先在基础面上喷洒一层水泥粉煤灰浆液，先施工碾压混凝土，后加浆浇筑振捣基础常态或变态混凝土，两种混凝土均应在2 h内浇筑振捣完毕。根据现场情况，先变态后碾压或先碾压后变态的方式均可。在变态碾压混凝土与碾压混凝土交接处，用振捣器向碾压混凝土方向振捣，在搭接部位碾压后再用高频插入器垂直插入振捣，使两者互相融混密实或完成骑缝碾压。

第五节　工程实例

一、江垭碾压混凝土坝施工

江垭全断面碾压混凝土坝位于湖南省慈利县江垭镇境内，距长沙 354 km。最大坝高 131 m，坝顶长度 369.8 m，坝顶宽度 12 m，分为 13 个坝段。1996 年 4 月 6 日开始浇筑常态混凝土，1999 年 4 月完成坝体混凝土浇筑。江垭碾压混凝土坝是国内采用全断面混凝土施工技术修筑的第一个超过 100 m 级的高坝。坝体混凝土总方量 137 万 m^3，其中碾压混凝土 110 万 m^3，约占 80%。施工中年最大浇筑量 70 万 m^3，月最大浇筑量 12 万 m^3，日最大浇筑量 7 180 m^3，最大浇筑仓面 12 700 m^2。

拌和系统布置在大坝左岸坝肩附近，采用人工骨料，碾压混凝土搅拌时间为 70 s 左右。混凝土运输方式主要有两种：坝体 158 m 高程以下用自卸车直接入仓，以上用深槽胶带机配合负压溜槽运输至左坝端后由自卸车转运入仓。平仓厚度为 34 cm，分两次摊铺，每次 17 cm。为防止骨料分离，采用在摊铺层上卸料和推土机推离卸料位置平仓的方法。碾压前在横缝上用振动切缝机切缝，填砂隔缝。振动碾为 BW202AD 型，行驶速度在 1.0 km/h 情况下，无振碾压 2 遍，有振碾压 6 遍，再无振碾压 2 遍。

坝体铺筑方式分薄层浇筑和斜层铺筑两种。通仓薄层铺筑每次上升 3 m，控制最大仓面面积小于 6 000 m^2。若层间间隔时间超过初凝时间 6 h 但在 18 ~ 22 h 以内，铺 1.5 cm 厚的砂浆或 5 mm 厚水泥浆。斜层铺筑以整个坝面为一个工作面，碾压层面为 1∶15 顺坝轴线的斜坡，层间间隔时间控制在 2 ~ 4 h。大坝采用斜层铺筑法浇筑碾压混凝土 45.5 万 m^3，占坝体总量的 41.4%。

止水、基岩、结构物周边、上下游和横缝的碾压混凝土模板面采用变态混凝土。

主要浇筑机械为：D65P－8 湿地推土机 3 台、BW202AD 振动碾 4 台、BW103A 刷毛机 1 台、GCHJ50 高压水冲毛机 2 台、NPKHP13 振动切缝机 1 台。

二、沙牌碾压混凝土坝施工

沙牌碾压混凝土坝位于四川省阿坝藏族羌族自治州汶川县境内，距成都 135 km。坝型为三心单曲拱坝，坝高 132 m，坝底宽 28 m，坝顶宽 9.5 m，坝顶上游弧长 258 m。大坝 77.5 m 以上为铅直面，以下为 1∶0.11 的倒悬面，最大倒悬为 4.4 m。大坝采用全断面碾压、连续上升施工工艺，为目前世界上最高的全断面碾压混凝土高拱坝，是国家“九五”重点科技攻关项目。当地冬季最低气温常达 －15 ~ －20 ℃，12 ~ 来年 2 月停止施工。

碾压混凝土生产系统布置在大坝下游。入仓方式为低线公路自卸汽车直接入仓和高线公路左岸负压溜槽入仓，仓面自卸汽车分料。溜槽采用国家“九五”科技攻关项目 100 m 级负压溜槽结构型式，受料斗容积 20 m^3，负压溜槽标准节长 4 m，用螺栓连接，两条溜槽沿左坝肩建基面向下布置。根据大坝碾压混凝土浇筑强度配置仓面机械。仓面配置有施工机械：BW202AD、BW201AD 振动碾 3 台，BW75S 振动碾 2 台，D31P 和 D3CLGP 平仓机各 1 台。采用 200 m^3/h 全自动连续强制式搅拌楼，实际生产能力约为 160 m^3/h。

碾压混凝土仓面大于 2 000 m^2 时压实厚度为 25 cm，小于 2 000 m^2 时压实厚度为 30 cm。在振动碾碾压不到的死角、两岸坝坡基岩面、上游坝面防渗区、下游坝面斜面等部位均用变态混凝土。

针对施工季节做好温控措施：拌和楼配料仓搭设保温棚；夏季施工仓面采用人工喷雾降低仓面温度；运输车辆覆盖保湿设施以减少 *VC* 损失；冬季施工采用 40 ~ 45 ℃的热水拌和以提高混凝土的出机温度；运输车辆采用保温措施减少途中温度损失；冬季施工仓面在 -3 ℃以下时加盖保温材料，在 -5 ℃以下暂停浇筑并加盖保温被等；冬季施工仓面摊铺和碾压紧密衔接，快铺快碾。

1999 年 3 月 29 日开始浇筑，由于业主单位资金困难及冬季停工，至 2002 年 5 月大坝才浇筑到顶，其中碾压混凝土 36.5 万 m^3。机口取样抗压强度试验、现场压水试验和钻取芯样抗压强度试验结果表明：混凝土强度保证率均在 90% 以上。该工程碾压混凝土拉伸值稳定在 1.2×10^{-4} 以上，坝体至今尚未发现裂缝。

第八章　土坝坝体黏土浆灌注加固技术

第一节　概　述

用灌浆方法处理堤坝坝体的渗漏，已有几十年的历史。20世纪50～60年代，我国许多省份用此法处理了一批病险水库，并取得了成效，也积累了经验，特别是近年来，在坝体灌浆机理研究方面有了长足的进步，并将理论研究用于实践，创造了更多更好的实践经验。迄今为止，全国已有近千座土石坝通过灌浆处理脱险。由此可见，用灌浆方法处理坝体的裂缝和渗漏是成功的，是一个好方法。

在以往，对坝体灌浆沿用坝基灌浆的理论和方法，而没有考虑坝体灌浆自身的特点，因而是不合理的，坝基强透水地层灌浆的目的是形成防渗帷幕，以消杀坝基渗流水头。而近年来的研究和实践表明，坝体灌浆主要是针对坝体的裂缝和渗漏，就是说其目的也是防渗，研究也表明，坝体灌浆除能改善坝体的防渗作用外，它的透水性就会减小，防渗作用就会增加；坝的强度和抗滑稳定性增强，再产生裂缝的可能性也小了。

但是，坝体灌浆不像坝基那样，一定要满足抗渗要求，要有一定厚度和封闭的灌浆帷幕，而应该根据具体情况而定。例如，对只存在裂缝或局部漏水的坝，则只需要用灌浆的方法堵塞裂缝或在局部渗漏区域进行灌浆，而没有必要对整个坝体进行灌浆，建造灌浆帷幕；对填筑质量很差，下游坝坡普遍渗漏的坝体，则应对整个坝体进行灌浆，以改善整体的防渗性能。

坝体和坝基灌浆不同之处还在于它们的初始应力条件、边界条件以及被灌的对象和浆液流动条件的差异。

目前，坝体灌浆方法可分为充填式和劈裂式两种，前者是指自重灌浆（孔口压力为零），后者是指利用灌浆压力劈开坝体，形成一道近于垂直并连续的浆体帷幕。其实，两种灌浆方法都是压力灌浆，只是所用的压力大小不同而已。20世纪60年代就发现了灌浆压力对坝体的劈裂作用，但那时担心劈裂坝体会造成不良后果，80年代的一些机理分析和实践经验证明，用压力劈裂坝体的灌浆方法是可行的，与传统的充填式灌浆方法相比，具有施工速度较快、灌浆的质量较好等优点。

第二节　土石坝坝体的灌浆

在介绍坝体灌浆机理之前，有必要简单地介绍一下坝基灌浆机理。对坝基砂砾石层进行灌浆（这里不涉及化学灌浆和基岩裂缝灌浆等问题），是将构成浆液的细颗粒，在灌浆压力的作用下，使之渗入（或称挤入）砂砾的孔隙中，充填孔隙，并将砂砾石胶结起来，构成透水性较小的防渗层帷幕。要达到此目的，一般是用水泥或磨细水泥造浆。因此，对坝基砂砾石层进行灌浆有一个可灌性问题，即浆液中的颗粒尺寸一般为土体孔隙尺寸的20%～30%，浆液才能在一定的灌浆压力作用下渗入孔隙中；在客观条件允许的情况下，加大灌浆压力使坝基内产生劈裂，以利于浆液的渗入，也是坝基灌浆可利用的原理之一。

土石坝坝体一般是由黏性土构成防渗体。在正常条件下，不需要灌浆，黏土本身也属于不可灌的土层，坝体灌浆是针对不正常的坝而言，例如有裂缝的坝、漏水严重的坝等。在这种坝体内进行灌浆的机理可归纳如下。

一、利用水力劈裂原理

以均质坝为例，河槽段端面对称轴上3个主应力方向如图8-1所示。一般，σ_1 等于土柱压力（实际上要小一些），σ_2、σ_3 等于土柱压力乘以坝体内纵向、横向侧压力系数。一般为 $\sigma_1 > \sigma_2 \geqslant \sigma_3$。当对坝体进行压力灌浆时，若灌浆压力 P 大于主应力 σ 与土体的抗拉强度 σ_t 之和，则在坝体内将产生劈裂，出现的裂缝为纵向的（沿坝体的主应力方向），于是，泥浆就流进裂缝。若保持一定的灌浆压力，裂缝则将继续发展，泥浆也将不断地充填裂缝。至于起始劈裂灌浆压力的精确确定，是一个较复杂的问题，但实践表明，在弄清楚之前并不影响坝体灌浆的成功。

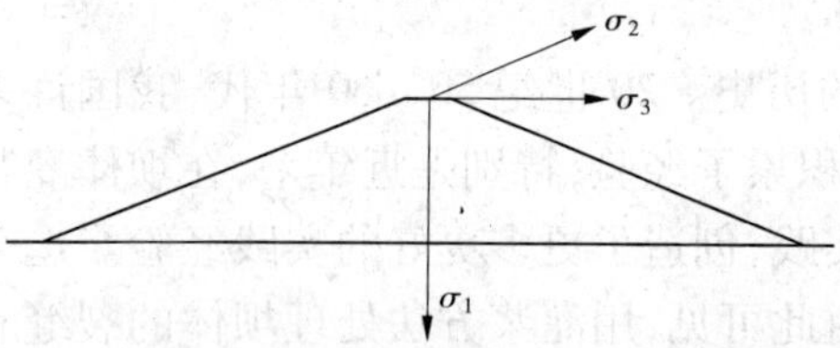

σ_1—大主应力；σ_2—中主应力；σ_3—小主应力

图8-1　均质坝体断面3个主应力方向

（一）浆体在平面上的分布

由于坝体内不同部位的应力不同，抗泥浆劈裂的能力、浆体的产状和厚度也不同。如图8-2所示，沿坝轴线布孔灌浆时，当灌浆压力大于坝体的最小主应力与土体的抗拉强度之和时，就会在垂直于钻孔的轴线方向沿孔壁呈辐射状劈开，当裂缝进一步扩大时，由于在中主应力作用面上的阻力较大，裂缝不易开展并很快尖灭；但沿小主应力面的阻力较小，故浆液沿发展扩大的裂缝流动，形成主浆脉；斜交于小主应力面上的裂缝，由于所受的阻力较小，浆液的流动也将转向主应力面。因此，浆体在平面上的分布呈纺锤状。此种情况多出现于坝体的中部。在坝体下部的正常压应力区，需要较大的灌浆压力才能沿小主应力面劈裂坝体，形成一条主脉。一般不会形成辐射状浆脉，这与坝体下部一般不存在裂缝的情况有关。在坝体的上部有一条主浆脉，也有副浆脉，其数量与坝体上部原有裂缝的多少有关。

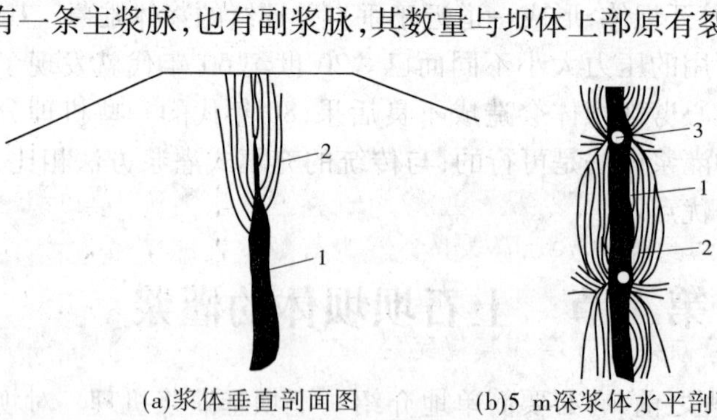

(a)浆体垂直剖面图　　(b)5 m深浆体水平剖面图

1—主浆脉；2—副浆脉；3—灌浆孔

图8-2　浆体分布图

（二）浆体在断面上的分布

在坝体横断面上，小主应力的大小随着深度的增加而增大。在出现裂缝的区域（或受拉区），小主应力不足，因此只需较小灌浆压力就可劈裂坝体。此时，裂缝是由上向下扩展的，泥浆亦随裂缝的扩展而上升，形成主浆脉，其厚度与灌浆压力的大小及持续时间等因素有关，一般厚 10 ~ 25 cm。除主浆脉外，还会形成副浆脉，这是浆液渗入原有裂缝的结果。断面上浆体的分布大致如图 8-2(a)所示。

二、浆、坝的互压作用

对坝体进行灌浆，是通过注浆管的花管段喷出泥浆将泥浆压力作用于坝体上的。坝体被灌入的泥浆压力劈裂后，其裂缝将随着灌浆压力的增大而开展，土体的应力状态也将发生变化，坝体会产生向上下游方向的横向位移。当停止灌浆后，坝体会发生反弹，在回弹(合拢)压力作用下，泥浆会与两侧坝体土紧密结合。另外，由于泥浆中的水分转移渗入土体中，对于干容重较低或松填的坝体，还将发生明显的湿化变形，主要是沉陷。上述两种作用，都将导致坝体内应力重分布，由应力不均衡状态转变到均衡状态。利用浆坝互压原理是提高坝体灌浆效果的重要途径之一。

三、坝体灌浆的功用

(一)充填裂缝或洞穴、恢复坝体的完整性及防渗作用

在灌浆压力的作用下，泥浆将进入原有的裂缝(或洞穴)并将其充填起来。缝中泥浆在回弹压力作用下被挤紧和排水固结后，与坝体土成为一个整体，共同发挥着防渗作用。沿坝轴线布孔灌浆，主要是针对原有的纵向裂缝，若全坝都存在纵向裂缝，在采取劈裂灌浆情况下，则沿坝轴线将形成一道主浆脉(其厚度为 20 cm 左右，视灌浆压力的大小而定)，目前习惯称之为防渗帷幕。应当指出，此帷幕与透水坝基灌浆所形成的帷幕其防渗效果是有很大差别的，坝基帷幕的厚度一般较大，它的渗透系数一般为 $10^{-5} \sim 10^{-6}$ cm/s，而透水坝基的渗透系数一般为 $10^{-1} \sim 10^{-2}$ cm/s，两者相差非常大，再加之有足够的厚度，因此绝大部分作用水头将被帷幕所消杀。坝体帷幕(主浆脉)的厚度有限(20 cm 左右)，在浆液未排水固结之时，它的渗透系数虽然只有 $10^{-8} \sim 10^{-9}$ cm/s(这可能是薄膜水起作用)，但当浆液排水固结之后，它的渗透系数大致与坝体土的相同，此时就不能起到降低浸润面的作用，当它充填了裂缝，使坝体恢复了整体的防渗性，形成的渗流将为正常的渗流。由前述可知，浆液未排水固结之前，坝体帷幕的防渗效果是显著的，这也为很多工程现象所证明，即坝体劈裂灌浆后，甚至过 1 ~ 2 年后，原来潮湿的后漏水的下游坝坡干燥了，浸润面降低了；但当在浆液排水固结之后(固结的时间与坝体土料和泥浆的性质等因素有关)，原干燥了的坝坡又潮湿了，漏水了，浸润面又从坝坡出逸了，这也为工程现象所证明。但是，无论固结时间是长是短，坝体内的泥浆总是要固结的，因此对均质坝坝体的裂缝进行灌浆处理后，还必须在下游采取排水的方法降低浸润面，以保证坝体的渗透稳定性。

(二)改善坝体内的应力条件并增加其稳定性

在灌浆压力作用下，坝体沿轴线劈开或发生湿陷后，小主应力增加了，但大主应力基本上不变，于是大剪应力降低了，而平均法向应力和抗剪强度却增加了，两者都能增加坝体的稳定性。

(三)消除坝体内管涌、接触冲刷和拉应力

在坝的两端，由于压缩层厚度的差异将产生不均匀沉降和指向河谷的纵向位移，导致出现拉应力区，从而产生横向裂缝；在河床段，对心墙坝则可能出现拱效应作用，从而产生水平

裂缝;对坝内埋管,也可能由于变形的差异而出现管壁的裂缝或拉松区。上述情况的存在,都将导致坝内发生管涌或接触冲刷的作用,另外,由浆和坝的相互作用及促使该坝段的变形,能消除灌浆坝段内的拉应力。

第三节　灌浆的使用范围

从坝型而言,除斜墙坝、面板堆石坝外,均质坝和心墙坝的坝体都可以采取灌浆的方法处理。但需在灌浆前搞清问题的性质,以确定是否适于采用灌浆的方法,否则,可能导致不良效果。另外,处理坝体问题的方法很多,灌浆只是其中之一,因此还应作经济比较。

对于坝体的渗流问题,若通过坝体的渗流在坝体任何部位的土体都不会发生渗透破坏,则为正常渗流;反之,能引起土体渗透破坏的渗流,则为异常渗流,或称之渗漏。在土石坝运行中,允许正常渗流存在,但对异常渗流,则必须采取处理措施。因此,灌浆方法只适用于坝体出现异常渗流的情况。

如何确定异常渗流及其危险性是一个比较复杂的问题。首先,对坝的设计及施工的质量要有比较充分的了解;其次,对坝体的变形、应力及渗流观测资料要进行深入的分析,以确定出现异常渗流的可能性,必要时,还可进行补充勘探,或辅以其他方法,例如地电法、土温和水温的测量等,以确定可能出现异常渗流的范围及性质。另外,对坝面进行定期的巡视检查,也是发现渗漏的方法。例如,坝面有塌坑和裂缝,坝坡和两岸有渗流出逸区或集中渗漏区,坝后渗水含有泥沙等现象,都表明是异常渗流。

下面以均质坝或(混合)心墙坝为例,阐明异常渗流产生的原因及判定方法,从而明确坝体灌浆的适用范围。

一、下游坝坡渗漏

(一)浸润面从坝坡出逸

浸润面从下游坝坡出逸,致使坝坡湿润或沼泽化。这种现象一般发生于建筑在不透水地基上的均质或混合土料坝型中。过高的浸润面将增加滑坡的可能性;另外,在渗流长期作用下,以及自然条件(温度、降雨等)的影响,坝坡土的抗剪强度及黏聚力将减小,从而引起局部渗透破坏,导致坝坡滑塌。浸润面过高有以下原因:

(1)上坝土料及添筑质量均符合实际要求,坝体的透水性也小于 10^{-5} cm/s,但没有设置降低浸润面的排水设施;或虽有排水滤层,但级配不符合反滤要求,被坝体土堵塞失效。

(2)建筑在承压的坝基上,但却没有设置减压排水设施。

(3)料场土料不好、施工质量控制不好、压不实或出现成层现象,这种坝体的干容重一般小于 1.5 g/cm^3,渗透系数一般大于 10^{-5} cm/s。

对于(1)、(2)两种情况,不宜采取劈裂灌浆方法,而应采用排水的方法降低浸润面;对于(3)情况,则应采取劈裂灌浆方法,以改善坝体的质量,提高坝体土的抗渗性能,同时还需要排水的方法,否则,浸润面是降不下来的。

(二)下游坝面出现集中渗漏及渗透破坏

在中、小型水库的土坝上,经常发现集中渗流及渗透破坏,其原因大致如下:

(1)白蚁、獾、鼠、蛇在坝体打洞营巢。

(2)土坝分层填筑时,土层太厚,施工机械的功能不足,致使每层填土上部密实,下部疏松,形成集中水平渗漏带。

(3)由于施工组织的落后,坝体填筑采用分段包干的方法,填筑的土层未经处理,都将形成软弱夹层,成为坝体中的渗漏通道。

(4)坝体内填入了一层砂性土或砾质土。

(5)冬季施工,把大量的冻土块填入坝内,或碾压后形成的冻土层未经处理,都将形成软弱夹层,成为坝体中的渗漏通道。

(6)坝体内埋设了压力管道,当管身未设截水环,或管道周围填土的质量较差;地基的不均匀沉降致使管身或接头处出现裂缝,有压水流通过裂缝沿管壁或坝体薄弱部位集中渗出。当管身的裂缝较大或断裂时,坝体土料也将被渗流带入管道。

(7)在坝体与坝基或岸坡、坝体与刺墙或涵管,两种土不同粒径的界面,防渗设施与破碎基岩等之间的各种接触部位,由于设计和施工等多方面的原因,往往易成为渗漏的捷径,并引起接触冲刷而导致坝的失事。

土体与刚性体接触面的渗流冲刷主要与接触渗径长度,接触面上是否开裂,以及渗流出口有无反滤层保护等情况有关。两种不同粒径的土或土与裂隙基岩接触面发生渗流冲刷的可能性,则取决于两种土控制粒径之比是否符合滤层关系,或裂隙的宽度是否大于某一定值(例如0.5 mm);另外,还取决于界面上的坡降是否大于土的允许坡降。为此,应了解不同土层的层间系数,或裂隙的开度。

二、坝体裂缝渗漏

坝体开裂是形成渗漏的原因之一。有些坝的裂缝能在坝面察看到,形成的渗漏也能在下游坝坡发现,但是有些坝却并非如此。例如,由于心墙后的坝壳一般是强透水的土料,通过裂缝的集中渗漏将在坝壳内扩散,因而难以在下游发现集中渗漏区,根据坝壳内浸润面的观测结果也难以判断渗漏的存在。这种渗漏可称之为隐蔽渗漏。一般只有根据总的或分区观测的渗流量,或埋设在开裂区的渗压计或渗压管,才能发现心墙内存在的隐蔽渗漏,从而采用勘探的方法进一步查明坝体内裂缝的位置、大小、深度、范围及产状等,为今后采取合理的处理方法提供依据。

坝坡裂缝的宽度、长度和深度的变化范围甚大,这与地形、地基条件、填土的施工质量、填土的物理力学性质及受力条件等因素有关。裂缝的走向也是各异的,有平行坝轴线的纵裂缝,有与坝轴线垂直的横向缝,有与坝轴线成一交角的斜缝,也有与水平面大致平行的水平缝。上述裂缝,只能凭经验加以观察和判断。目前,尚无法用计算的方法准确地确定裂缝的位置、宽度和深度等。

(一)纵向裂缝

纵向裂缝的走向大致与坝轴线平行,倾角一般为80°~90°,深浅不一;有的贯穿全坝,有的则较短。它的危害性要视具体情况而定。

纵向裂缝的产生,主要与顺河向坝体的差异变形有关。从力学上分析,它是剪切破坏及张拉破坏的结果。因此,裂缝的产生在变形观测成果上应有所反映。

浙江省金兰水库土坝发生隐蔽的纵向裂缝,并伴有众多的次生缝通向上游坝壳,最后是通过变形和测压管观测资料的分析发现的,这是一个具有危险性的纵向裂缝的典型实例。

对松填的坝体，出现严重的纵向裂缝一般是必然的，这是过大的变形和差异变形所造成的，而且一般都能在坝面上观测到。例如，山东省的岳庄均质坝，坝高 33.3 m，为典型的松填坝，坝体的渗透系数为 10^{-4} cm/s。在坝顶观测到的沉降达 40 ~ 86 cm。坝顶出现 3 条长达 251 ~ 600 m（坝全长 865 m）、缝宽 5 ~ 40 cm 的纵向裂缝，两缝壁上下错动 15 cm。主坝下游坝脚尚有几处漏水，漏水量约 3 L/s。

（二）横向裂缝

横向裂缝通常发生在坝两岸的岸坡上，其走向大致与坝轴线正交，一般能通过坝面巡视检查发现，但也有隐蔽的，不均匀沉降是产生横向裂缝的主要原因，有时水力劈裂的作用会促使裂缝加宽，而导致垮坝。此种裂缝的有无，也可以通过坝的纵向倾度和拉应变的计算结果作出判断，若在裂缝附近埋设了测压管，则管水位的变化会出现明显的异常。贯穿坝或防渗体（心墙等）的横向裂缝是极其危险的。

美国斯托顿溪坝左岸坝头出现了溃坝事故。库区开始蓄水，在库水位上升之前，通过检查并没有发现过坝体的张开横向裂缝，或其他可能渗漏的通道。因此，专家经过分析后认为，导致坝失事的初始渗漏很可能是在受水库蓄满后的几个小时发生的，最可能的失事原因是水力劈裂使横向裂缝突然张开，达到了可观测的宽度。

对横向裂缝亦可以采用灌浆的方法来进行处理。对均质坝应在裂缝部位的上下游采取防止冒浆的措施，例如设滤层和压重，以及控制灌浆压力；对心墙坝，其上下游坝壳一般都没有滤层和过渡层，因此也宜于灌浆，但是对浅层横向裂缝，例如其深度小于 10 m，则还是以开挖回填的处理方法为好。

（三）水平裂缝

水平裂缝主要发生在心墙坝内。目前比较一致的看法是，拱效应是产生水平裂缝的主要原因，所谓拱效应是指坝壳的沉降稳定快，而心墙的沉降稳定慢，或坝壳的沉降速度小于心墙的沉降速度时，稳定的或沉降慢的坝壳将阻止心墙继续沉降，从而导致坝壳与心墙交界面上产生向上的摩阻力。这个力将使心墙中的垂直压力减小，拱效应越大，垂直压力减小越多，致使在心墙内出现垂向拉应力区。当产生的拉应力超过心墙土的抗拉强度时，即产生水平裂缝。在这种低应力区也更容易发生水力劈裂。因此，若在变形、应力及渗流观测中出现下列异常现象，则水平裂缝可能产生：

（1）坝壳的沉降稳定时间先于心墙，或坝壳的沉降速度小于心墙，这是产生拱效应的先决条件。

（2）在边界条件相同时，心墙内观测的垂直压力随时间明显减小或为零，而坝壳内观测的垂直压力增加。

（3）在心墙产生拉应力的区域内，心墙将被拉松或拉断，因而其压缩增量（两次观测土层厚度之差）将出现负值，即产生拉应变。

（4）心墙内渗流异常，这主要表现在测点的位势增大（部分心墙防渗失效）；若裂缝贯穿心墙，则在同一断面上，上游坝壳内测点的位势将减小，观测的渗流量将迅速增大。

心墙内产生水平裂缝是隐蔽的，它将导致渗流冲蚀，是一种危险的裂缝，英国德黑德坝（坝高 48 m）就是一个典型的实例。印尼的贾提路哈尔堆石坝，高 112 m，心墙为高塑性黏土。在坝的施工期及竣工后，坝顶出现了一条大致 300 m 长的纵向裂缝，其最大宽度为 37 mm。后又根据钻孔不回水的异常现象，并经开挖探井证明，坝内存在严重的水平裂缝区。

对水平裂缝宜用灌浆方法处理，上述两坝就是如此。

（四）滑坡裂缝

滑坡裂缝呈向下弯曲的圆弧弧，缝口有错距，裂缝的下部有带状椭圆形隆起现象。若附近有位移观测标点，则观测的位移增量呈增大趋势。对这种裂缝不宜采用灌浆方法进行处理。

第四节　灌浆工艺

近几年来，在坝体灌浆方面，通过大量的工程实践，积累了丰富的经验。例如，山东省水利科学研究所首创的劈裂式（高压）灌浆方法，具有加快灌浆施工速度，提高灌浆质量的作用，因而这种方法在实践中被广泛应用。

灌浆的工艺流程如图 8-3 所示。

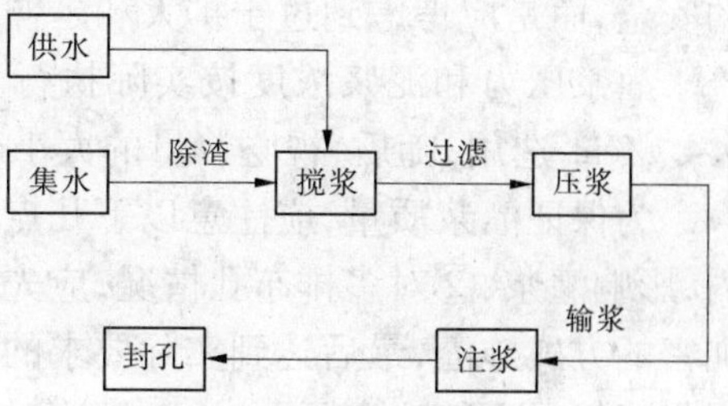

图 8-3　灌浆工艺流程

一、钻孔

根据灌浆设计所确定的孔位，安装钻机后进行钻孔。坝体钻孔采用钻机进行，常用的钻机有 XJ100A 型、XJ300 型等，对于低坝，在钻孔不深的情况，也可采用人力旋转式、锥形钻头冲击式、半麻花钻头冲击式等钻孔。钻孔方法有干钻、湿钻或泥浆循环钻进等。这些钻孔都是在实践中使用过并被证明是有效的。钻孔就是为了灌浆，因此利用浓度为 $1.2\ g/cm^3$ 左右的稀泥浆进行循环钻进成孔的方法应被优先采用。这种方法的优点是成孔快，泥浆能起固壁作用，又能渗入细小的裂缝。四川、山西、甘肃等省的土坝灌浆都曾采用此法钻孔，积累了成功的经验。

钻孔的孔径取决于所采用的钻具一般在 25 ~ 30 mm。在灌浆时孔径小的钻孔所产生的摩阻力要大于孔径大的钻孔的摩阻力，因此劈裂坝体所需的灌浆压力要大一些。当坝体被劈开后，裂缝扩展后，总进浆量并不受孔径大小的制约，而是受坝体内部应力大小和注浆管长短的制约。

钻孔的深度应根据坝体内隐患的深度而定，一般孔深应大于隐患深度 2 m。

二、灌浆

坝体灌浆有分段灌注和全孔灌注两种方法。分段灌注法的段长一般为 5 ~ 10 m，有自上而下分段的，也有自下而上分段的。这种方法需要孔径内封孔。其实，分段灌注仅具有形式上的意思，因为一但灌浆加压，泥浆极易沿管壁上升，进而劈裂坝体，变成全孔注浆。国内外在基岩与坝体接触带灌浆而劈裂坝体的实例是不少的，因此分段灌注法是不宜推广的。

目前，多采用全孔灌注法。此法在理论上讲有从孔口注浆和从孔底注浆两种方法。孔口注浆会因泥浆冲刷孔壁导致其塌落堵塞钻孔的下部，因下部泥浆不能流动而造成沉淀，并且钻孔下部达不到灌浆作用，结果是全孔吃浆量小，影响灌浆的质量。因此，孔口注浆法不可取。第二种方法则避免了以上缺点，使孔内泥浆由孔底翻向全孔，处于半循环状态，全孔的吃浆量较大，灌浆的效果好。

采用孔底注浆方法，在灌浆前，应在孔口下3～5 m深处放置护壁套管，一方面是可以防止孔口塌落，减少孔口冒浆机会；另一方面是坝顶部泥浆压力可由护壁管承担，防止或推迟坝顶表面劈裂，使泥浆在坝体内处于封闭状态，因而便于提高灌浆压力，保证灌浆的质量。当灌浆停止时，坝体产生的回弹压力也较大，有利于提高浆体的密实度和固结速度。实践也表明，下护壁管也可使浆体的厚度上下基本一致。

若钻孔处于较宽的裂缝或孔洞之中，则吃浆量会很大。在这种情况下，应灌注浓浆并限制每次灌浆量，适当延长灌浆时间，但不限制每孔的总灌浆量，即每孔吃多少就供多少。由于泥浆面是自下而上升高的，作用于孔壁的压力也增大，裂缝将加宽和延伸，这对提高灌浆质量是有利的，但是，也应对此种情况做出适当限制，适时地降低灌浆压力，这并不是担心坝的安全，而是应考虑到过于扩大和延伸裂缝的必要性和经济性。

灌浆压力和泥浆浓度按实际执行。初灌时，孔口压力$\Delta P \leqslant 50$ kPa，泥浆浓度在1.3～1.4 g/cm^{3}选用，随后，视吃浆量的大小改变灌浆压力及泥浆浓度。

为保证灌浆质量，应注意以下几点：①钻孔完成后及时快灌，以防止塌孔和杂物掉入孔内，影响灌浆；②对多排布孔情况，应先灌边排孔，后灌中间排孔；③对单排布孔，可采用逐步加密的方式施灌，最后达到实际要求的孔距；④灌浆时，要经常检查测试泥浆的浓度、黏度和稳定指标是否符合实际要求；⑤灌浆时，需要有人对灌浆孔附近的坝顶、上下游坝坡等处进行巡视检查，查看有无漏浆、冒浆、开裂、串裂、塌陷、隆起等不良现象，发现问题应及时采取措施；⑥在灌浆过程中，应对土坝的沉降、位移、测压管水位、渗流量等项目进行经常观测。

灌浆后，由于泥浆的排水固结，孔内泥浆会发生体缩，因此需要进行复灌，此时宜用浓度较大的泥浆。复灌的时间可定在初灌后15天，或更长一些时间，视具体的情况而定，复灌次数一般为3～5次。

三、终灌标准和封孔

（一）终灌标准

对低压（充填式）灌浆，一般采用孔口压力为定值并浆终灌，此定值$\Delta P \leqslant 50$ kPa。具体的做法是，在灌浆孔上面立一三角架，架上吊一个带阀门的桶，盛满的泥浆通过胶管与灌浆孔连通，使桶内泥浆能自动地流入灌浆孔内，并不断地向桶内补充泥浆，待孔内不再吸浆，30 min后即可终灌。并浆终灌的优点，一是能准确地控制孔口压力，二是能促使坝体内泥浆排水固结，提高浆体质量。

对高压（劈裂式）灌浆，目前比较通用的终灌标准是，当启动灌浆泵后，几分钟的时间内坝顶即冒浆。此现象表明，泥浆已自下而上充满了裂缝。此时，应在各孔无压的情况下反复进行不少于3次的轮灌，待孔内泥浆面基本上不再下降时，即可终灌。

（二）封孔

灌浆结束，应在泥浆排水初凝后，再进行封孔，因为此时缝内泥浆不致回流到孔内。封孔的方法较多，简要分述如下。

1. 用泥球封孔

湿泥球或干泥球（湿泥球晒干）都可以用做封孔的材料。泥球最好用膨润土制作，若不具备此条件，则用制浆的黏性土（不含砂粒）制作。泥球的直径以1～2 cm为宜，可用人工或机械的方法加工（市场也有出售）。

将钻孔内的泥浆掏出后，向孔内回填湿泥球时，每次的泥球厚度30~40 cm，然后用钻杆反复捣实，这样交替进行，直至将钻孔填满为止；若向孔内回填干泥球，则每次的回填厚度可为1~2 m，甚至更厚一些，然后用橡皮管插入孔内，灌注浓度为1.1~1.2 g/cm^{3}的稀泥浆或清水，待浆面或水面略高于泥球面时，停止注浆或水，再回填干泥球，如此反复进行，直至将钻孔填满为止。最后，还需要用天然含水量良好的土修补坝面并压实。

2. 用浓泥浆封孔

这种封孔方法，多用于劈裂式灌浆。因为劈裂式灌浆所用的灌浆压力较高，坝内原有裂缝宽度会被扩大，有时甚至会大于钻孔的直径，乃至坝顶也被劈开相当的宽度，在坝顶能看到坝内的泥浆流动。在这种情况下，用其他方法没有什么意义，应用浓泥浆封孔。具体的做法是，若坝顶表面没有被劈开，灌浆结束后，把孔内析出的清水取出，后将护壁管拔除，随即用浓度不小于1.6 g/cm^{3}的浓泥浆注入孔内充满。停1周左右后，若孔内又有清水析出，则再次取出清水注入浓浆，直至不析出清水，浆面与坝顶齐平为止。然后，再用黏性土封堵孔口并夯实。

四、对灌浆期出现问题的处理

在坝体灌浆过程中，由于灌浆压力和坝体内部应力相互作用，及坝体内隐患具有多种多样的成因和性质，使坝体失去原有的平衡状态，因而在灌浆期会出现各种各样的问题，例如坝体裂缝、冒浆、串浆、塌坑、隆起和单孔吃浆量过大等。下面根据国内实践的经验，简介对上述问题的处理方法。

（一）裂缝

对坝顶面原来就有的纵向或横向裂缝，在灌浆前就应顺缝开挖并回填黏性土，形成阻浆盖后，再进行灌浆。

当坝体的填筑质量不好，采用的灌浆压力又较大，护壁管控制坝面劈裂又无效时，在河床段灌浆，坝内纵向裂缝极易自下而上发展到坝面，若在靠近坝两端的岸坡段灌浆，则由于在灌浆的过程中河床段坝体的沉降将远大于未灌的岸坡段坝体的沉降，产生较大的差异变形及指向河谷的纵向位移，导致岸坡段出现横向裂缝，对坝面出现的纵向或横向裂缝，都可采用顺缝开挖和回填做阻浆盖的方法处理，并适当降低灌浆压力，采用“少灌多复”的办法。

若横向裂缝贯穿坝体，当缝不深时，则采用开挖回填的方法处理；若缝较深则需用灌浆充填裂缝；对均质坝，则需在上下游沿裂缝开挖并回填做阻浆盖后，再进行灌浓浆处理。施灌时，灌浆压力可采用100 kPa左右。

（二）冒浆

在坝体灌浆的过程中，发生冒浆是常见的现象，这与坝的质量好坏及灌浆压力大小等因素有关。坝体冒浆在一定程度上也暴露了坝内的薄弱环节，应当说这是一件好事。实践证明，冒浆部位多出现在坝坡、坝顶、孔口及放水洞等处。

1. 坝坡冒浆

坝体内有动物洞穴，筑坝时分段施工接头处碾压不实，坝内有冻土块或大块土堆积形成连通缝隙，铺土层厚，碾压功能不够，坝内留有水平松散层等，在灌浆压力作用下，泥浆从这些薄弱环节（隐患）冒出。冒浆量的大小取决于隐患的程度和灌浆压力的大小。

处理冒浆有以下方法，可视具体情况选用或结合使用：

(1)在冒浆处填一定体积的砂或含砂量不小于40%的砂砾石作为反滤盖重,此方法可以阻止冒浆,也可以排水,因此有利于泥浆的排水固结,提高灌浆的质量。

(2)在冒浆处开挖且回填有一定厚度的黏性土,并夯实,作为阻浆盖重。

(3)用浓浆灌注,采用灌、停循环的间歇性灌浆方法。

(4)在冒浆的灌浆孔上,开动回转钻机,同时往孔内连续不断地抛撒干土粉,搅成塑性泥,封堵冒浆通道。

(5)用灌浆间隔时间来控制冒浆,即 $t_2 < t_1$。t_1 表示从开始灌浆到冒浆所需的时间,min;t_2 表示下次灌浆时控制的时间,min。以上不等式的意思是,不等浆液冒出即停灌。所用的泥浆要浓,或掺入少量的水泥。灌浆的间隔时间适当延长,令泥浆有初凝的时间,下次灌浆不致使其流动。这样反复灌几次,即可达到不冒浆的目的。库内或库外水下冒浆也可以采用这种方法处理。

2. 放水洞内冒浆

放水洞灌浆初期冒浆多发生于砌石放水洞。处理的方法是,发现冒浆即停灌,然后在冒浆出口处用木塞或棉纱堵塞后再灌,但要适当加大泥浆的浓度和灌浆压力,复灌的次数多一些,在灌浆结束后,要将木塞和棉纱取出,进行剔缝,再用高标号水泥砂浆勾缝以防再发生渗流冲蚀。

3. 坝顶冒浆

在灌浆初期坝顶冒浆,主要是输浆泵量大,灌浆压力也较大,而坝体内原有的裂缝较小或被劈开的裂缝也不大,一时容纳不下注入浆量而造成冒浆。处理的方法是调整输浆泵的回浆阀门,减少输浆量,调整泥浆浓度,降低灌浆压力。

4. 孔口冒浆

孔口冒浆是因坝体的填筑质量较好和钻孔时钻头与孔壁的摩擦和挤压作用,增加了孔壁土体的强度,同时也表明孔内没有裂缝。因此,孔口冒浆出现时不进浆,泥浆只好向孔口冒出。处理的方法是,在孔口处挖 50 cm×50 cm×50 cm 的坑,回填适宜含水量的黏性土并夯实,作为阻浆盖。然后先用浓度为 1.1~1.2 g/cm^3 的稀浆灌注冲孔,等进浆顺利后,逐渐变换浆的浓度和灌浆压力。

(三)串浆

串浆是指在某孔灌浆,其附近的未灌孔,浆面升高后冒出孔口。其原因多为原有裂缝或灌浆压力所劈开的裂缝将两孔连通。串浆是在灌浆工程中常见的现象,一般也是正常的,不用处理,只需要注意观测孔内浆面的变化情况,或用木塞堵住冒浆的孔。

(四)塌坑

灌浆的实践表明,灌浆期间出现的塌坑一般面积不大,深度也不深,出现的位置多在放水洞上方的坝顶和施工接头处。

塌坑产生的原因多为坝体内有较大的空洞、大土块架空和松填区等,在灌浆期坝体局部产生湿陷。处理的方法是将塌坑内的水排出,待坑内的泥浆凝固后,再回填适宜含水量的黏性土后,再分层夯实。

(五)隆起

灌浆的隆起有以下三种情况。

1. 砌石的架空

由于灌浆造成坝体湿陷,而导致坝坡上护坡块石和排水沟的砌石抬动架空。对此种情况,可继续灌浆,待灌浆结束后,将架空处翻修重砌。

2. 坝坡局部隆起

由于灌浆压力较大(产生的渗透压力也较大),导致坝坡局部隆起,这将可能是产生局部流土和塌坡的先兆,因此应停止灌浆,将隆起部分夯实和施加滤料盖重后再灌浆。

3. 坝顶被抬起

由于坝体(心墙坝)内存在水平裂缝,在一定的灌浆压力作用下,水平缝上方的坝顶会被抬起 ,待灌浆压力减小和停灌后,隆起部分基本上恢复原状。对此种情况,只需注意控制灌浆压力的大小,而不必采取其他处理措施。

(六)单孔吃浆量过大

在坝体灌浆过程中,会遇到单孔吃浆量达数百立方米的情况。这种情况多数发生在松散坝体的河谷段和放水洞附近,而且在灌浆初期。

对吃浆量过大的钻孔,每次灌浆量要少,例如每米孔深不超过 1 m^3,间隔 5 ~ 10 天后再复灌,这样反复为之,直至达到终结灌浆的标准。在泥浆的选用上,若坝体土料的压缩性高,含水量又低,则可选用浓度为 1.3 g/cm^3 左右的稀泥浆,借以达到加速坝体湿陷的目的;若土料的压缩性低而含水量又较高,则选用浓度为 1.6 g/cm^3 左右的浓泥浆。

第五节　灌浆期的观测

坝体灌浆意味着对坝体施加外力,坝体的变形、应力和渗流等要素都将发生变化。掌握和了解这些变化对灌浆设计和施工具有非常重要的意义。而欲达此目的,只有通过原体观测的手段取得必要的资料,然后加以分析,获得结果用以指导灌浆施工,确保坝体灌浆期的安全,以及灌浆的质量和效果。

土石坝原型观测的项目主要有坝面巡视观测、变形、应力和渗流观测等。根据规范规定,对大型水库或重要的中型水库的土石坝,上述观测项目是必须建立的。但由于人力、物力、财力等条件的限制,以及主观上对观测工作不太重视,我国大多数土石坝,特别是中、小型水库的土石坝,几乎未建立任何观测项目,因此在灌浆期需要补充建立起必要的观测项目。

灌浆观测项目基本上和土石坝的原型观测项目相同,但也有其特点。本节仅从检测灌浆期坝体的工作状态及灌浆施工状态出发,简述各项观测的实验、仪器设备的选用、布置和埋设、质量分析等方面的内容。有条件的管理单位,还需要完善坝的观测设施。

一、坝面巡视检查

在灌浆过程中,设置专职人员,通过眼看、耳听和使用简单的工具对坝面进行巡视检查,了解坝面的变化情况,以防止意外事故发生。这是一项很有意义的工作,也是一项容易完成的工作,因此应坚持为之。

在灌浆前,应对坝体作一次全面巡视检查,观测放水洞和下游坝脚有无集中渗水点及渗流流量的大小等。检查结果用表格的形式记录,此资料可作为灌浆设计和施工的参考。

（一）裂缝观察检查

在河床段注意检查纵向裂缝；在左右岸坡段，注意检查横向裂缝；在上、下游坝坡和坝肩处，注意检查滑坡裂缝，这是一种危险的裂缝，发现后即应停止灌浆。

在灌浆时，主要观察新裂缝出现的时间和部位，以及不同时间裂缝的走向、长度、宽度和错距等；对坝面原有裂缝，则观察其宽度扩展和长度延伸等情况。将观察结果记录于表内，并绘制裂缝分布平面图。

在进行观察检查的同时应记录孔口压力的大小及灌浆量。这些数据与裂缝的产生和发展有密切的关系，因此也应填表记录。

（二）冒浆观察检查

主要观察检查冒浆发生的时间、部位及冒浆量大小等。草中、水下、护坡石块下的冒浆常常不易被发现，此时，应特别注意这些地方是否有泥浆流动的声音，上、下游水边线的水色是否由清变浊。如有这些现象，则表明在被掩蔽的地方冒浆，应进一步检查确定冒浆的位置和程度。若坝内有放水洞，则应进洞观察，或观察洞内流出的水是否变浑浊，以确定洞内是否冒浆。

（三）坝面塌坑、隆起观察检查

观察检查塌坑发生的时间、位置和大小，并用图描绘出其形状和深度，还应注意坑内是否冒浆或出浑水，若有此现象，则应注意其变化趋势。检查结果应详细记录。

坝顶隆起有两种可能：一是心墙内有水平裂缝，二是坝顶面有一层硬土层，在灌浆压力作用下坝顶向上抬起，这种情况的出现一般不会影响到坝的安全。坝坡上的隆起，则可能是滑坡或渗透变形的征兆，应加倍注意观察。应检查并记录隆起发生的时间、位置、面积和高度的变化，以及灌浆压力的大小。

（四）下游渗水观察检查

渗水观察检查的内容为：①下游坝坡的潮湿、散浸、沼泽化及植草茂盛的情况，有无流动的渗水；②下游坝脚附近的渗水情况，有无沼泽化（对土基而言）现象；③放水洞洞壁的渗水情况。

对潮湿、散浸、沼泽化的位置和面积，渗水点的位置及其流量的大小应详细记录并制成草图。渗水量的大小，可设法将渗水集中用面积法测量。

在进行上述内容的观察检查时，还应同时测记上下游水位、降雨量、水的温度及灌浆压力、灌浆量和泥浆的浓度等。

将灌浆前、后的观测检查结果相对比，有利于灌浆施工的进行。

二、变形观测及资料整理分析

变形观测是一个常规的观测项目，它包括沉降和位移两项内容。对已有变形观测设备的土石坝，其设备可以用来为灌浆设计和施工服务，完全没有必要再建变形观测设备，这里所说的变形观测设备的设置是针对没有变形观测设施的土石坝，而且只是为灌浆施工服务的。顺便说明，在应力和渗流观测中也是如此考虑的。灌浆结束后，若有条件，则可以根据规范设置完善的观测设施。

（一）变形观测

变形观测的主要目的在于掌握灌浆期间坝体的变形，例如，坝的湿陷情况，裂缝的出现和发展，坝坡滑动的可能性等，以确保坝的安全及灌浆工作的顺利进行。

在坝体表面安设固定的标点，用以观测沉降和位移。

沉降观测，通常是用水准仪根据起测基点的高程，测定标点高程的变化。沉降向下为正，向上为负。

位移观测，通常是用经纬仪按视准线法、小角度法和三角网法，根据工作基点测定标点的位置变化。位移向上游为负，向下游为正；向左岸为正，向右岸为负。

为减小观测的工作量，而又不影响对灌浆施工的监测，对心墙坝和填筑质量尚可的均质坝，建议只在河谷段的上、下游坝肩各设一排标点，标点间距 50 m 左右；在左、右岸坡段（需要灌浆时）设一排标点（靠轴线上游或下游），间距 5 m 左右；可用刚尺测量各标点间距离的变化，以求出纵向位移。对填筑质量较差的均质坝，可在 1/2 或 2/3 坝高处（河谷段）增设一排标点。

在灌浆期，观测的时间应能满足灌浆施工的需要。对正在灌浆的钻孔，其左右各 50 m 范围内的观测点，每日观测不少于两次，该孔灌浆结束后的前 10 天，每日观测一次，以后每 5 ~ 10 天观测一次，灌浆结束后则可每月观测一次。

（二）观测资料的整理分析

观测资料的整理分析，主要是指灌浆前后资料的对比，及灌浆过程中坝体的变化状况，从而获得完善灌浆设计，指导灌浆施工，评价灌浆效果，以及确保灌浆期坝体安全的可靠数据。

1. 沉降观测资料整理分析

坝建成后，运行 3 ~ 5 年，其沉降和位移基本稳定，这点已被多数坝的观测资料分析结果所证实。因此，坝体再有较大的沉降和位移，主要是灌浆所致。所以，可以将开始灌浆时的日期作为零点，计算时间（月）、沉降量和位移量（mm）。

（1）绘制过程线：以沉降量（累计）为纵坐标，时间为横坐标绘制每个标点的沉降过程线。

试验表明，灌浆初期的沉降量最大，以后逐渐减小，或者说，初期的沉降速率（即曲线的斜率）大，以后逐渐减小，灌浆结束后即应基本稳定。这种规律与坝建成后的沉降规律基本相同，因而也是正常的。至于沉降的大小，则取决于坝体原来的填筑质量，它不是判别灌浆期坝体安全的标准。若沉降速率随时间增大，即产生加速度，或相同时间内沉降增量不断增大，则意味着某处可能出现险情，应立即停止灌浆，检查分析原因，采取一定的安全措施后，再恢复灌浆。

（2）绘制坝体纵、横断面的沉降分布图。其目的主要是：了解沉降在纵、横断面上的分布情况，何处的沉降量最大，是否与该处的压缩层厚度相一致。因此，也可以绘制沉降速率的纵、横断面分布图，更能了解坝体的沉降状况。

2. 位移观测资料整理分析

位移本是变形在水平方向的一个分量，其变化规律本应和沉降相一致，但由于位移对外力作用较为敏感，因此其变化有其独特规律。例如，在高库水位作用下，上游坝肩向下游位移，当库水位下降后，坝肩的位移量出现回弹量现象，这是由于坝体土为塑性材料所决定的。在坝顶灌浆时所施加的灌浆压力，远大于库水位的作用压力，因此上、下游坝肩的位移量和回弹量都将较大。所以，位移资料分析时，须计及灌浆压力的大小和变化。

(1)绘制位移过程线。以时间为横坐标，位移为纵坐标，绘制各标点的位移过程线。在灌浆期，坝的填筑质量好，发生的位移量就大，回弹也大，而沉降量却较小；反之，发生的沉降量大，而位移量却较小。在观测资料分析时，根据这种规律去了解各坝段的填筑质量是有意义的。

(2)绘制全坝体位移平面分布图。绘图的目的在于了解全坝位移大小的分布状态及方向，确定每次灌浆所影响的范围等。

三、应力观测

在灌浆期，坝体内部的应力将发生变化，这是必然的，若有条件进行观测，对灌浆的研究工作是有意义的。但此项观测较为费钱和费事，据了解，绝大多数采用灌浆处理隐患的坝都未设置此项观测，只有山东省水利科学研究所为研究劈裂灌浆机理及总结灌浆的经验，在黄前水库埋设一批应力观测仪器及测斜仪。因此，除非研究工作的需要，而且又有经费，一般不建议设置此项观测。

(一)土压力观测

土压力通常采用钢弦式土压力计观测。由它测出的土压力为总压力，即包括孔隙水压力和灌浆时泥浆的渗透压力。如果需要知道坝体内的有效应力，还需同时埋设孔隙水压力计。

土压力测点可布置在距灌浆孔上、下游 3 ~ 5m 之处，观测断面可选择在最大坝高和填筑质量最差处。

(二)孔隙水压力观测

孔隙水压力仪的型式很多，在土石坝观测中多采用钢弦式孔隙式孔隙水压力仪。因为，它是和土压力计配合使用的，即它是埋设在土压力计附近的。

孔隙水压力观测的目的是了解灌浆期间坝体内孔隙水压力的增大和消散过程，以便验算其对坝体抗滑稳定和渗透稳定的影响，这点对均质坝更为重要。

应该指出，仪器所量测到的孔隙水压力由三部分组成：①在上、下游水位差作用下，产生的渗流水头；②土体沉降产生的超静孔隙水压力；③在灌浆压力作用下，泥浆渗透产生的孔隙水压力。这三种不同条件下产生的孔隙水压力是难以分开的，在灌浆期，它们是作为一个整体出现的。研究其增大和消散过程，可以起到指导灌浆施工的作用。渗流作用下的孔隙水压力是不会消散的，后两种原因产生的孔隙水压力才会消散。

四、渗流观测

在土石坝观测中，渗流观测是一个重要的观测项目。在多数坝中，一般都有此项观测，例如用测压管观测浸湿线，用量水堰观测渗流量等。在坝体灌浆期，则只需注意渗流量观测，了解其变化情况与灌浆之间的关系。在灌浆期，一般渗流量应是逐渐减小的。

在灌浆期，观测测压管水位的变化，其结果只能作为定性分析的参考，而不能作为定量分析的依据。对未设渗流观测项目的坝，应利用灌浆的条件补充设置。

第六节　灌浆效果检查与验收

一、灌浆效果检查

灌浆结束后，须对灌浆的效果进行检查，以确定坝体隐患是否已消除，达到了除险加固的目的。

检查的内容是，泥浆在坝体内的充填情况，灌浆施工的记录资料，坝体内、外质量的改善情况等。

检查时间一般在坝内浆体基本固结之后的低水位期，可采用下列方法进行检查。

（一）现场勘察

对坝顶、坝坡和坝脚进行全面地查看，并与灌浆前的检查结果相对照，例如，原来漏水的地方是否停止了，潮湿的地方是否干燥了等，以作为初步判断灌浆效果的依据。

（二）分析原型观测资料

分析原型观测资料是一种检查灌浆效果最有效的方法，也是长期监测大坝安全运行的有效方法。

（1）分析停止灌浆后，各测点的沉降和位移资料；了解各测点间的差异沉降大小和是否有拉应变（根据位移计算）发生；确定坝的变形是否已基本稳定。

（2）若有孔隙水压力观测项目，则应了解由于坝体沉降和灌浆所增大的孔隙水压力是否已消散完毕，以确定坝体内的渗流是否属于稳定渗流。

（3）分析灌浆前和结束后的测压管或渗压计（孔隙水压力仪）观测资料，了解各测点水位与库水位的关系及其变化情况，或将测点水位换算成位势，了解位势随时间的变化情况。在全坝劈裂灌浆形成连续浆体帷幕的情况下，库水位基本相同时，幕前的测点水位（或位势）上升，幕后的下降，则表明浆体帷幕的效果不错，幕前后测点水位差别越大，效果就越好。但应指出，即使幕前后测点的水位与灌浆前的相比没有多大的差异，甚至相同，也不能就肯定是灌浆的效果不好，因为只要泥浆填满了原来的裂缝，促使了坝体内部应力的调整，增加了坝体的密实度，提高了坝体整体的抗渗力，即达到了灌浆的目的。

（4）在库水位基本相同的条件下，可对比灌浆前后渗流量的大小，渗流量的减少量与灌浆的效果成正比。测点水位，或者说浸润面的位置不降低，但渗流量却可能会减小。因此，分析渗流量的变化是一种确定灌浆效果的有效方法。

（三）注水检查

在现场进行注水试验，检查坝体渗透系数的改善程度。注水可选择在灌浆期沉降量较大和较小坝段的坝顶和坝坡上进行。注水试验可采用试坑注水和钻孔注水两种方法进行。前者用来测定坝体上部的渗透系数，后者用来测定坝体内部的渗透系数。进行钻孔注水试验时，可采用变水头或常水头方法，但孔内水位不要超过正常库水位，以免发生水力劈裂。试坑注水法也可以在探井中进行。

（四）探井检查

探井的位置应选择在沉降较大和怀疑灌浆质量不够好的坝段。探井的深度应超过隐患的深度。

在探井中，检查浆脉的分布、厚度和有无夹砂层，绘出浆脉分布图；在不同高程上，取浆体和坝体土样进行含水量和干容重试验，绘制其沿深度的变化曲线；检查浆体与两侧坝体的结合情况。

结合探井开挖，可分层对浆体和坝体取样进行土的物理力学性质的常规试验或三轴试验。

根据试验结果评价灌浆前后坝体质量的变化，了解浆体的物理力学性能。

完成上述各项检查内容后，由施工单位根据检查和试验结果，写出灌浆施工技术总结，报请上级主管部门组织验收。

二、灌浆工程验收

（一）验收程序

灌浆工程验收程序如下：

（1）由主管部门组织和主持召开验收会议。设计、施工、管理和试验单位委派有关人员参加会议。由各方人员组成验收领导小组。

（2）管理部门向会议介绍灌浆前工程的运行和隐患情况，并提供有关资料。

（3）设计部门向会议介绍灌浆设计的依据和提供设计书。

（4）施工部门向会议介绍灌浆的施工情况，施工中曾出现的问题及采取的处理措施；提供原型观测资料和分析报告、土工试验报告、灌浆效果检查报告、灌浆施工技术总结报告等，并对灌浆效果做出评价。

（5）验收小组通过现场勘察、会议讨论和审查所提供的资料后，确认灌浆已达除险加固的目的，便可验收立案，并通知管理单位，水库可正常运行。

（二）验收标准

验收标准建议如下：如能满足下述标准，则可认为坝体灌浆已达已定目的，可予以验收。

（1）下游坝坡的潮湿、渗水和沼泽化的现象消失，坝坡变得干燥了。

（2）下游的总渗流量明显比灌浆前减小。

（3）坝体的浸润面比灌浆前降低。

（4）坝体的变形基本稳定，灌浆后，各测点之间的差异沉降甚小，不足以产生新的裂缝。

（5）坝体内裂缝、洞穴和渗漏通道均被浆体填满，且浆体中没有夹砂层，并与坝体结合牢固，其中没有缝隙。

（6）在灌浆影响到的范围内，坝体的干容重应增大，渗透系数应减小；坝的整体强度增加，抗渗能力增张。

第七节　工程实例

我国已有大量的土石坝采用了灌浆的方法处理坝体内的各种隐患，并取得了许多成功的经验。下面介绍金兰水库的土石坝灌浆实例。

一、工程概况

金兰水库土石坝灌浆是一个低压充填灌浆的实例，该水库位于浙赣铁路 8 km 、金华市

20 km 处。控制流域面积为 270 km^2，总库容为 8.0 亿 m^3，是一座综合利用、效益甚佳的水库。

拦河土石坝始建于 1958 年 4 月，1960 年 9 月竣工。坝型分两种：河槽段为黏土心墙砂壳坝，长 239 m；左、右台地段为黏性土组合坝，接近于均质坝，分别长 302 m 和 165 m。最大坝高为 41.0 m。其最大断面如图 8-4 所示。坝体黏土和壤土的碾压密实度均较低，坝壳砂卵石基本碾压。

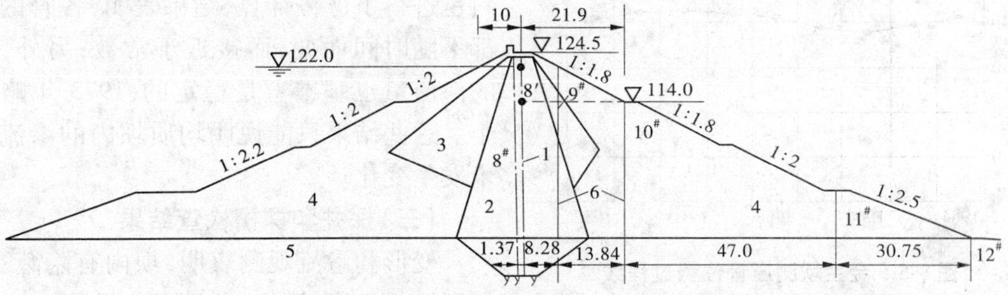

1—坝轴线；2—黏土心墙；3—壤土；4—砂砾石；5—坝基冲积砂砾石；6—测压管

图 8-4　金兰土坝断面图　（单位：m）

为监测坝的安全运行，自 1960 年后陆续布置了坝面沉降标点 55 个，测压管 16 根，均质坝体渗流量观测点 3 处。水库管理单位坚持观测工作，积累了丰富的资料。

二、坝体隐患分析及检查结果

在 1973 年的全国水利大检查中，首先发现心墙中的测压管水位的变化似有异常，引起了主管部门的注意，并组织人员对观测资料进行全面的整理分析。

（一）沉降资料分析及结论

1961 年 4 月开始观测沉降，但坝的竣工日期为 1960 年 9 月，因此有约 8 个月的沉降未能测到。为此，需要先求出各测点的漏测沉降量，然后计算倾度，得到 6 个断面的横向倾度过程线。从该过程线图可以看出，1964～1966 年，心墙两侧的倾度就已接近或超过临界倾度的经验值 1%，特别是右坝段的倾度较大。估计在 0+250 断面附近的心墙已开始产生纵向破坏面。幸亏 1967 年以前，库水位的变化幅度较小，坝的水平位移和两测点间的位移差都较小，破坏面不一定张开，或张开不大。1967 年之后，特别是 1969～1971 年库水位连续几次大幅度升降之后，不仅引起测点间产生较大的位移差，使原破坏面张开，而且使心墙上游的倾度沿整个坝轴线保持在 1% 左右，甚至发展到 2%。以此判断心墙内已产生裂缝的可能性极大。均质坝的情况也是如此。若以坝的沉降率超过 1% 作为开裂的准则，金兰坝也将发生裂缝。

（二）测压管资料分析及结论

在最大坝高 0+265 断面的心墙内埋设了 3 根测压管，编号为 8 号、8′号、9 号。8 号管位于轴线上游 1.4 m；8′号管位于轴线上；9 号管位于轴线下游 6.9 m。对测压管观测资料采用位势分析法，各管的位势过程线如图 8-5 所示。由于计算位势时，所采用的上、下游水位的变幅不大，若坝运行正常，各管的位势应基本上不随时间而变。可是，图 8-5 表明，在正常情况下，8 号管的平均位势为 92.5%，8′号管为 85.4%，9 号管为 40.7%；1973 年 8 月以后，

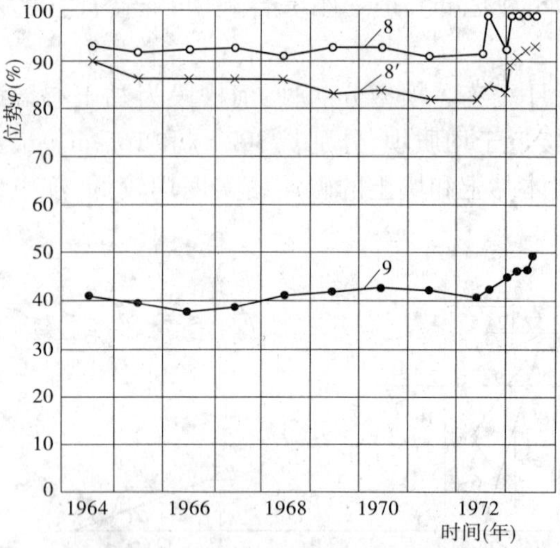

图 8-5　金兰坝测压管位势过程线

各管的位势分别增大至 99%、90% 和 47%。但是,只有当上游水位超过 120 m 时,120 m 以下的心墙是否有裂缝,仅从渗流观测结果不能做出判断,因为纵向裂缝是不至于引起渗流场发生变化的。

对左、右台地段均质土坝内的测压管资料也进行了位势计算,结果表明,各管的位势都不随时间而变,而接近于常数;另外,观测的渗流量也基本上是稳定的,1973 年略有减小。这些结果只能说明均质坝内的渗流场尚未发生变化。

(三)探井和探槽检查结果

变形和渗流观测表明,坝内有隐蔽裂缝,但裂缝的宽度、深度、范围及产状尚未知。为便于采取合适的处理方案,决定开挖探井和探槽来查明裂缝的具体情况。共开挖了 7 个探井,井径为 1.2 ~ 1.25 m,井深为 7 ~ 21 m。其中 4 个位于心墙内,3 个位于均质坝内。

探井揭示,裂缝属深层隐蔽裂缝(在坝顶 2 m 以下才能看到),深约 20 m,局部缝宽达 60 mm,一般宽 2 ~ 20 mm,走向基本上与坝轴线平行,局部约以 6°水平角与坝轴斜线交。在心墙横断面上,裂缝产状呈“葫芦”形。

在河槽段开挖了一个探槽,深 8 m,上口宽 16 m,下口宽 2 m。槽中心墙裂缝产状基本上和探井中的相同,但以倾向两侧坝壳(呈八字形)的纵向裂缝为主,其倾角大都在 80°以上,缝宽较大,缝壁有 20 ~ 30 mm 的错距。均质坝段一个探槽揭露的裂缝情况亦如上述。

虽然坝轴线上巨缝少见,但细缝极为密集。在心墙探槽内还有少量肉眼可见的水平细缝和 Z 字形细缝与纵缝相交。在高程 121.5 ~ 123 m 内,心墙内还发现不少白蚁洞,大者达 1 m×0.5 m,且有 ϕ5 mm 的蚁洞 77 处,显然也是一种隐患。

三、灌浆处理

根据坝体裂缝产生的原因及查明的情况,决定采用黏土灌浆的方法进行处理。

(一)孔位布置及造孔

考虑到采用低压灌浆,在坝顶布置了 9 排孔,孔位为梅花形。孔距先为 20 m 后加密到 10 m。河槽段心墙内孔深 22 m,均质坝内孔深 17 m。开孔孔径为 146 mm,终孔孔径为 110 mm。钻机采用 KA－2M－300 型。用干钻法造孔,先用 ϕ127 mm、长 11 m 的套管护壁。

(二)泥浆配制和试验

制浆土料经试验后,决定采用粉质黏土,其黏粒含量 40% 左右,粉粒含量 50% 左右,砂粒含量不大于 10%。

采用两种制浆方法:①将选定的合格土料倒入搅拌机加水搅拌 10 min 左右,然后将泥浆过筛后流经沉沙池,由分流槽放入泥浆沉淀池,过 7 ~ 14 天后,经取样鉴定,如符合要求,即可取用;②在一个大圆池内用手扶拖拉机制浆,滚动拌和好的泥浆过筛后也流入泥浆池,经沉淀后采用,这种制浆方法的成本较低,工效较高。

取出沉淀池中浓浆，然后稀释成1:0.9～1:1.6的9个水土比浆液，对它们都进行流动性、静切力、失水量、坍落度、初凝、体缩及掺水玻璃的影响等试验，为灌浆施工时泥浆的选用提供依据。

（三）灌浆施工

（1）灌浆方法及压力：对钻孔深度为22 m的孔，采用分段灌注法，即先灌下部11 m，后灌上部；对钻孔深15～17 m的孔，则采用全孔灌注法。

在灌浆初期，孔口压力控制在50～100 kPa，坝顶出现裂缝，泥浆顺裂缝串至40 m以外；为慎重起见，后改用自重压力灌浆，即孔口压力为零。但在灌浆将结束前的并浆阶段，孔口压力采用30～50 kPa。

（2）泥浆浓度及吃浆量控制：泥浆深度控制的原则是，窄缝用稀浆，宽缝用浓浆，先用稀浆，后用浓浆。

开始灌浆时，水土比为1:1.15，30 min后，逐步加浓至1:1.6。若该孔的起始灌浆量很少，就不提高泥浆的水土比。对浓浆掺入1%～1.5%的水玻璃，以增大泥浆的流动性。考虑到坝坡放缓及翻修坝顶加高的加固施工和灌浆施工同时进行的情况，为防止灌浆过程中出现事故，在前期灌浆中，每孔一次吃浆量控制在20 m^3左右；在后期灌浆中，由于坝的加固施工已完成，则不再控制吃浆量。

（3）复灌、并浆和封孔：钻孔灌满后，待裂缝内泥浆失水收缩，孔内浆面下降，即进行复灌。复灌前，先将孔内清水抽干，然后复灌至泥浆面升到坝顶为止。

在复灌过程中，若吃浆量小于3 kg/min，即并浆，此时保持孔口压力为30～50 kPa，持续4～6 h，再结束灌浆。封孔前，将孔内泥浆取尽，扫孔到底，下套管固壁，然后投入干泥球，用冲击钻冲击，使其密实。每次填的泥球厚度为60 cm，捣实后的厚度为40～45 cm。

（4）灌浆效果检查：在灌浆期曾随时观测坝的变形和测压管水位的变化，没有出现异常情况。在灌浆期间，心墙的最大沉降量为130 mm，灌浆结束后，即趋于稳定，在灌浆时，该孔附近的测压管水位上升，但停灌几天后即恢复正常。

采用开挖检查井和注水试验两种方法检查灌浆的效果。共挖了3个检查井，井深15～19 m。检查结果表明，大小裂缝基本上都充满了浆体，浆体的含水量上大下小，在44.9%～31.7%。共打注水试验钻孔50个。注水试验结果表明，坝体的渗透系数均达到了设计要求的10^{-5} cm/s。

四、结论

自1979年灌浆结束后，在坝加高3.5 m的条件下大坝迄今运行正常，也说明灌浆效果是良好的。但是，也应指出，布置9排钻孔灌浆是太多了，比较费工费时，经济上可能不合算，另外灌浆压力也可适当提高一些。

参 考 文 献

[1] 徐国新,洪议学,董建军,等.土工合成材料法[M].北京:中国水利水电出版社,2006.

[2] 徐又建,李希宁,孟祥文,等.水利工程土工合成材料应用技术[M].郑州:黄河水利出版社,2000.

[3] 包承纲.堤防土工合成材料应用技术[M].北京:中国水利水电出版社,2000.

[4] 金孝权,杨承忠.建筑防水[M].南京:东南大学出版社,1998.

[5] 杨和礼.土木工程施工[M].武汉:武汉大学出版社,2004.

[6] 薄遵彦,李慧平.新型建筑材料性能与应用[M].北京:中国环境科学出版社,2005.

[7] 吴元乃.建筑业10项新技术应用[M].北京:中国建筑工业出版社,2001.

[8] 吴成才.钢筋连接技术手册[M].北京:中国建筑工业出版社,2005.

[9] 莫鲁,符萍房.混凝土结构工程施工及验收手册[M].北京:地震出版社,1994.

[10] 杨宗放,方先和.现代预应力混凝土施工[M].北京:高等教育出版社,1993.

[11] 张严明,王圣培,潘罗生.中国碾压混凝土坝20年[M].北京:中国水利水电出版社,2006.

[12] 全国水利水电施工技术信息网.水利水电工程施工手册 混凝土工程[M].北京:中国电力出版社,2002.

[13] 司兆乐.水利水电枢纽施工技术[M].北京:中国水利水电出版社,2002.

[14] 张启岳.土石坝加固技术[M].北京:中国水利水电出版社,1999.

[15] 李继业.建筑施工技术[M].北京:科学出版社,2002.